电化学应用基础

刘晓霞　王　军　何荣桓　徐君莉　主编

科学出版社

北　京

内 容 简 介

本书内容涉及电化学的基础知识和典型应用。全书共 8 章,深入浅出地阐述了电化学池组成及热力学、电极过程动力学、金属电沉积、电化学催化等的基本概念和基本原理,以及燃料电池、超级电容器、电化学传感器、金属电化学腐蚀与防护等典型电化学应用涉及的基础知识、研究进程和发展等。

本书可作为高等学校化学、化学工程与工艺、材料科学与工程、冶金工程、环境科学与工程等专业高年级本科生和研究生的教材,也可供从事电化学教学、科研、生产的相关人员参考。

图书在版编目(CIP)数据

电化学应用基础/刘晓霞等主编. —北京:科学出版社,2021.12
ISBN 978-7-03-071226-4

Ⅰ. ①电… Ⅱ. ①刘… Ⅲ. ①电化学-高等学校-教材 Ⅳ. ①O646

中国版本图书馆 CIP 数据核字(2021)第 273743 号

责任编辑:侯晓敏 李丽娇/责任校对:杨 赛
责任印制:张 伟/封面设计:迷底书装

科 学 出 版 社 出版
北京东黄城根北街 16 号
邮政编码:100717
http://www.sciencep.com
北京中石油彩色印刷有限责任公司 印刷
科学出版社发行 各地新华书店经销
*
2021 年 12 月第 一 版 开本:787×1092 1/16
2023 年 2 月第二次印刷 印张:14 3/4
字数:378 000
定价:89.00 元

前　言

电化学是物理化学的重要分支，主要研究电能和化学能之间的相互转化及转化过程中的有关规律。电化学理论的不断发展促进了电化学与能源、环境、材料、生命科学等学科的交叉融合，以及在化工生产、金属冶炼、绿色能源转化与存储、环境监测与保护、生命健康、机械工业等领域的广泛应用。随着科学技术的不断发展和社会的不断进步，除了电化学生产、金属冶炼、电化学腐蚀与防护等传统领域，电化学的应用逐渐扩展到电化学新能源体系设计与发展、电化学能源转化等领域，并不断深化，产生了更多新的学科增长点，电化学焕发出勃勃生机。

为了培养在电化学领域具有扎实基础知识和创新能力的高素质人才，加快电化学的发展和应用，促进相关学科的发展，在电化学能量转化与存储、电化学催化、电化学传感、电化学腐蚀与防护等领域有丰富教学、科研经验的教师组成了编写团队，在开展本科生和研究生教学实践和从事电化学领域科学研究的基础上，本着深入浅出、简明实用的原则编写了本书，以帮助读者更好地理解电极过程涉及的规律和电化学应用基本原理。

本书第 1 章、第 5 章由何荣桓编写，第 2 章、第 6 章由刘晓霞编写，第 3 章、第 8 章由徐君莉编写，第 4 章、第 7 章由王军编写。全书由刘晓霞统稿。

本书的编写和出版得到东北大学一流大学研究生拔尖创新人才培养项目以及东北大学理学院和化学系的大力支持，在此表示衷心的感谢。

由于编者水平有限，书中疏漏和不妥之处在所难免，恳请有关专家和广大读者批评指正。

编　者
2021 年 7 月

目　　录

第1章　电化学池组成及热力学

19 世纪初意大利物理学家伏打(Volta)发明了电池,开辟了电化学新领域,是当时科学界的大事件[1]。目前电化学已成为化学学科的重要分支。电化学主要研究电能和化学能之间的相互转化,重点关注因电流流过而引发化学变化和利用化学反应产生电能的过程。此外,电化学还涉及电泳、电渗析、电腐蚀、电致发光、电分析等方面。实现电能和化学能之间相互转化的装置称为电化学池,包括电能转化为化学能的电解池和化学能转化为电能的原电池(图 1.1)。在电化学池中,电极材料为电子导体,负责传输电子,电解质为离子导体,负责传输离子,电极材料和电解质构成电极系统。电化学氧化还原反应发生在电极系统中的电子导体和离子导体之间的界面上。其中,发生氧化反应的电极为阳极(anode),发生还原反应的电极为阴极(cathode)。

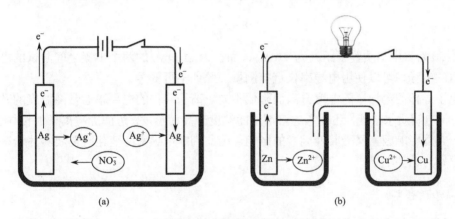

图 1.1　电解池(a)和原电池(b)示意图

本章将从电极和电解质这两个电化学装置的重要组成部分入手,阐述其中的过程及相关原理。

1.1　电解质与电导率

电解质是由可以传导离子的相对均匀的体系构成的,其作用是在阴阳(正负)极之间完成离子的传输。为了保证足够的离子传导能力,减少由电解质的电阻引起的电压下降(欧姆电压降),电解质应具有良好的离子电导率。液体电解质(包括将液体电解质固定在多孔材料中)通常是强电解质的水溶液或离子液体体系;固相电解质的情况相对复杂,可以是有机-无机复合体系,如酸掺杂的质子交换膜电解质,也可以是聚合物体系,如全氟磺酸膜,还可以是固体氧化物体系等。其分类如表 1.1 所示。

表 1.1　电解质分类

电解质	液体电解质		固相电解质			其他
	电解质水溶液	离子液体	聚合物电解质	有机-无机复合电解质	高温固体电解质	熔融化合物
举例	CuSO₄水溶液	三氟乙酸丙胺、咪唑盐类等	磺酸化聚醚醚酮	磷酸掺杂的聚苯并咪唑	固体氧化物，$(Y_2O_3)_x(ZrO_2)_{1-x}$	碳酸盐
传递离子	Cu^{2+}、SO_4^{2-}	无机、有机离子	H^+	H^+	O^{2-}	CO_3^{2-}
应用举例	电解、电镀铜	有机电化学合成	质子交换膜燃料电池	耐高温质子交换膜燃料电池	固体氧化物燃料电池	熔融碳酸盐燃料电池

1.1.1　液体电解质的电导率

电解质的电导率反映了其对离子的传输能力。电解质电导率的大小与电解质固有的离子迁移能力有关。此外，对于给定的电解质体系，其电导率的大小受迁移离子的浓度、温度及介质的黏度等因素影响。通常情况下，电解质的电导率（σ，$S \cdot cm^{-1}$）可表示为

$$\sigma = \frac{l}{RA} \tag{1.1}$$

式中，$R(\Omega)$ 为将电解质置于距离为 l(cm)、面积为 A(cm²)的两个电极之间测试的电阻。液体电解质的电导率可以使用电导率仪直接测量，此处不再赘述。

与电子导体的电导率随温度升高而降低不同，离子导体的电导率通常随温度的升高而增大；但对于电解质水溶液，还需考虑溶剂水随温度升高而蒸发，进而影响离子的传导等因素。由于某一具体影响因素又受其他因素的影响，因此判断电导率的变化时需要具体情况具体分析，现分别讨论如下。

1. 离子迁移率

离子迁移率是电解质本身固有的性质。有溶剂存在时，溶剂化离子的半径越大，离子在溶液中运动受到的阻力越大；此外，离子的电荷数越高，受外电场作用越大，离子运动速率越大。在一定温度和同一电场作用下，离子在某溶剂（通常为水）中的迁移率反映了离子固有的运动速率。

2. 溶液总浓度

一般来说，电解质溶液浓度越大，离子迁移传输的电量越多；但由于离子间存在相互作用，浓度增大后，离子间距离减小，相互作用加强，可能使离子运动的阻力增大。因此，电解质的浓度较大时，离子间的相互作用往往不能忽略，需要考虑离子强度的影响，用活度代替浓度，否则会产生明显误差。

3. 温度

通常情况下，温度升高，离子运动速率增大。但对于水系电解质，当温度高于溶剂水的沸点时，溶剂水的蒸发会改变离子的浓度和迁移机制，可能出现温度升高电导率反而下降的

情况，因此需要具体问题具体分析。

4. 溶剂黏度

离子的迁移速率受体系黏度的影响，黏度越大，离子运动的阻力越大；升温有利于离子的传导，也与体系黏度随温度升高下降有关。

在诸多影响因素中，溶液浓度对电导率的影响比较复杂。在溶液浓度很低时，随着浓度增加，单位体积中离子数目增多，离子数量是影响电导率的主要因素，而离子间相互作用对离子运动速率的影响并不显著，故电导率增大。若溶液浓度过大，离子间相互作用突出，对离子的运动速率的影响很大，使离子的传递机理发生变化，电导率可能又会随浓度的增大而减小。

图 1.2 为不同浓度磷酸及对应浓度磷酸掺杂的聚苯并咪唑在 20℃的电导率[2]。

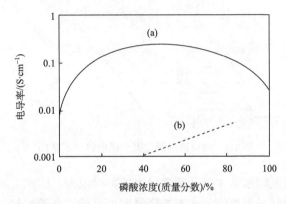

图 1.2　不同浓度磷酸(a)及对应浓度磷酸掺杂的聚苯并咪唑(b)在 20℃的电导率

当磷酸浓度(质量分数)较低时，随着浓度的增加，溶液中离子的数量增多，因此电导率增大；当磷酸浓度超过约 50%后，电导率随浓度的增大呈现下降的趋势。这是因为离子电导率除了与荷电离子的数量及迁移速率有关外，还与体系的黏度及传导机理有关，其中溶剂水在离子(质子)传递中起着重要的作用。浓度较低时，体系黏度低，质子主要以水分子的"车载"模式传递；当浓度增大到一定程度后，体系中水分子减少，黏度增大，质子通过水及酸之间的氢键网络进行传递，即 Grutthuss 质子"跳跃"机理[3]；当磷酸浓度接近 100%时，质子主要在磷酸分子间完成传递，如[4]：

$$5H_3PO_4 \Longrightarrow 2H_4PO_4^+ + H_3O^+ + H_2PO_4^- + H_2P_2O_7^{2-}$$

磷酸是一种中等强度的酸，其与硫酸相比具有腐蚀性和氧化性较低、稳定性较高且难挥发的优点，更重要的是磷酸具有质子自电离和自传递性能，即使在高于 200℃其热分解后产物依然是质子导体酸，因此被用作磷酸燃料电池及质子交换膜燃料电池中的电解质。

1.1.2　固相电解质的电导率

与液体离子电解质相比，离子在固相电解质中的运动阻力明显增大，因此室温下固相电解质的电导率一般低于 100 mS·cm^{-1}，大多在几十毫西门子每厘米甚至更低。固相电解质的电导率依然可以采用式(1.1)进行计算，但测定方法与液体电解质有明显不同，通常采用四电极法或阻抗法进行测定。

1. 四电极法

四电极法测定固相电解质的电导率所需仪器设备简单，可自行搭建，是实验室常用的方法。图 1.3 为四电极法测定固相膜电导率示意图。交流电信号通过外侧的一对铂电极(1，4)加在待测固相膜电解质上，膜的电阻可通过内侧的一对铂电极(2，3；距离为 l)测量，离子在膜中传输的面积 A 由膜的厚度和宽度决定，由式(1.1)即可计算得到膜的电导率。

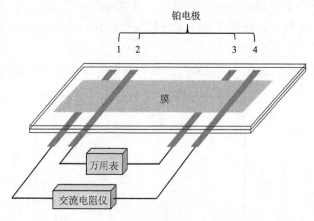

图 1.3　四电极法测定固相膜电导率示意图

固相膜电导率受温度和膜含水量及测量湿度的影响很大，因此上述装置需要对测量的温度和湿度加以控制。通常采用烘箱或水浴控制温度。对于湿度的控制，常用的方法是将上述装置置于密闭容器中(需预先测得容器的容积)，准确加入一定量的水，通过计算不同温度条件下密闭容器中水的分压来计算体系的相对湿度。如果测量温度低于 100℃，且膜材料在纯水中稳定，则可将膜及铂电极置于纯水中，利用水浴控制温度，此时测量的相对湿度视为100%。

需要指出的是，图 1.3 是将每对铂电极分别放置在膜的两侧，如果膜电解质是均匀的，可以将每对电极置于膜的同一侧，操作更简便；但当膜电解质为非均相如不对称膜时，从膜的横截面角度来看，膜的电阻相当于由若干个电阻并联而成，此时如果两对铂电极置于膜的同一侧，会使测定结果出现偏差。为此通常将每对电极分别置于膜两侧，使离子完成从一侧穿过膜到达另一侧的传导，避免离子沿膜表面的方向"走捷径"而引入测定误差。由于膜电解质通常较薄，因此膜厚度给离子实际传输距离 l 带来的影响可以忽略不计。

此外，采用燃料电池的单电池系统，可以在较大温度范围内进行电导率的测定，如图 1.4(a)所示，湿度可以通过石墨极板的气体进出口控制。也可以将膜置于酸液或碱液中，通过测量膜和液体的总电阻，然后将液体的电阻扣除计算膜的电导率，如图 1.4(b)中的装置所示，由于涉及液态酸或碱，相对湿度可视为100%，但测量温度一般不超过90℃[2,5]。此外，该装置也可用于测定膜的燃料(如甲醇)透过率。

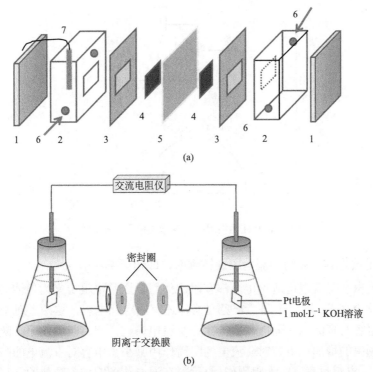

图 1.4　膜电解质电导率的测定

1. 内置加热元件的金属板；2. 石墨极板；3. 密封垫；4. 电极；5. 膜；6. 气体进出口；7. 热电偶

需要指出的是，由于离子导体聚合物对酸或碱具有较高的亲和力，且加热条件下聚合物膜溶胀加剧，浸泡在酸液或碱液中的膜因吸附更多的酸或碱而呈现较高的电导率。例如，同样的阴离子交换膜在碱液中比在水中测得的电导率高。

2. 阻抗法

对特定状态下的被测体系施加一个小振幅正弦波电位(或电流)作为扰动信号，根据相应信号与扰动信号之间的关系来研究电极过程动力学的方法称为电化学阻抗谱(electrochemical impedance spectroscopy，EIS)。由于小振幅的交变信号基本不会使被测体系的状态发生变化，因此用这种方法能够准确研究各电极过程动力学参数与电极状态的关系。利用阻抗法测离子电导率时采用阻塞电极(电荷不能穿越电极与电解质界面发生反应的电极，电荷转移电阻 R_{CT} 趋向于∞，如 Pt 或 Au)组成对称电池，离子电导率 σ 可由式(1.1)变形后计算：

$$\sigma = \frac{d}{S \times R_\Omega} \tag{1.2}$$

式中，d 为被测样品厚度(cm)；R_Ω 为被测电解质样品本体阻抗(Ω)，可由电化学阻抗谱奈奎斯特(Nyquist)图中半圆弧和斜线交点得到；S 为电极有效面积(cm^2)。

当频率很高时，相对于 R_{CT}，瓦博格(Warburg)阻抗 Z_W 变得不重要了，等效电路变为图 1.5 所示的电路[6,7]。此时阻抗 Z 的表达式为

$$Z = R_\Omega - j\left(\frac{R_{CT}}{R_{CT}C_d\omega - j}\right) \tag{1.3}$$

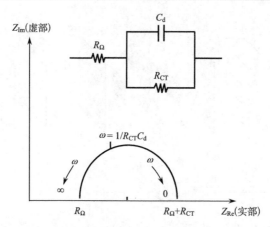

图 1.5　忽略瓦博格阻抗的等效电路及阻抗面图[6,7]

式中，C_d 为双电层电容；ω 为交流电压旋转频率，即角频率；$j = \sqrt{-1}$。

电阻对直流电和交流电这两种电流都有阻碍作用，通常电阻定义为导体对直流电的阻碍作用，单位为欧姆(Ω)。除了电阻，常见元器件还有电容和电感，这两者对交流电和直流电的作用不同。电容对直流电有隔断作用，允许交流电通过，但有阻碍作用。随着电容值的增大或者交流电频率的增加，电容对交流电的阻碍作用减小。电容对直流电的阻碍作用称为容抗。与电容不同，电感对直流电无阻碍作用(除了在通电达到饱和前短暂的几毫秒的暂态内)，对交流电有阻碍作用。电感在电路中对交流电的阻碍作用称为感抗，单位为 Ω。电抗(reactance)定义为电容和电感对交流电的阻碍作用，单位和电阻单位相同，为 Ω，电抗和电阻合称阻抗(impedance)。准确地说，阻抗应该包括三个部分，即电阻、电抗和感抗。通常阻抗是在具有电阻、电感和电容的电路里，对电路中的电流所起的阻碍作用，常用 Z 表示，是一个复数，实部称为电阻，虚部称为电抗。

此外，电化学中还有一个概念称为导纳(admittance)，是电导和电纳的统称，定义为阻抗的倒数，单位为西门子(S)。

常见离子导体膜电解质的阻抗谱如图 1.6 所示。其中曲线与横坐标的交点对应的电阻值 R 即为膜电解质的电阻，利用式(1.1)即可计算膜的电导率。

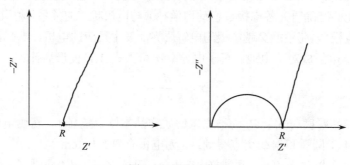

图 1.6　阻抗示意图

此外，也可利用组装燃料电池单电池，从极化曲线的线性部分的斜率计算膜电解质的电导率，但此方法得出的电导率往往偏低，此处不作讨论。

1.1.3　固相电解质的面电阻

对于固相离子交换膜，除了电导率外，另一个常用来衡量其导电能力的参数为面电阻。对不同厚度的离子交换膜，仅凭电导率的数值难以判断电阻，因此有了面电阻的概念。

导体的电阻 R 与其长度 L 成正比，而与其横截面积 A 成反比，比例系数 ρ 称为电阻率(或比电阻)：

$$R = \rho\,(L/A) \tag{1.4}$$

由式(1.4)得

$$RA = \rho L = L/\sigma \tag{1.5}$$

式中，离子交换膜的电阻与其面积的乘积称为面电阻，即 RA，单位为 $\Omega\cdot cm^2$。若离子交换膜的电阻率 ρ 或电导率 σ 已知，即可根据 L 确定面电阻。利用面电阻的数值可直接比较各种膜的导电性能。

1.2　电极电势与电池的电动势

电极是构成电池的关键组件，通常依据电极的作用不同，将其分为工作电极(working electrode)、参比电极(reference electrode)和对电极(counter electrode)。其中工作电极是拟研究的电极，可为正极，也可为负极。对电极是与工作电极组成电池的一对电极中的另一个电极。参比电极通常是电极电势已知的电极，由于标准氢电极在使用中不方便，通常采用金属-难溶盐或金属-难溶氧化物电极作参比电极，若知道了工作电极与参比电极的电位差，也就知道了工作电极的电位。

1.2.1　电极的分类

任何电极上进行的化学过程的本质都是电子得失的氧化还原反应，对可逆电池来说，根据电极材料和与它相接触的溶液不同，通常将电极分为三类。

1. 第一类电极

第一类电极是将电极材料浸在含有对应离子的溶液中构成。例如，将铜丝或铜片插在 $CuSO_4$ 溶液中，若 $Cu(s)$ 发生氧化反应：

$$Cu(s) - 2e^- \Longrightarrow Cu^{2+}$$

则该电极为阳极，记为 $Cu(s) \mid CuSO_4(aq)$。

若 $Cu(s)$ 发生还原反应：

$$Cu^{2+} + 2e^- \Longrightarrow Cu(s)$$

则该电极为阴极，记为 $CuSO_4(aq) \mid Cu(s)$。

对活泼金属如 K、Na 等，可将其溶入汞中做成汞齐，再与含有相应离子的溶液构成电极。除了金属电极外，第一类电极还有气体电极，如氢电极、氧电极、卤素电极等。它们是将气体吸附在惰性金属上，与含该气体元素的离子溶液共同组成的电极。其中惰性金属常用铂或钯，其不参与电极反应，只起传输电子和负载气体的作用。例如，氢电极可用于酸性介

质，也可用于碱性介质，电极反应分别为

$$2H^+ + 2e^- \rightleftharpoons H_2(g) \qquad\qquad Pt \mid H_2(p) \mid H^+(a)$$

$$2H_2O + 2e^- \rightleftharpoons H_2(g) + 2OH^- \qquad Pt \mid H_2(p) \mid OH^-(a)$$

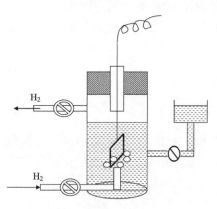

将镀有铂黑(铂的细小颗粒呈黑色，对氢气有较强的吸附能力)的铂片浸入 $a(H^+) = 1$ 的溶液中，以标准压力的干燥氢气不断冲击到铂电极上，铂黑吸附氢气达到饱和就构成了标准氢电极(SHE)，如图 1.7 所示。1953年，国际纯粹与应用化学联合会(International Union of Pure and Applied Chemistry，IUPAC)规定任意温度下，标准氢电极的电极电势为零，即 $\varphi^{\ominus}(H^+/H_2) = 0$。

标准氢电极可以很快达到平衡，重现性好且电位稳定性高，可用作参比电极。然而，标准氢电极在实际应用中使用条件比较苛刻，既不能用于含有氧化剂的溶液中，也不能用于含有汞或砷的溶液中，配制电解质溶液

图 1.7　标准氢电极示意图[8]

时 H_3O^+ 的活度必须非常准确，氢气必须经过纯化(尤其是必须除去氧气)，所用的铂电极必须经常进行铂黑化处理等，否则溶液中的杂质吸附在电极表面将降低其电位的重现性，即发生"毒化"效应。另外，气体的使用也给操作带来了不便，因此实际应用中用标准氢电极作为参比电极的并不多。

2. 第二类电极

第二类电极为金属-难溶盐和金属-难溶氧化物电极。金属-难溶盐电极由金属和它的难溶盐以及具有与难溶盐相同离子的易溶盐溶液组成。

第二类电极通常都可用作参比电极，最常用的参比电极是银-氯化银电极和甘汞电极。

图 1.8 为银-氯化银电极的结构示意图，在金属银上覆盖一层氯化银，然后将它浸入含有 Cl^- 的溶液中即构成银-氯化银电极[9]，其电极反应为

$$AgCl(s) + e^- \rightleftharpoons Ag(s) + Cl^-(a)$$

该电极组装方便，可直接插入电化学池中使用，因此常代替氢电极作为参比电极使用。显然，使用不同参比电极测量的电位数值是不同的，因此在给出所测量的电位数据时须注明是相对于何种参比电极。

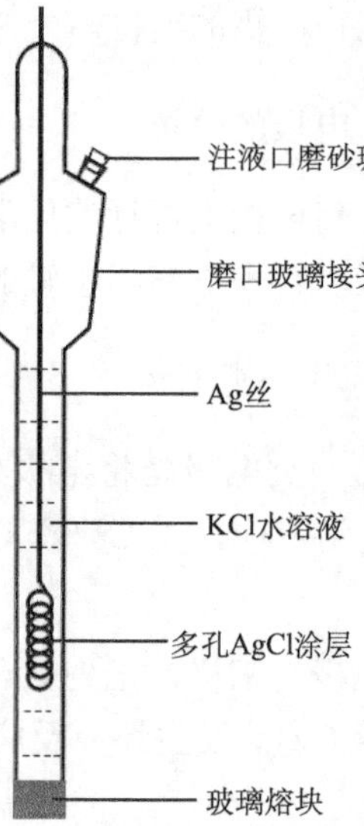

另一种常用的参比电极是甘汞电极，其反应为

$$Hg_2Cl_2(s) + 2e^- \rightleftharpoons 2Hg(l) + 2Cl^-(a)$$

甘汞(Hg_2Cl_2)是难溶盐，它以糊状的形式涂布在汞液滴的表面。Hg_2Cl_2 微溶于溶液并解离为 Hg_2^{2+} 和 Cl^-。

注液口磨砂玻璃塞

磨口玻璃接头

Ag丝

KCl水溶液

多孔AgCl涂层

玻璃熔块

图 1.8　银-氯化银电极结构示意图

通常甘汞电极使用不同浓度的 KCl 溶液制作,常用 KCl 的浓度为 0.1 mol·L⁻¹、1 mol·L⁻¹ 或饱和的 KCl 溶液。饱和甘汞电极(SCE)的制备最为简便,不需要调整任何气体的压力、称量任何物质的质量或者为确定溶液浓度进行任何滴定操作,因而在实验室中最为常见。但是饱和甘汞电极的缺点是 KCl 的溶解度随温度变化很大,从而导致该参比电极的电位随温度变化较大,SCE 电极电势的温度系数 $(\partial E/\partial T)_p$ 约为 1 mV·℃⁻¹。图 1.9 为饱和甘汞电极的结构示意图。表 1.2 给出了 25℃时部分第二类电极相对于标准氢电极的电极电势。

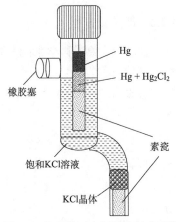

图 1.9 饱和甘汞电极结构示意图[8]

表 1.2 部分第二类电极相对于标准氢电极的电极电势(25℃)[9]

半电池	环境	电极过程	电极电势/V
Ag|AgCl|Cl⁻ (银-氯化银电极)	$a_{Cl^-}=1$	$AgCl + e^- \longrightarrow Ag + Cl^-$	0.2224
	饱和 KCl		0.1976
	KCl($c=1$ mol·L⁻¹)		0.2368
	KCl($c=0.1$ mol·L⁻¹)		0.2894
Hg|Hg₂Cl₂|Cl⁻ (甘汞电极)	$a_{Cl^-}=1$	$Hg_2Cl_2 + 2e^- \longrightarrow 2Hg + 2Cl^-$	0.2682
	饱和 KCl		0.2415
	KCl($c=1$ mol·L⁻¹)		0.2807
	KCl($c=0.1$ mol·L⁻¹)		0.3337
Pb|PbSO₄|SO₄²⁻ (硫酸铅电极)	$a_{SO_4^{2-}}=1$	$PbSO_4 + 2e^- \longrightarrow Pb + SO_4^{2-}$	−0.276
Hg|Hg₂SO₄|SO₄²⁻ (硫酸亚汞电极)	$a_{SO_4^{2-}}=1$	$Hg_2SO_4 + 2e^- \longrightarrow 2Hg + SO_4^{2-}$	0.6158
	H₂SO₄($c=0.5$ mol·L⁻¹)		0.682
	饱和 K₂SO₄		0.650
Hg|HgO|OH⁻ (氧化汞电极)	$a_{OH^-}=1$	$HgO + H_2O + 2e^- \longrightarrow Hg + 2OH^-$	0.097
	NaOH($c=1$ mol·L⁻¹)		0.140
	NaOH($c=0.1$ mol·L⁻¹)		0.165

3. 第三类电极

第三类电极又称为氧化还原电极。这里的氧化还原电极特指参加氧化还原反应的物质都在溶液中,电极材料(通常用 Pt)只起到传输电子的作用,不参与电极反应,电极只有一个相界面,如电极 $Fe^{3+}, Fe^{2+} | Pt$、电极 $MnO_4^-, Mn^{2+}, H_3O^+ | Pt$。

以上两个电极的电极反应分别为

$$Fe^{3+} + e^- \Longrightarrow Fe^{2+}$$

$$MnO_4^- + 8H^+ + 5e^- \Longrightarrow Mn^{2+} + 4H_2O$$

1.2.2　能斯特方程

1883 年，德国科学家能斯特(Nernst)提出了电动势 E 与电池反应各组分活度之间的关系，即能斯特方程。

假设有一个电池，工作时的反应为 $cC + dD \Longrightarrow gG + hH$，根据化学反应的等温方程式

$$\Delta_r G = \Delta_r G^{\ominus} + RT\ln\frac{a_G^g a_H^h}{a_C^c a_D^d} \tag{1.6}$$

由法拉第定律

$$(\Delta_r G_m)_{T,p} = W_{f,max} = -zEF \tag{1.7}$$

得

$$(\Delta_r G^{\ominus})_{T,p} = -nE^{\ominus}F \tag{1.8}$$

将式(1.7)和式(1.8)代入式(1.6)，得

$$E = E^{\ominus} - \frac{RT}{nF}\ln\frac{a_G^g a_H^h}{a_C^c a_D^d} \tag{1.9}$$

式(1.9)即为能斯特方程，它反映了电池的电动势与电池反应的各物质的活度之间的关系。式中，n 为电池反应进度 ξ 为 1 mol 时反应转移的电子的量，单位为 mol。ξ 是指某物质反应的物质的量除以电池反应式中该物质的化学计量系数，即 $d\xi = dn_C/c = dn_D/d = dn_G/g = dn_H/h$。若反应为电极反应且反应进度为 1 mol，则 $n/\xi = z$。

以下面的电池为例：

$$Pt \mid H_2(p_1) \mid HCl(a) \mid Cl_2(p_2) \mid Pt$$

电池的电极反应为

(−)　　　　　　　　　　$H_2(p_1) - 2e^- \Longrightarrow 2H^+(a)$

(+)　　　　　　　　　　$Cl_2(p_2) + 2e^- \Longrightarrow 2Cl^-(a)$

电池总反应：　　　　　　$H_2(p_1) + Cl_2(p_2) \Longrightarrow 2HCl(a)$

则该反应的能斯特方程表达式为

$$E = E^{\ominus} - \frac{RT}{2F}\ln\frac{a_{HCl}^2}{\dfrac{p_1}{p^{\ominus}}\dfrac{p_2}{p^{\ominus}}} \tag{1.10}$$

1.2.3　电极电势与电池电动势的测定

1. 电极电势

原电池由两个相对独立的电极组成，每个电极相当于一个半电池，分别进行氧化和还原反应。由于单个电极电势的绝对值无法直接测量，也不能从理论计算得到，因此只能测量两个电极所组成电池的电动势。

为此，人们提出了相对电极电势的概念，即选定一个参考电极作为共同的比较标准，将所研究的电极与参考电极构成一个电池，这样该电池的电动势即为所研究电极的相对电极电

势。1953 年，IUPAC 建议将标准氢电极作为负极，待测电极作为正极，组成电池：

$$\text{Pt} \mid \text{H}_2(p^\ominus) \mid \text{H}^+(a=1) \parallel \text{待测电极}$$

测得的电池电动势的数值和符号就是待测定电极电势的数值和符号，并且规定：任意温度下，氢电极的标准电极电势恒为 0。

1958 年，上述建议被 IUPAC 作为正式规定并沿用至今。其中标准氢电极中氢气的压力为 100 kPa，溶液中 H^+ 的活度为 1。规定此电池的电动势 E 为待测电极的电极电势 φ。这样定义的电极电势为还原电极电势。由于每个电极的相对电极电势均以标准氢电极为基准，因此根据两个电极的相对电极电势大小可以判断组成的电池能否发生电化学反应。若能发生电化学反应，电极电势高的电对中的氧化态物质必然发生还原反应，生成相应的还原态物质，而另一个电极电势低的还原态物质就发生氧化反应，生成对应的氧化态物质。

对于任意一个电极，当其中各组分均处于各自的标准态时，相应的电极电势称为标准电极电势，以 $\varphi^\ominus$(电极)表示。

以锌电极作为阴极与标准氢电极组成如下电池：

$$\text{Pt(s)} \mid \text{H}_2(\text{g, 100 kPa}) \mid \text{H}^+[a(\text{H}^+)=1] \parallel \text{Zn}^{2+}[a(\text{Zn}^{2+})] \mid \text{Zn(s)}$$

(−)　　　　$$\text{H}_2(\text{g, 100 kPa}) - 2\text{e}^- = 2\text{H}^+[a(\text{H}^+)=1]$$

(+)　　　　$$\text{Zn}^{2+}[a(\text{Zn}^{2+})] + 2\text{e}^- = \text{Zn(s)}$$

电池总反应：　　$$\text{Zn}^{2+}[a(\text{Zn}^{2+})] + \text{H}_2(\text{g, 100 kPa}) = \text{Zn(s)} + 2\text{H}^+[a(\text{H}^+)=1]$$

根据能斯特方程有

$$E = E^\ominus - \frac{RT}{2F} \ln \frac{a(\text{Zn})\left[a(\text{H}^+)\right]^2}{a(\text{Zn}^{2+})\dfrac{p(\text{H}_2)}{p^\ominus}} \tag{1.11}$$

标准氢电极中 $a(\text{H}^+)=1$，$p=p^\ominus=100$ kPa，此电池的电动势 E 即为锌电极的电极电势 $\varphi(\text{Zn}^{2+}/\text{Zn})$，电池的标准电动势 $E^\ominus$ 即为锌电极的标准电极电势 $\varphi^\ominus(\text{Zn}^{2+}/\text{Zn})$，因此式(1.11)可写为

$$\varphi(\text{Zn}^{2+}/\text{Zn}) = \varphi^\ominus(\text{Zn}^{2+}/\text{Zn}) - \frac{RT}{2F}\ln\frac{a(\text{Zn})}{a(\text{Zn}^{2+})}$$

将上述方法推广到任意电极，由于待测电极的电极反应均规定为还原反应，以字母 O 表示氧化态物质，R 表示还原态物质，有

$$p\text{O} + z\text{e}^- = q\text{R}$$

由此可得电极的能斯特方程的通式为

$$\varphi(\text{电极}) = \varphi^\ominus(\text{电极}) - \frac{RT}{zF}\ln\frac{a_\text{R}^q}{a_\text{O}^p} \tag{1.12}$$

式中，$\varphi^\ominus$(电极)为电极的标准电极电势。当有气体参与反应时，应将活度 a 换为相对压力 $p/p^\ominus$ 进行计算；参与反应的固体和溶剂(水)等纯物质的活度一般视为 1。需要指出的是，如果研究的原位电极过程涉及在电极界面生成固相物质，在生成的固相物质完全覆盖电极表面前，其活度为 1 的近似处理可能会引入明显误差，即实际电极电势与利用能斯特方程计算的理论电极电势会有较大出入。

发生电极反应时，电极电势的大小除了与其标准电极电势有关外，还与组成电极的相关物质的活度以及极化现象的存在有关，因此判断反应发生的方向时，需要依据具体情况进行具体分析处理，否则有可能得到不正确的结论。

2. 电池电动势的测定

伏特计(表)不能测量电池电动势。因为当用伏特计测量时必然有电流从正极流向负极，电极与溶液间发生氧化(阳极)反应和还原(阴极)反应，这是一个不可逆过程，电解质的浓度会发生变化；此外电池系统存在内阻，电流通过电池会损失电能从而发生电压降，因此伏特计测量的只是路端电压，不是电池电动势 E。测量可逆电池电动势必须在几乎没有电流通过的情况下进行。

目前常用对消法测定电池的电动势。图 1.10 为测定电池电动势的示意图。图中 E_w 是工作电池的电动势，它的作用是对消标准电池(E_s)或待测电池(E_x)的电动势；K 为双掷电闸；G 为检流计；AB 为标准电阻，由均匀的电阻线制成，电阻大小与长度成正比；C_1(C_2) 为滑动接头。实际测定时，将电路按图 1.10 连接好，将电闸 K 与标准电池 E_s 相连，移动滑动接头，迅速将检流计调整至电流为零。此时滑动接头位于 C_1 点，C_1B 这段电路上的电位差 V_1 正好完全由 E_s 电池电动势所补偿，即 $V_1 = E_s$。

同理，将电闸 K 与待测电池 E_x 相连，调整滑变电阻使检流计中没有电流通过。AC_2 线段的电位差 V_2 就等于 E_x，因为电位差与电阻线的长度成正比，故待测电池的电动势为

$$E_x = E_s \frac{AC_2}{C_1B} \tag{1.13}$$

在实际测量中，待测电池的电动势可以从测试仪器直接获得，无须计算。

3. 韦斯顿标准电池

电池电动势测量必须要有标准电池，常用的标准电池是韦斯顿(Weston)标准电池，其结构如图 1.11 所示。在韦斯顿标准电池中，负极是由纯金属镉制成的镉汞齐，因为电极表面的粗糙度影响电极的性能，使用纯金属镉会因为表面机械处理不一致，造成电极电势的波动。

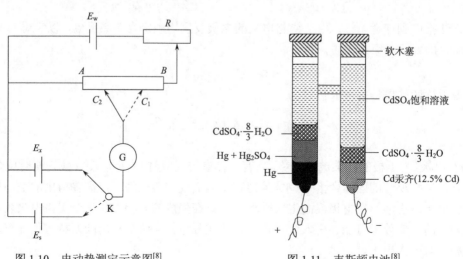

图 1.10　电动势测定示意图[8]　　　　图 1.11　韦斯顿电池[8]

镉汞齐中用 12.5%(质量分数)的镉是因为室温条件下，在此组成附近(镉含量为 5%~14%)，镉汞齐为固溶体与液态溶液的两相平衡，当镉汞齐的总组成在此范围内改变时，这两相的组成并不改变，所以电极电势不会因为镉汞齐中的总组成略有变化而改变。该标准可逆电池表示如下：

$$Cd(Hg)(12.5\%)\ |\ CdSO_4 \cdot \frac{8}{3}H_2O\,(\text{饱和溶液})\ |\ Hg_2SO_4(s)\ |\ Hg(l)$$

(−)　　　　　　　　　　　　　　$Cd(12.5\%) - 2e^- \Longrightarrow Cd^{2+}(aq)$

(+)　　　　　　　　　　　　　　$Hg_2SO_4(s) + 2e^- \Longrightarrow 2Hg(l) + SO_4^{2-}$

电池总反应：　$\dfrac{8}{3}H_2O + Cd(12.5\%) + Hg_2SO_4(s) \Longrightarrow CdSO_4 \cdot \dfrac{8}{3}H_2O(s) + 2Hg(l)$

韦斯顿标准电池除了电动势稳定外，另一个优点是电池的温度系数 $(\partial E/\partial T)_p$ 很小。不同温度下韦斯顿电池电动势的计算公式为

$$E_{mf}=1.018646 -[40.6\,(T/K\!-\!293)+ 0.95\,(T/K\!-\!293)^2 - 0.01\,(T/K\!-\!393)^3]\times10^{-6}\ (V) \qquad (1.14)$$

1.2.4　液接电位

在两种含有不同溶质的溶液所形成的界面上，或者两种溶质相同而浓度不同的溶液界面上，存在微小的电位差，称为液体接界电位(简称液接电位)或扩散电位，其大小一般不超过 0.03 V。图 1.12 为液接电位的形成示意图。

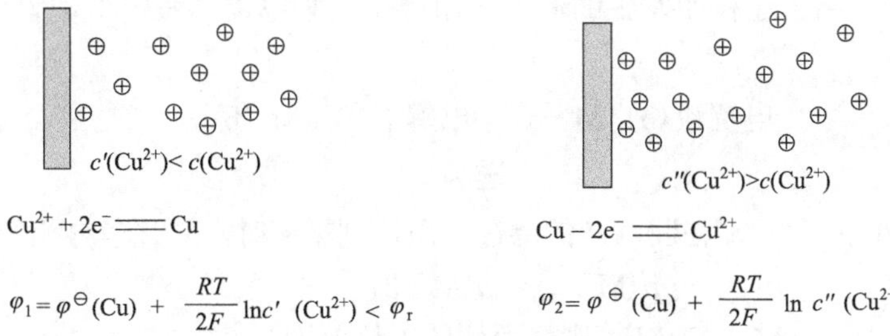

图 1.12　液接电位的形成示意图

从本质上说，液接电位的产生是由离子迁移速率不同引起的。例如，在两种浓度不同的 HCl 溶液的界面上，HCl 将从浓溶液一边向稀溶液一边扩散。在扩散过程中，由于 H^+ 的运动速度比 Cl^- 快，因此在稀溶液的一边将出现过剩的 H^+ 而使溶液带正电；在浓溶液的一边出现过剩的 Cl^- 而带负电，如此便在界面的两边产生了电位差。电位差的产生使 H^+ 的扩散速率减慢，同时使 Cl^- 的扩散速率增加，最后达到平衡状态。此时，两种离子以恒定的速率扩散，电位差保持恒定，这就是液接电位。

扩散过程是不可逆的，因此当电池中含有液接电位，实验测定时就难以得到稳定的数值。由于液接电位数值不是太小，在精确测量中不容忽略，因此必须设法消除。通常在两种溶液之间连接一个由高浓度的电解质溶液构成的盐桥以减小液接电位，见表 1.3。这种电解质的阴、阳离子的迁移数需极为接近。用这种高浓度的电解质溶液作盐桥连接两液体，使主要扩散作用由盐桥中的高浓度电解质主导，若盐桥中阴、阳离子的迁移数近似相同，则液接电位就会降低到最小值。例如，在 25℃时，K^+ 和 Cl^- 的离子淌度非常接近(在无限稀释溶液中，

$u_{K^+}=7.62\times10^{-8}\ m^2\cdot s^{-1}\cdot V^{-1}$，$u_{Cl^-}=7.91\times10^{-8}\ m^2\cdot s^{-1}\cdot V^{-1}$），因此通常使用饱和 KCl 溶液制作盐桥。实际应用中一般用琼脂作载体将 KCl 溶液固定在倒置的 U 形管中构成盐桥，使用盐桥将不接触的两种电解质溶液连通，构成完整的离子通路。

表 1.3　盐桥中 KCl 溶液浓度对液接电位的影响[10]

浓度/(mol·L^{-1})	液接电位/mV	浓度/(mol·L^{-1})	液接电位/mV
0.2	19.95	1.75	5.15
0.5	12.55	2.5	3.14
1.0	8.40	3.5	1.10

需要指出的是，盐桥溶液不能与原溶液发生反应。例如，若被连接的溶液中含有可溶性银盐、一价汞盐或铊盐时，就不能使用 KCl 溶液作为盐桥，这时可用饱和硝酸铵或高浓度硝酸钾作为盐桥，这些电解质溶液中正、负离子的离子淌度也十分接近。

1.2.5　膜电位

如果不同浓度的电解质溶液(RM)由半透膜隔开(半透膜通常只允许小体积的正、负离子和溶剂如水分子通过，而较大体积的粒子则难以通过)，并由此导致只允许尺寸较小的 M^+ 通过而不能使尺寸较大的 R^- 跨膜扩散(能透过膜的也可能是小尺寸的阴离子，而大尺寸的阳离子不能透过)，这种因离子迁移而发生的渗透作用产生了膜电位。假定半透膜两侧分别为 α 相和 β 相：

$$电解液(\alpha),M^+(\alpha) \vdots 电解液(\beta),M^+(\beta)$$
$$半透膜$$

在一定稳定压力条件下，当 M^+ 在膜两侧的渗透作用达到平衡时，其化学势相等，即

$$\mu(M^+,\alpha)=\mu(M^+,\beta)$$

根据 $\mu=\mu^\ominus+RT\ln a$ 且 $\mu=\Delta G=-nEF$，则膜两侧的电位差为

$$\Delta E(\alpha,\beta)=\varphi(\alpha)-\varphi(\beta)=\frac{RT}{nF}\ln\frac{a_{M^+}(\beta)}{a_{M^+}(\alpha)} \tag{1.15}$$

若 α 相与 β 相中离子的浓度不同，则将有离子从浓度较高的膜一侧迁移至浓度较低的膜的另一侧，从而产生膜电位。

膜电位广泛存在于生物细胞中。细胞是生命活动的基本单位，生物体的每个细胞都被厚度为 6～10 nm 的细胞膜所包围。细胞膜内、外都充满液体，在液体中都溶有一定量的电解质(哺乳动物体液的电解质总浓度约为 0.3 mol·L^{-1})。细胞膜由磷脂、蛋白质和糖类等物质组成。磷脂分子为两亲分子，其疏水链位于膜的中间，亲水部分伸向膜的内、外两侧，球形蛋白分子分布在膜中，有的蛋白分子一部分嵌在膜内，另一部分在膜外，也有的蛋白分子横跨整个膜。一般来说，化学物质通常由化学势较高的区域自发迁移至化学势较低的区域；但在生物体内，活性细胞能将化学物质从化学势低的区域传送到化学势高的区域，称为主动传输。

细胞膜在生物体的细胞代谢和信息传递中起着关键的作用。在细胞膜内、外的电解质中，

K^+ 比 Na^+ 和 Cl^- 更容易透过细胞膜，因此细胞膜两侧 K^+ 的浓度差最大。从健康的角度讲，提倡少摄入食盐，多吃富含钾的食物以减少高血脂、高血压和高血糖的"三高"风险也与此有关。为简单起见，忽略 Na^+、Cl^- 和 H_2O 透过细胞膜的情况，只考虑由膜两边的 K^+ 有选择性地穿透膜而使两边浓度不等而引起的电位差（即产生了膜电位）。

假设细胞膜内、外液体组成以下电池：

$$Ag(s) \,|\, AgCl(s) \,|\, KCl(aq) \,|\, 内液(\beta) \;\vdots\; 外液(\alpha) \,|\, KCl(aq) \,|\, AgCl(s) \,|\, Ag(s)$$
细胞膜

一方面，由于细胞内液 β 相中 K^+ 浓度通常比 α 相中的浓度大，因此 K^+ 倾向于由 β 相穿过细胞膜向膜外液 α 相扩散，使 α 相产生净正电荷，而在 β 相产生净负电荷；另一方面，α 相产生的正电荷会阻止 K^+ 进一步向其相扩散，而加速 K^+ 从 α 相向 β 相扩散，最后达到动态平衡，即 K^+ 在 α 和 β 两相中的化学势相等。K^+ 从 β 相向 α 相转移，使 α 相的电位高于 β 相。根据电池电动势的计算公式

$$E = \varphi_+ - \varphi_-$$

根据膜电位公式

$$E = \varphi_\alpha - \varphi_\beta = \frac{RT}{F} \ln \frac{a_{K^+}(\beta)}{a_{K^+}(\alpha)} \tag{1.16}$$

在生物化学中，习惯用下式表示膜电位：

$$\Delta\varphi = \varphi_内 - \varphi_外 = \frac{RT}{F} \ln \frac{a_{K^+}(外)}{a_{K^+}(内)} = \frac{8.314\,\mathrm{J \cdot K^{-1} \cdot mol^{-1}} \times 298\,\mathrm{K}}{96500\,\mathrm{C \cdot mol^{-1}}} \ln \frac{1}{35} = -91\,\mathrm{mV}$$

生物机体的活动常使机体中的溶液处于非平衡状态，不同细胞的膜电位略有不同。例如，静止肌肉细胞的膜电位约为 -90 mV，肝细胞的膜电位约为 -40 mV。

细胞膜电位的存在意味着细胞膜上有一双电层，相当于一些偶极分子分布在细胞表面。实验表明，人的思维以及通过视觉、听觉和触觉器官接受外界的感觉，所有这些过程都与细胞膜电位的变化有关。例如，心脏的心肌收缩和松弛时，心肌细胞膜电位不断变化，因此心脏总的偶极矩以及心脏所产生的电场也在变化。心动电流图（心电图）就是测量人体表面几组对称点之间由于心脏偶极矩的变化所引起的电位差随时间的变化情况，从而判断心脏是否正常工作。类似的还有肌动电流图，用于监测肌肉电活性的情况，这对指导运动员训练有一定的帮助。脑电图是监测头皮上两点之间的电位差随时间的变化，从而了解大脑神经细胞的电活性情况。此外，由于膜电位的产生源于细胞内、外电解质的浓度差异，因此静脉注射使用的注射液均需控制在合适的电解质浓度范围，浓度太大或太小都可能会引起生物体机能的变化，严重时可能危及生命。

1.2.6　热力学与电化学

电动势测定的应用极为广泛，通过对电池电动势及其温度系数的测定可以求得电池反应的各种热力学数据，如 $\Delta_r G_m$、$\Delta_r H_m$、$\Delta_r S_m$ 和平衡常数 $K^\ominus$ 等[11,12]。

1. 电动势与温度的关系

电动势是连接电化学与热力学的纽带，已知

$$\Delta G_{T,p}^{\ominus} = -nFE^{\ominus} \tag{1.17}$$

$\Delta G_{T,p}^{\ominus}$ 与反应的平衡常数 $K^{\ominus}$ 的关系为

$$\Delta G_{T,p}^{\ominus} = -RT\ln K^{\ominus} \tag{1.18}$$

合并式(1.17)和式(1.18)得

$$E^{\ominus} = \frac{RT}{nF}\ln K^{\ominus} \tag{1.19}$$

标准电动势 $E^{\ominus}$ 的值可以通过电极电势获得，从而通过式(1.19)计算电池反应的平衡常数。

在恒压下原电池电动势对温度的偏导数称为可逆电池电动势的温度系数，用 $\left(\dfrac{\partial E}{\partial T}\right)_p$ 表示。

对式(1.17)进行微分，再根据热力学的基本关系式 $\mathrm{d}G = -S\mathrm{d}T + V\mathrm{d}p$ 可计算电动势与温度的函数关系为

$$\left(\frac{\partial E}{\partial T}\right)_p = -\frac{1}{nF}\left(\frac{\Delta_{\mathrm{r}}G}{\partial T}\right)_p = \frac{\Delta_{\mathrm{r}}S}{nF} \tag{1.20}$$

从式(1.20)可以看出，在电池反应中如果熵减小，即随着反应的进行，体系的有序度增加，电池的电动势将随温度的升高而降低。

可由表 1.4 中的数据计算温度系数。例如，氢-氧燃料电池的电池反应为

$$\mathrm{H_2(g)} + \frac{1}{2}\mathrm{O_2(g)} \longrightarrow \mathrm{H_2O(l)}$$

对该反应，由表 1.4 很容易验证 $E^{\ominus} = 1.23\,\mathrm{V}$，而且 $\left(\dfrac{\partial E^{\ominus}}{\partial T}\right)_p = -0.85\,\mathrm{mV \cdot K^{-1}}$。

表 1.4　某些物质在 298 K 下的生成焓和熵[9]

物质	状态	$\Delta_{\mathrm{f}}H_{298}^{\ominus}/(\mathrm{kJ\cdot mol^{-1}})$	$S_{298}^{\ominus}/(\mathrm{J\cdot K^{-1}\cdot mol^{-1}})$
H_2	气态(g)	0	130.74
Cl_2	气态(g)	0	223.09
H^+	活度为 1 的水溶液	0	0
Cl^-	活度为 1 的水溶液	−167.54	55.13
O_2	气态(g)	0	205.25
H_2O	液态(l)	−285.25	70.12
Zn	固态(s)	0	41.65
Zn^{2+}	活度为 1 的水溶液	−152.51	−106.54
HCl	气态(g)	−92.35	186.79
C(石墨)	固态(s)	0	5.69
CO	气态(g)	−110.5	198.0

2. 电动势测定的应用

由于电动势与化学反应热力学参数、化学平衡以及参与反应的各物质之间有定量的关系，因此相关化学反应的一些参数可以通过设计电池并测定电池电动势而获得。

1）标准电极电势与平均活度系数

通过对标准电动势的实验测量，可以得到一系列物理化学和热力学参数，如溶度积、酸碱解离常数和活度系数等，下面以银-氯化银电极为例说明电动势测量的应用。

$$AgCl + e^- \Longrightarrow Ag + Cl^-$$

若设计下面的电池：

$$Pt \,|\, H_2(p) \,|\, HCl(a) \,|\, AgCl(s) \,|\, Ag(s)$$

银-氯化银电极和氢电极的电极电势由式(1.21)得出：

$$\varphi_{AgCl/Ag} = \varphi_{AgCl/Ag}^{\ominus} - \frac{RT}{F}\ln a_{Cl^-} \tag{1.21}$$

若 $p_{H_2} = 1\,atm\,(1\,atm = 1.01325\times10^5\,Pa)$，则

$$\varphi_{H^+/H_2} = \varphi_{H^+/H_2}^{\ominus} + \frac{RT}{F}\ln a_{H_3O^+} \tag{1.22}$$

将银-氯化银电极和氢电极放入同一溶液时不形成扩散电位，被测电池电动势 E 为

$$E = \varphi_{AgCl/Ag} - \varphi_{H^+/H_2} = \varphi_{AgCl/Ag}^{\ominus} - \frac{RT}{F}\ln(a_{Cl^-}a_{H_3O^+}) \tag{1.23}$$

盐酸溶液的平均离子活度为 $a_{\pm}^2 = a_{Cl^-}a_{H_3O^+}$，因此

$$E = \varphi_{AgCl/Ag}^{\ominus} - \frac{2RT}{F}\ln a_{\pm}^{HCl} \tag{1.24}$$

将 $a_{\pm}^{HCl} = \gamma_{\pm}^{HCl}m_{\pm}/m^{\ominus}$ 代入式(1.24)，当温度为 298 K 时，有

$$E + \frac{2RT}{F}\ln\frac{m_{\pm}}{m^{\ominus}} = \varphi_{AgCl/Ag}^{\ominus} - \frac{2RT}{F}\ln\gamma_{\pm}^{HCl} \tag{1.25}$$

已知电解质 HCl 的浓度(对于 1-1 型强电解质，$m = m_{\pm}$) 和 $\varphi_{AgCl/Ag}^{\ominus}$，那么在一定温度 T 条件下测量电池电动势 E 就可确定平均活度系数 $\gamma_{\pm}^{HCl}$。

在很多情况下，如果不使用盐桥，就不能在普通氢电极和要研究的电极之间构建电池。例如，Cu^{2+}/Cu 电极，氢电极不能直接放入含铜离子的溶液中，因为在该电极上 Cu^{2+} 会被还原为金属铜。此时，可使用 Ag-AgCl 电极作为参比电极，电池为

$$Ag \,|\, AgCl(s) \,|\, CuCl_2(aq) \,|\, Cu$$

其电动势为

$$\begin{aligned}
E &= \varphi_{Cu^{2+}/Cu} - \varphi_{AgCl/Ag} \\
&= \varphi_{Cu^{2+}/Cu}^{\ominus} - \varphi_{AgCl/Ag}^{\ominus} + \frac{RT}{2F}\ln a_{Cu^{2+}} + \frac{RT}{F}\ln a_{Cl^-} \\
&= \varphi_{Cu^{2+}/Cu}^{\ominus} - \varphi_{AgCl/Ag}^{\ominus} + \frac{3RT}{2F}\ln a_{\pm}^{CuCl_2}
\end{aligned} \tag{1.26}$$

因为 $(a_\pm^{CuCl_2})^3 = a_{Cu^{2+}}(a_{Cl^-})^2$，$m_\pm^3 = m_+ m_-^2$，根据表达式

$$a_\pm^{CuCl_2} = \gamma_\pm^{CuCl_2} \left[(m_{Cu^{2+}}/m^\ominus)(m_{Cl^-}/m^\ominus)^2 \right]^{1/3}$$

最后得到

$$E + \varphi_{AgCl/Ag}^\ominus - \frac{3RT}{2F} \ln \left[\left(\frac{m_{Cu^{2+}}}{m^\ominus} \right) \left(\frac{m_{Cl^-}}{m^\ominus} \right)^2 \right]^{1/3} = \varphi_{Cu^{2+}/Cu}^\ominus + \frac{3RT}{2F} \ln \gamma_\pm^{CuCl_2} \qquad (1.27)$$

2) 难溶盐的溶度积

类似地，通过测量标准电极电势可以确定 AgCl 的溶度积，因为溶度积是特殊的平衡常数。

$$\frac{RT}{F} \ln K_s^{AgCl} = \varphi_{AgCl/Ag}^\ominus - \varphi_{Ag^+/Ag}^\ominus \qquad (1.28)$$

事实上，如果已知用作第二类电极的任何金属盐相应的金属离子电极的标准电极电势，那么可通过测量难溶盐标准电极电势的方法确定其热力学溶度积。25℃时，AgCl 的溶度积为 1.784×10^{-10}。

3) 水的离子积 K_w

$$K_w = a_{H_3O^+} a_{OH^-}$$

设计如下电池：

$$Pt \mid H_2(1\ atm) \mid KOH(a_{OH^-}), KCl(a_{Cl^-}) \mid AgCl \mid Ag(s)$$

负极反应：

$$H_2 + 2OH^- - 2e^- \Longrightarrow 2H_2O$$

正极反应：

$$AgCl + e^- \Longrightarrow Ag + Cl^-$$

电池反应：

$$H_2 + 2OH^- + 2AgCl \Longrightarrow 2Ag + 2Cl^- + 2H_2O$$

该电池的电动势 E 表达式为

$$E = \varphi_{AgCl/Ag} - \varphi_{OH^-/H_2} = \varphi_{AgCl/Ag}^\ominus - \varphi_{OH^-/H_2}^\ominus - \frac{RT}{2F} \ln \frac{a_{Cl^-}^2}{(p_{H_2}/p^\ominus)a_{OH^-}^2} \qquad (1.29)$$

对于负极反应，可由下列两式相加得到：

$$H_2 - 2e^- \Longrightarrow 2H^+ \qquad \Delta G^\ominus = 2FE^\ominus = 0$$

$$2H^+ + 2OH^- \Longrightarrow 2H_2O \qquad \Delta G^{\ominus'} = RT\ln K_w$$

因此，负极反应的 $\Delta G_{负极}^\ominus = 2RT\ln K_w$，则有

$$\varphi_{OH^-/H_2}^\ominus = \frac{RT}{F} \ln K_w$$

$$\frac{F}{RT}(E - \varphi_{AgCl/Ag}^\ominus) = -\ln K_w - \ln \frac{a_{Cl^-}}{a_{OH^-}} \qquad (1.30)$$

将式(1.30)的左侧对右侧的离子活度对数项作图，得到其截距，即可算出 K_w 的值。25℃时，水的离子积 K_w 为 1.008×10^{-14}。

4) 弱酸的解离常数

一些弱酸的解离常数可通过测量如下电池的电动势获得

$$Pt \mid H_2(1\ atm) \mid HA(aq), NaA(aq), NaCl(aq) \mid AgCl(s) \mid Ag(s)$$

其中氢离子由酸的解离提供，氯离子的活度影响银-氯化银电极的电势，测得的电池电动势 E 应为

$$E = \varphi_{AgCl/Ag} - \varphi_{H^+/H_2}$$

$$= \varphi_{AgCl/Ag}^{\ominus} - \frac{RT}{F}\ln a_{Cl^-} - \frac{RT}{F}\ln a_{H^+}$$

$$= \varphi_{AgCl/Ag}^{\ominus} - \frac{RT}{F}\ln\left[\gamma_{H^+}\gamma_{Cl^-}(m_{H^+}/m^{\ominus})(m_{Cl^-}/m^{\ominus})\right]$$

根据酸的解离常数 K_a^{HA} 的定义

$$K_a^{HA} = \frac{\gamma_{H^+}\gamma_{A^-}(m_{H^+}/m^{\ominus})(m_{A^-}/m^{\ominus})}{\gamma_{HA}(m_{HA}/m^{\ominus})}$$

且

$$m_{A^-} = m_{NaA} + m_{H^+} \approx m_{NaA}, \quad m_{Cl^-} = m_{NaCl}$$

得到

$$E - \varphi_{AgCl/Ag}^{\ominus} + \frac{RT}{F}\ln\left[\frac{(m_{HA}/m^{\ominus})(m_{NaCl}/m^{\ominus})}{(m_{NaA}/m^{\ominus})}\right] = -\frac{RT}{F}\ln K_a^{HA} - \frac{RT}{F}\ln\frac{\gamma_{Cl^-}\gamma_{HA}}{\gamma_{A^-}} \tag{1.31}$$

当溶液很稀时，等式右边受离子强度影响很小，可直接忽略活度系数项并在约 0.05 mol·kg^{-1} 的质量摩尔浓度下测量乙酸的 $K_a^{HA} = 1.729 \times 10^{-5}$。该电池也可用于强酸，但是要注意此时假设 $m_{A^-} \approx m_{NaA}$ 不再成立。

5）热力学函数（$\Delta_r G^{\ominus}$、$\Delta_r H^{\ominus}$ 和 $\Delta_r S^{\ominus}$）及化学平衡常数

已知化学反应的标准吉布斯自由能变与由该化学反应设计的原电池的电动势之间的关系为

$$\Delta_r G^{\ominus} = -nFE^{\ominus}$$

反应的标准熵变为

$$\Delta_r S^{\ominus} = nF\left(\frac{\partial E^{\ominus}}{\partial T}\right)_p \tag{1.32}$$

标准反应生成焓 $\Delta_r H^{\ominus}$ 可由关系式 $\Delta_r G^{\ominus} = \Delta_r H^{\ominus} - T\Delta_r S^{\ominus}$ 得到：

$$\Delta_r H^{\ominus} = -nFE^{\ominus} + nFT\left(\frac{\partial E^{\ominus}}{\partial T}\right)_p \tag{1.33}$$

化学反应的热力学平衡常数 K_{eq} 也可表示为

$$K_{eq} = \exp\left(\frac{nFE^{\ominus}}{RT}\right) \tag{1.34}$$

6）玻璃电极与 pH

玻璃电极是氢离子选择性电极，常用于测定溶液的 pH，其构造如图 1.13 所示。玻璃管下端是特殊材料的玻璃球形薄膜，膜的组成一般是 72% SiO$_2$、22% Na$_2$O 和 6% CaO，其电阻为 10～100 MΩ。膜内盛有 0.1 mol·L^{-1} HCl 溶液或一定 pH 的缓冲溶液，溶液中浸入一个 Ag/AgCl 电极(称内参比电极)。测定待测溶液时，将事先准备好的玻璃电极与一支甘汞电极

插入待测溶液中组成如下原电池：

Ag(s)｜AgCl(s)｜HCl(0.1 mol·kg⁻¹)｜玻璃薄膜｜待测溶液(pH=*x*)‖甘汞电极

需要指出的是，由于玻璃膜内盛有溶液，而玻璃膜外可能会因电极的存放使用情况不同而导致干玻璃区域的变化，进而影响测量结果。因此，玻璃电极使用前需要在蒸馏水中浸泡 24 h，使玻璃的水化层处于平衡状态，这时水中的 H^+ 可以取代玻璃膜表面上的 Na^+。将玻璃电极浸入待测溶液，膜上的 H^+ 与溶液中的 H^+ 之间发生转移而较快地建立平衡后，玻璃膜与待测溶液之间产生电位差。

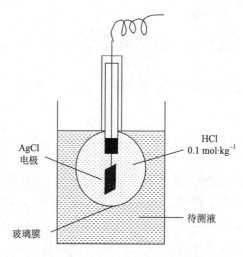

图 1.13　玻璃电极结构示意图[8]

玻璃电极的电极电势：

$$\varphi(玻璃) = \varphi^{\ominus}(玻璃) + \frac{RT}{F}\ln a_{H^+} = \varphi^{\ominus}(玻璃) - \frac{2.303RT}{F}pH \tag{1.35}$$

$\varphi^{\ominus}(玻璃)$ 因制造过程不同而不同，测量中是与标准 pH 溶液相比较，因此无需知道玻璃的标准电极电势。若待测溶液和标准溶液的电动势分别为 E_x 和 E_s，则

$$pH_x = pH_s + \frac{F}{2.303RT}(E_x - E_s) \tag{1.36}$$

7) 电位滴定

如果在一个化学反应中离子 *i* 的活度发生了变化，而且其活度变化可通过适当的电极监测，那么就可通过跟踪电位变化了解反应的进展。与通过监测电导率的变化确定滴定的终点类似，电极电势的测量也可用来确定滴定的终点。

例如，可以用氢电极或对 pH 敏感的玻璃电极作为指示电极跟踪酸碱滴定过程。以 0.1 mol·L⁻¹ 强碱滴定 100 mL 0.01 mol·L⁻¹ 强酸为例，H_3O^+ 的活度每降低 10 倍，电位会降低 59.1 mV。只要酸过剩，在加碱时 pH 将只发生微小的变化；然而在滴定终点附近，$a_{H_3O^+}$ 快速降低，电位也快速降低，直到碱过量电位变化又不明显了。因此，所测得的电位将出现阶跃式变化[10]，如图 1.14 所示。其中 pH 电极的电位变化是可以通过计算得到的。滴定的终点相当于电位变化最快的那一点。可通过对该滴定曲线求微分的方法更准确地找出滴定终点的位置。

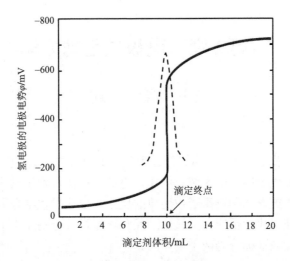

图 1.14　酸碱电位滴定

　　在沉淀、配位或氧化还原滴定中，电位的变化也与图 1.14 类似。

　　与电导滴定类似，电位滴定对浑浊的液体、有颜色的液体或很稀的溶液等这些肉眼难以分辨颜色变化的体系均适用。此外，由于滴定的终点非常尖锐而且信号检测易于自动化，因此已经有很多商品化的仪器，应用范围很广，适用于很多电分析过程中的精确测量。

参 考 文 献

[1]　广田襄. 现代化学史[M]. 丁明玉, 译. 北京: 化学工业出版社, 2018.

[2]　He R H, Li Q F, Xiao G, et al. Proton conductivity of phosphoric acid doped polybenzimidazole and its composites with inorganic proton conductors [J]. Journal of Membrane Science, 2003, 226: 169-184.

[3]　Agmon N. The Grotthuss mechanism[J]. Chemical Physics Letters, 1995, 244(5-6): 456-462.

[4]　Gillespie R J, Robinson E A. In Non-Aqueous Solvent Systems[M]. New York: Academic Press, 1965.

[5]　Wang J L, He R H, Che Q T. Anion exchange membranes based on semi-interpenetrating polymer network of quaternized chitosan and polystyrene[J]. Journal of Colloid and Interface Science, 2011, 36(1): 219-225.

[6]　Sluyters-Rehbach M, Sluyters J H. Electroanalytical Chemistry[M]. New York: Marcel Dekker, 1970.

[7]　Armstrong R D, Bell M F, Metcalfe A A, et al. Electrochemistry[M]. London: Royal Society of Chemistry, 1978.

[8]　何荣桓. 物理化学教学课件[M]. 沈阳: 东北大学音像出版社, 2007.

[9]　哈曼, 哈姆内特, 菲尔施蒂希. 电化学[M]. 陈艳霞, 夏兴华, 蔡俊, 译. 北京: 化学工业出版社, 2010.

[10]　李获, 李松梅. 电化学原理[M]. 4 版. 北京: 北京航空航天大学出版社, 2021.

[11]　巴德, 福克纳. 电化学方法: 原理和应用[M]. 2 版. 邵元华, 朱果逸, 董献堆, 等译. 北京: 化学工业出版社, 2005.

[12]　贾梦秋, 杨文胜. 应用电化学[M]. 北京: 高等教育出版社, 2004.

第 2 章　电极过程动力学

2.1　概　　述

2.1.1　电化学反应

电化学反应属于氧化还原反应，由氧化过程和还原过程构成。在普通的氧化还原反应中，氧化过程和还原过程发生于同一个区域。例如，将还原剂锌片置于氧化剂铜离子溶液中后，在锌片表面发生金属锌被氧化和铜离子被还原的反应，反应过程中金属锌将电子直接转移给其周围的铜离子。但在电化学反应中，氧化过程和还原过程分别发生于阳极和阴极这两个位点，氧化反应和还原反应被拆分为两个半反应。

$$Zn + Cu^{2+} \rule[0.5ex]{3em}{0.4pt}\!\!\!\!\!\!\!\! = Zn^{2+} + Cu$$

阳极：
$$Zn - 2e^- \rule[0.5ex]{3em}{0.4pt}\!\!\!\!\!\!\!\! = Zn^{2+}$$

阴极：
$$Cu^{2+} + 2e^- \rule[0.5ex]{3em}{0.4pt}\!\!\!\!\!\!\!\! = Cu$$

在发生电化学反应时，氧化剂和还原剂不直接接触，二者之间不直接传递电子，而是分别在两个电极上与外电路之间传递电子。在阳极上发生氧化过程，还原剂将电子传递给外电路，自身被氧化。在阴极上发生还原过程，氧化剂从外电路得到电子，自身被还原。电子在电化学系统中定向传导，形成电流。电流在电化学系统中的传导由三部分组成，分别为外电路中的电子定向移动、电解质溶液中的带电粒子定向移动和在两个电极上发生的氧化还原反应，如图 2.1 中过程(1)、(2)、(3)所示。其中，在阳极上发生金属锌的电化学氧化反应时，金属锌电极晶格中的锌通过电极将电子传递给外电路，本身转化为 Zn^{2+} 进入溶液；在阴极上进行 Cu^{2+} 的电化学还原反应时，Cu^{2+} 得到从外电路传递的电子还原为金属铜，并进入铜电极晶格。本章重点关注发生在两个电极的氧化还原反应，以及影响电化学反应的主要因素。

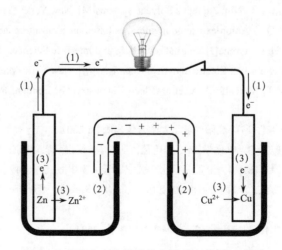

图 2.1　电流在电化学系统中的定向传导示意图

2.1.2 电极过程及其影响因素

与普通化学反应一样，电化学反应也受温度、反应物浓度、溶液组成等因素的影响。与普通化学反应不同的是，在电化学反应中，阳极和阴极上分别施加一定电场，施加电场的强度决定了在阳极上进行的氧化过程和在阴极上进行的还原过程中发生哪一个或哪几个反应及反应速率。电场强度对电化学反应有非常重要的影响，是影响电化学反应的关键因素。

在电化学研究中，一般分别研究在阳极和阴极上发生的反应，研究关注的电极称为研究电极。电极电势与电场强度直接相关，在电化学领域采用电极电势代表电场强度这一影响电极过程的关键因素。电极电势的绝对值无法测量，电化学领域将电势基本恒定的标准氢电极(SHE)的电极电势设定为零。将研究电极和 SHE 组装到电化学池中，测试的电池电动势即为研究电极相对于 SHE 的电极电势，称为氢标电极电势，在这个测试中 SHE 起到参比电极的作用。为了方便测试，在电化学实验中，针对电化学系统的特点也选用其他电势基本恒定的电极作为参比电极，如适用于中性及弱酸性水溶液的饱和甘汞电极(SCE)、Ag/AgCl 电极，适用于碱性水溶液的 Hg/HgO 电极，适用于有机电解液的 Ag^+/Ag 电极，适用于高温熔盐的碳电极等。这些参比电极的电极电势各不相同，为便于比较，需明确测试时所采用的参比电极，或者换算成相对 SHE 的电极电势。通常情况下，在报道电极电势时须同时指出所采用的参比电极，如采用 SCE 为参比电极测试的某研究电极的电极电势为 0.1 V，报道的电极电势数据应为 0.1 V(vs.SCE)。

电极系统(以下简称电极)由电极材料和电解质溶液组成，其中电极材料是电子导体，电解质溶液是离子导体。电化学反应发生于电子导体和离子导体构成的界面上，属于异相反应。以电解质溶液中的反应粒子发生的氧化还原反应为例进行讨论，反应粒子的分子轨道是不连续的，有电子占据的能量最高的轨道为 HOMO(highest occupied molecular orbital)，没有电子占据的能量最低的空轨道为 LUMO(lowest unoccupied molecular orbital)。发生还原反应时，电子优先进入 LUMO；发生氧化反应时，优先失去 HOMO 上的电子。与此类似，在电子导体上，较低能级上有电子填充，较高能级上没有电子填充，但是电子的能级是连续的。通过外电路流向电极系统的电子优先填充空的最低能级；向外电路传递电子时，电子导体上填充在最高能级上的电子优先离去。在研究电极上进行阴极还原反应时，将电极与外电路电源的负极相连，施加负电势，向电极系统中的电子导体注入电子，导致其更高的能级上开始填充电子。当在电极上施加的负电势达到一定程度，电子导体上有电子填充的最高能级高于溶液中反应粒子的 LUMO 的能级时，电子从电子导体迁移到离子导体中的反应粒子，使反应粒子得到电子被还原(图 2.2)。在研究电极上进行阳极氧化反应时，将电极系统中的电子导体与外电路电源的正极相连，施加正电势，使电子从电子导体传递到外电路，使较低的能级上不再有电子填充。随着电极上施加的正电势不断增强，电子导体上没有电子填充的能级不断降低，当没有电子填充的能级降低到低于溶液中反应粒子的 HOMO 的能级时，电子可穿越电子导体与离子导体之间的界面，从离子导体中的反应粒子迁移到电子导体，使反应粒子失去电子被氧化(图 2.3)[1]。

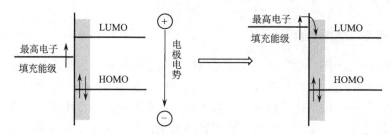

图 2.2　电极系统发生还原反应过程示意图

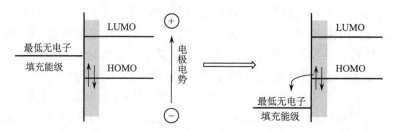

图 2.3　电极系统发生氧化反应过程示意图

　　如果电解质溶液中有多种粒子可以进行氧化或还原反应，那么发生反应的顺序是什么？可以把所有反应粒子的 HOMO 进行排序，当电极系统与外电路正极相连时，优先失去能级最高的 HOMO 中的电子，该 HOMO 所属的粒子优先被氧化。当电极系统与外电路负极相连进行还原反应时，情况与此类似，能量最低的 LUMO 优先得到电子，该 LUMO 所属的粒子优先被还原。但是一般情况下没有反应粒子的 HOMO 和 LUMO 能级数据，可以利用电化学数据判断反应顺序。若不考虑动力学因素和溶液浓度的影响，可以利用标准电极电势，初步判断电极电势正移时理论上的反应顺序。电极电势正移时系统发生氧化反应，电解质溶液中的反应粒子被氧化，那么被氧化能力强，即还原能力强的粒子优先发生反应。电极电势与电对中的反应粒子的氧化还原能力直接相关，电极电势高的电对中的氧化态粒子氧化能力强，电极电势低的电对中的还原态粒子还原能力强。例如，将 Au 电极置于含有浓度均为 $0.01\ mol\cdot L^{-1}$ 的 Sn^{2+} 和 Fe^{2+} 的 $1\ mol\cdot L^{-1}$ HI 水溶液中，电极电势正移时，该系统可能发生的电极反应和对应电对的标准电极电势如图 2.4(a) 所示[1]。Sn^{4+}/Sn^{2+}、I_2/I^-、Fe^{3+}/Fe^{2+} 电对的标准电极电势逐渐升高，说明 Sn^{2+}、I^-、Fe^{2+} 的还原能力逐渐下降，其被氧化的能力也逐渐下降。当电极与外电路正极相连，使 Au 电极的电极电势逐渐正移时，理论上将逐步发生 Sn^{2+}、I^-、Fe^{2+} 的氧化反应。此外，在该电极系统中，除了 Sn^{2+}、I^-、Fe^{2+} 可失去电子被氧化外，电极电势正移到一定程度时，溶剂水可失去电子释放氧气。电化学反应发生在电子导体和离子导体构成的界面，在该微小区域内电场很强，可为电化学反应提供强大的推动力，因此除了溶剂，理论上电极材料 Au 也可被氧化。不同于其他化学反应，在电化学反应中，溶剂和电极材料也可作为反应物参与反应，如水电解反应、利用活性电极材料进行的电化学储能反应等，在判断电极系统的反应顺序时，不可忽视溶剂和电极材料参与的反应。

　　以将金属 Pt 置于含有浓度均为 $0.01\ mol\cdot L^{-1}$ 的 Fe^{3+}、Sn^{4+}、Ni^{2+} 的 $1\ mol\cdot L^{-1}$ HCl 水溶液构成的电极系统为例，分析电极电势负移时系统发生的还原反应的理论顺序。该电极系统可能发生的电极反应和对应电对的标准电极电势如图 2.4(b) 所示[1]。Fe^{3+}/Fe^{2+}、Sn^{4+}/Sn^{2+}、H^+/H_2、Ni^{2+}/Ni 电对的标准电极电势逐渐降低，说明 Fe^{3+}、Sn^{4+}、H^+、Ni^{2+} 的氧化能力逐渐下降。如

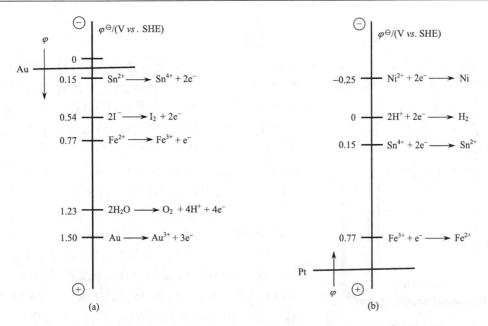

图 2.4　(a) Au 电极电势从 0.1 V (*vs.* SHE) 逐渐正移时，可能发生的电极反应；(b) Pt 电极电势从 1 V (*vs.* SHE) 逐渐负移时，可能发生的电极反应

果不考虑动力学因素，当电极系统与外电路负极相连使 Pt 电极的电极电势逐渐负移时，理论上将逐步发生 Fe^{3+}、Sn^{4+}、H^+、Ni^{2+} 的还原反应。

　　如果电极未与外电路相连接，系统将无电流流过，此时的电极电势为开路电势。电极电势以开路电势为起点移动的方向决定了氧化还原反应的方向。电极电势从开路电势正移时，可发生氧化反应；电极电势从开路电势负移时，可发生还原反应。电极电势以开路电势为起点移动的距离决定了可能发生哪些电化学反应。电极电势距离开路电势的远近与电极系统中电子导体与离子导体界面电场的强弱有关，电极电势距离开路电势越远，电子导体与离子导体界面电场越强，对电化学反应的驱动力越大。

　　电极上发生电化学反应时服从法拉第定律 [式 (2.1)]，即发生反应的物质的量 n 与电极上流过的电量 Q 成正比，与发生反应需要转移的电子数 z 和法拉第常量 $F(F = 96500\ \mathrm{C\cdot mol^{-1}})$ 的乘积成反比。

$$n = \frac{Q}{zF} \tag{2.1}$$

　　在电化学反应中，氧化剂 O 得到 z 个电子，被还原为产物 R。该反应的速率 v 可采用产物 R 的物质的量 (n_R) 随时间的变化表示 [式 (2.2)]。

$$O + ze^- \Longrightarrow R$$

$$v = \frac{\mathrm{d}n_R}{\mathrm{d}t} \tag{2.2}$$

　　根据式 (2.1) 和式 (2.2)，可推出式 (2.3)：

$$v = \frac{\mathrm{d}Q}{zF\mathrm{d}t} = \frac{I}{zF} \qquad (2.3)$$

可见在电化学系统中，电流与电极反应速率相关，而电极电势与界面电场强度即电化学反应的驱动力相关。电极反应速率与界面电场强度密切相关，即电流与电极电势密切相关，

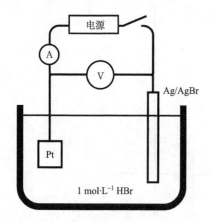

图 2.5　Pt | H$^+$, Br$^-$(1 mol·L^{-1}) | AgBr | Ag 电池示意图

电流与电极电势之间的关系曲线可表达电极过程特性，该曲线称为极化曲线。在一般的电化学系统中，电极面积 S 基本恒定，因此电流密度 i ($i = I/S$) 与电流 I 一样，也是电化学反应速率的量度。按照习惯，本章以电流 I 或电流密度 i 为极化曲线纵轴，阴极上流过的还原电流为正，阳极上流过的氧化电流为负。以电极电势 φ 为极化曲线的横轴，在横轴上由左向右对应 φ 由正向负。

在图 2.5 所示的电化学池中，两个电极分别为 Pt 和 Ag/AgBr，电解质为 1 mol·L^{-1} HBr 水溶液。该电化学池也可用电池符号表示，即 Pt | H$^+$, Br$^-$(1 mol·L^{-1}) | AgBr | Ag。Ag/AgBr 电极的电势基本恒定，相当于参比电极，因此测试的电池电压变化代表了 Pt 电极电势的变化。

当 Pt 电极与外电路正极相连，电池电压增加到 1.02 V 时，$\varphi_{Pt} = 1.02$ V (*vs.* Ag/AgBr)，根据测试的极化曲线可见电极系统开始出现阳极电流 (图 2.6)，电解质溶液中的 Br$^-$ 在 Pt 电极上失去电子，发生氧化反应；此时在作为阴极的 Ag/AgBr 电极上发生还原反应。

$$2Br^- - 2e^- \rule[0.5ex]{2em}{0.4pt} Br_2$$
$$AgBr + e^- \rule[0.5ex]{2em}{0.4pt} Ag + Br^-$$

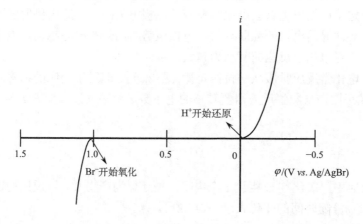

图 2.6　Pt | H$^+$, Br$^-$(1 mol·L^{-1}) | AgBr | Ag 电池中 Pt | H$^+$, Br$^-$(1 mol·L^{-1}) 电极的极化曲线

当 Pt 电极与外电路负极相连，电池电压为 0.07 V 时，$\varphi_{Pt} = -0.07$ V (*vs.* Ag/AgBr)，根据测试的极化曲线可见电极系统开始出现阴极电流 (图 2.6)，溶液中的 H$^+$ 在 Pt 电极上得到电子，发生还原反应；此时在作为阴极的 Ag/AgBr 电极上发生氧化反应。

$$2H^+ + 2e^- \Longrightarrow H_2$$
$$Ag + Br^- - e^- \Longrightarrow AgBr$$

用 Hg 电极代替图 2.5 中的 Pt 电极，新的电池为 Hg | H^+, Br^-(1 mol·L^{-1}) | AgBr | Ag。当 Hg 电极与外电路正极相连，电池电压达到 0.07 V 时，$\varphi_{Hg} = 0.07$ V (*vs.* Ag/AgBr)，根据测试的极化曲线可见电极系统开始出现阳极电流(图 2.7)。在 Hg 电极上，电极材料 Hg 首先被氧化，生成 Hg_2Br_2。

$$2Hg + 2Br^- - 2e^- \Longrightarrow Hg_2Br_2$$

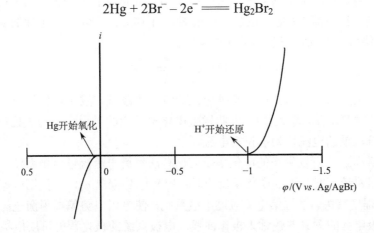

图 2.7　Hg | H^+, Br^-(1 mol·L^{-1}) | AgBr | Ag 电池中 Hg | H^+, Br^-(1 mol·L^{-1}) 电极的极化曲线

当 Hg 电极与外电路负极相连，电极电势达到理论析氢电势后，未出现阴极电流，说明没有发生析氢反应。电极电势须进行较大程度的负移后，才可发生析氢反应。这一现象说明，电极材料对电化学反应有很大影响。除了电极电势、电极材料对电化学反应有重要影响外，溶液组成、pH 等因素也对电极电势移动时系统发生的电化学反应、反应速率产生影响。

发生在阳极和阴极的电极过程是异相氧化还原过程，因此还涉及液相中的传质步骤，包括反应物从溶液内部传递到电极表面，以及产物从电极表面传递到溶液内部。

2.1.3　电极系统的极化

在某些电极系统中，动力学因素对电化学反应有很大影响，因此导致实际反应顺序与理论反应顺序有所差异。以将 Hg 电极置于含有浓度均为 0.01 mol·L^{-1} 的 Cr^{3+} 和 Zn^{2+} 的 1 mol·L^{-1} HCl 水溶液构成的电极系统为例进行分析。该电极系统可能发生的电极反应和对应电对的标准电极电势如图 2.8 所示[1]。H^+/H_2、Cr^{3+}/Cr^{2+}、Zn^{2+}/Zn 电对的标准电极电势逐渐降低，说明 H^+、Cr^{3+}、Zn^{2+} 的氧化能力逐渐下降。当施加外电压，使 Hg 电极的电极电势负移时，

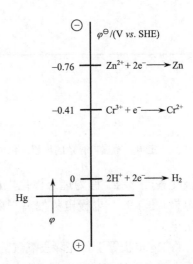

图 2.8　在含 Cr^{3+}、Zn^{2+}、H^+ 的水溶液中，Hg 电极电势负移时可能发生的电极反应

如果不考虑动力学因素，理论上应逐步发生 H^+、Cr^{3+}、Zn^{2+} 的还原反应。但是，当电极电势负移时，首先观测到的是 Cr^{3+} 和 Zn^{2+} 的还原反应。电极电势继续负移至相当程度后，方可观测到析氢反应。

　　电极系统流过的电流方向取决于电极上发生的是氧化反应还是还原反应，两者电流方向正好相反。通常规定还原过程为正向途径，发生还原反应时，电极系统的电流为正；氧化过程为逆向途径，发生氧化反应时，电极系统的电流为负。实验中测试的净电流 i 为二者的差值，$i = i_f - i_b$。电极系统位于热力学平衡电势 φ_e 时，正向途径的电流 i_f 与逆向途径的电流 i_b 大小相等：$i_f = i_b$，净电流 i 为零。电极电势偏离 φ_e 正移后，$i_f < i_b$，发生净的氧化反应。电极电势偏离 φ_e 负移后，$i_f > i_b$，发生净的还原反应。

$$O + e^- \underset{i_b}{\overset{i_f}{\rightleftarrows}} R$$

　　$i_f \neq i_b$ 时，净电流 i 不为零，此时有外电流流过电极系统，发生电化学反应。发生电化学反应时，服从法拉第定律[式(2.1)]，因此发生电化学反应的过程也称为法拉第过程，发生电化学反应时系统流过的电流称为法拉第电流。

　　电极电势偏离 φ_e，可发生净的电化学反应，有法拉第电流流过电极系统。反之，有法拉第电流流过电极系统，发生净的电化学反应时，电极电势偏离 φ_e，法拉第电流的大小与电极电势偏离 φ_e 的程度有关。法拉第电流流过电极系统，使电极电势偏离平衡电势的现象称为极化，电流与电极电势的关系曲线称为极化曲线。电极系统的极化程度可用电极电势 φ 与平衡电势 φ_e 的差值 $\Delta\varphi$ 表示[式(2.4)]，也可用差值的绝对值表示，称为过电位 η[式(2.5)]。发生阳极过程时，$\eta = \varphi - \varphi_e$；发生阴极过程时，$\eta = \varphi_e - \varphi$。

$$\Delta\varphi = \varphi - \varphi_e \tag{2.4}$$

$$\eta = |\Delta\varphi| \tag{2.5}$$

　　电极的极化程度与电极系统本身有关，电极系统不同，即使流过相同的法拉第电流，电极电势偏离平衡电势的程度也不同。极化程度既与电极材料有关，也与电解质溶液有关。发生阳极反应时，电子从离子导体迁移到电子导体；发生阴极反应时，电子从电子导体迁移到离子导体，均发生了电子在电子导体/离子导体界面的穿越。如果一个电极系统的电极电势偏离平衡电势无论多远，都不能引发电子在电子导体/离子导体界面穿越，无法引发电化学反应，观测不到法拉第电流，说明这个电极系

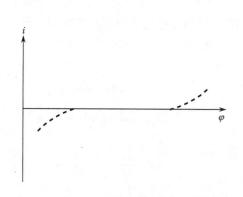

图 2.9　一定电势范围内有效的理想极化电极

统极化程度极强，称为理想极化电极。但实际的电极系统仅在一定电势范围内属于理想极化电极(图 2.9)，电极电势偏离平衡电势足够远后，电极系统可发生电化学反应，产生法拉第电流。

　　将 Hg 电极置于预先除去氧气的 KCl 水溶液中，构成电极系统 Hg/KCl，其在 2 V 的电势范围内表现为理想极化电极，是实验室常用的理想极化电极。当电极电势正移到约 0.25 V(*vs.* SHE)时，Hg 可被氧化，发生下列反应：

$$2Hg + 2Cl^- - 2e^- \longrightarrow Hg_2Cl_2$$

电极电势负移时，可发生析氢反应 $2H_2O + 2e^- \longrightarrow H_2 + 2OH^-$。根据能斯特方程计算的结果表明，室温下中性溶液中析氢反应的平衡电势约为 $-0.4\ V\ (vs.\ SHE)$。

Hg 电极上的析氢反应过电位很大，因此在一定电势范围内，析氢反应速率极小，可忽略不计。在不发生 Hg 氧化和无明显析氢反应的电势范围内，系统无法拉第电流流过，表现为理想极化电极。

在另一些电极系统中，电极电势稍微偏离平衡电势即可发生一定程度的氧化还原反应。因此，尽管系统有一定电流流过，电极电势也几乎等于平衡电势。这样的电极系统称为理想不极化电极。但电流超过一定数值后，电极电势也将明显偏离平衡电势(图 2.10)。实际的电极系统仅在一定电流范围内属于理想不极化电极。

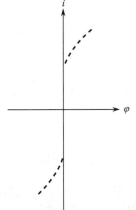

图 2.10　一定电流范围内有效的理想不极化电极

在电化学测试中，常采用理想不极化电极作参比电极，与研究电极构成电势测试回路。常用的参比电极有饱和甘汞电极、标准氢电极等。为了保证参比电极的电极电势不偏离平衡位置，在电化学测试中，需保证电势测试回路中的电流小到可忽略不计。

2.2　非法拉第过程和电极/溶液界面结构

2.2.1　非法拉第过程和电极系统的电容

当电极电势发生微小变化，或电极面积、溶液组成发生某些变化，电极系统可产生微小电流或瞬时电流。该电流不穿越电子导体和离子导体界面，不能引发电化学反应，因此不服从法拉第定律，称为非法拉第电流，发生的过程为非法拉第过程。此时，电极系统的行为类似于电容器[图 2.11(a)]。电容器是由介电物质分隔开的两片金属组成的电子元件。向电容器施加电压时，产生充电电流。充电后，一个金属片上积累电子，另一个金属片上积累数值相等的正电荷[图 2.11(b)]。电容器上存储的电量 q 与电压 E 成正比[式(2.6)，C 为常数，是电容器的电容]。

$$q = EC \tag{2.6}$$

向电极系统施加不能引起电化学反应的较小电压时，带相反符号的电荷分别积累在电极材料和电解质溶液界面的两侧，而不穿越界面。两侧的电荷大小相等，符号相反，形成双电层结构(图 2.12)。在电极材料一侧，电荷以电子或空穴的形式位于很薄的区域(< 0.01 nm)。在电解质溶液一侧，电荷以阳离子或阴离子的形式存在于电极表面附近的溶液中。在特定电势下，双电层存储的电量与其电容 C_d 有关。与电容器不同，双电层的电容通常与电势有关，不是常数。

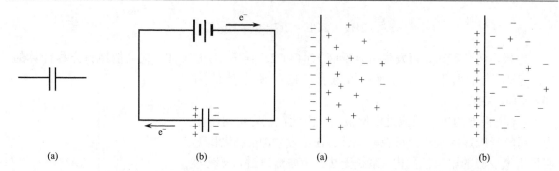

图 2.11　电容器(a)和电容器充电(b)　　　　图 2.12　电极材料带负电荷(a)和带正电荷(b)时
　　　　　　　　　　　　　　　　　　　　　　　　　　　　　　　形成的双电层示意图

2.2.2　电极/溶液界面结构

在双电层中，电极材料一侧带特定电荷后，电解质溶液中带相反电荷的离子受静电引力作用，倾向于紧密排列于界面。这种双电层模型由亥姆霍兹(Helmholtz)提出，称为亥姆霍兹紧密双电层模型[图 2.13(a)]。在这种紧密双电层中，随着距离电极材料表面的距离增加，电势呈线性减小。电极表面电荷密度较大，电解质溶液浓度较大时，静电引力较大，符合紧密双电层模型。电极表面电荷密度小，电解质溶液浓度很小时，离子的热运动干扰较大，溶液中的剩余电荷很难紧密地排列在界面上，而应按照势能场中粒子的分散规律分布，形成分散双电层。这种双电层模型由古依(Gouy)和查普曼(Chapman)提出，称为古依-查普曼分散双电层模型[图 2.13(b)]。在分散双电层中，电势与距电极材料表面的距离不呈线性关系。一般条件下，电解液中的离子既受到来自于电极材料表面电荷的静电引力，也受热运动的干扰，因此一般情况下，双电层既包含紧密双电层，也包含分散双电层[图 2.13(c)]，可以将双电层看成是由紧密层和分散层串联组成。这个思想由斯特恩(Stern)提出，称为斯特恩双电层模型[图 2.13(c)]。

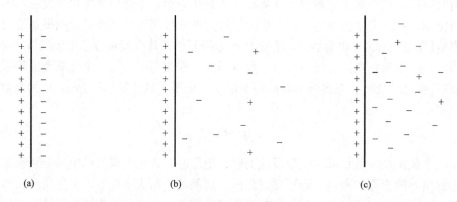

图 2.13　亥姆霍兹紧密双电层(a)、古依-查普曼分散双电层(b)、斯特恩双电层(c)模型示意图

在斯特恩模型中，紧密双电层电势差为 $\varphi - \psi$。随着远离电极表面，紧密双电层电势差线性下降。在分散双电层中，电势差为 ψ_1。随着远离电极表面，ψ_1 下降趋势变缓(图 2.14)。

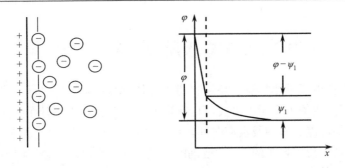

图 2.14　双电层内的电势分布图

在水系电解液中，溶剂水是强极性分子，一般情况下会在电极材料表面定向吸附，形成偶极层。电极材料一侧带负电荷时，电解质溶液中的水合阳离子吸附于偶极层外侧[图 2.15(a)]。紧密层中，吸附于水偶极层外侧的水合阳离子的中心位置为外亥姆霍兹层(outer Helmholtz plane，OHP)。电极材料一侧带正电荷时，电解质溶液中的阴离子参与构成双电层。Br^-、I^-等变形性较大的阴离子易与电极材料中的金属产生化学相互作用力，产生特性吸附。化学相互作用力为短程作用力，产生特性吸附时，阴离子脱去水合层，并挤出偶极层中的部分溶剂水，紧密吸附于电极材料表面，其他水合阴离子吸附于脱除水合层的阴离子外侧，进一步平衡电极材料上的电荷[图 2.15(b)]。紧密层中，脱去水合层的阴离子的中心位置为内亥姆霍兹层(inner Helmholtz plane，IHP)。在产生特性吸附形成内亥姆霍兹层时，脱去水合层的阴离子直接吸附于电极材料表面，比电极表面带负电荷时形成的外亥姆霍兹层中的水合阳离子距离电极材料表面更近。因此，如果阴离子可以与电极材料产生特性吸附，电极表面带正电荷时形成的紧密双电层比电极表面带负电荷时形成的紧密双电层厚度更小。除了阴离子，醛、酮、羧酸、胺等有机分子也可利用其分子中杂原子所带的孤对电子与电极材料产生配位等相互作用，特性吸附于电极材料表面，参与形成双电层，进而对电极过程产生一定的调控作用。

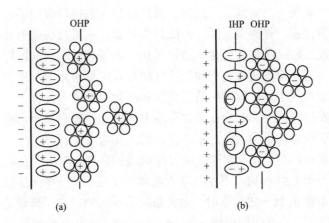

图 2.15　阳离子吸附于水偶极层外侧(a)和部分阴离子突破水偶极层在电极表面产生
特性吸附形成的双电层(b)示意图

2.3　影响电极反应速率的因素

电极反应发生在电子导体(电极材料)和离子导体(电解质溶液)之间的界面，属于异相反应，影响其他异相反应的因素对电极反应均有影响，主要包括以下几个方面：

(1)反应系统的温度、压力及反应时间。

(2)电解质溶液中反应粒子的浓度、溶剂的种类、溶液的 pH 及其他添加剂的存在和浓度。

(3)电极材料的种类、表面积、几何形状及表面状态。

(4)反应粒子在电极表面的吸附、反应粒子在电极表面的浓度及反应粒子从溶液内部向电极表面传递的模式和速率。

不同于普通化学反应，电极反应是在电场存在下发生的氧化还原反应。发生电极反应时，电子穿越电极材料和电解质溶液之间的界面，因此界面电场的方向和强度对电极反应有重要影响。界面电场是电极反应独有的，也是最重要的实验条件。电极电势与界面电场直接相关，因此采用电化学实验中方便测量的电极电势代表界面电场这一实验条件。此外，电流(电流密度)与电极反应速率直接相关，电量则取决于参与电极反应的物质的量，因此电极电势、电流(电流密度)、电量均对电极反应有重要影响，是电极反应独有的影响因素。

进行电极反应时，除了涉及反应物在电极上发生的得失电子步骤，还涉及反应物从溶液内部迁移到电极表面、产物从电极表面迁移到溶液内部的物质传递过程。此外，有些反应物传递到电极表面后，还要先经历某些转化步骤，然后吸附在电极表面，最后在适当电势下发生得失电子的氧化还原反应，生成吸附于电极表面的产物。如果产物为固体，可通过结晶过程生长于电极材料上。如果产物为气体，可脱附逸出。可溶于电解质溶液的产物可脱附溶解；脱附后，也可能先经历某些化学转化过程，然后溶解，最后迁移到溶液内部(图 2.16)[1]。例如，某溶液中的$[Cu(NH_3)_4]^{2+}$迁移到金属铜阴极表面后，首先发生配离子的解离过程，生成Cu^{2+}并吸附于阴极表面，然后在适当电势下得到 2 个电子被还原为铜原子。铜原子在铜电极表面结晶，生长于铜电极上，完成反应过程。反应物传递到电极表面后，在得失电子前发生的过程可统称为前置过程。得失电子后，形成最终产物，完成反应前的过程可统称为后续过程。在进行电化学反应时，按物质传递—前置转化—电子转移—后续转化—物质传递各步骤顺序进行(图 2.16)。其中前置转化过程和后续转化过程主要由化学过程控制，本章对此不做过多讨论。在电化学反应中，电解液中的反应物和产物可以是中性分子，也可以是离子。电场对以离子形式存在的反应物和产物在电化学池中的迁移过程有重要影响。电子转移和物质传递这两个反应步骤受电场影响大，是本章讨论的主要内容。

电极电势是电极材料与电解质溶液之间界面电场的量度，对电极反应有重要影响。当电极电势等于热力学平衡电势 φ_e 时，不发生净的电化学反应，系统中无法拉第电流。当电极电势高于热力学平衡电势 φ_e 到一定程度时，电极系统的反应物将电子传递给外电路，发生氧化反应。当电极电势低于热力学平衡电势 φ_e 到一定程度时，电极系统的反应物从外电路得到电子，发生还原反应。氧化反应或还原反应的速率与电极电势高于或低于 φ_e 的程度有关。电极电势高于或低于 φ_e 的程度对物质传递步骤和电子转移步骤的速率均有重要影响。如果在某一电极电势下，物质传递步骤的速率远低于电子转移步骤的速率，电极表面消耗的反应物不能得到及时补充，反应物在电极表面的浓度小于在溶液内部的浓度；而电极表面生成的产物则

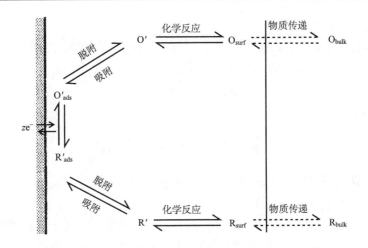

图 2.16　电极过程示意图

不能及时移走，产物在电极表面的浓度大于在溶液内部的浓度。这时电化学反应的速率由物质传递步骤的速率决定，电极系统发生浓差极化。如果在另一电极电势下，电子转移步骤的速率远低于物质传递步骤的速率，电化学反应的速率由电子转移步骤的速率决定，电极系统发生电化学极化。在电化学极化控制的反应中，电极表面消耗的反应物可及时得到补充，生成的产物可及时移走，因此反应粒子在电极表面的浓度和在溶液内部的浓度相同。如果物质传递步骤的速率和电子转移步骤的速率相近，二者对电化学反应的影响均较大，此时电化学反应的速率由二者共同决定，即电化学反应受二者共同控制。

2.3.1　浓差极化控制的反应

1. 浓差极化对电极电势的影响

在浓差极化控制的反应中，物质传递步骤的速率小于电子转移步骤的速率，传递到电极表面的反应物会及时发生得失电子的反应，使电子转移步骤处于快速平衡状态，因此能斯特方程仍然成立。但在浓差极化控制下进行电化学反应时，能斯特方程中的反应粒子实际活度与电极电势处于平衡态时不同。电极电势等于平衡电势时，没有发生电化学反应，反应粒子在电极表面的活度与在溶液内部的活度相同，能斯特方程如式(2.7)所示。发生浓差极化控制的反应时，反应粒子在电极表面的浓度与在溶液内部的浓度不同，其在电极表面的活度也与在溶液内部的活度不同，能斯特方程如式(2.8)所示，方程式中的反应粒子活度应采用其在电极表面的活度，电极电势不再是平衡电势。

$$\varphi_e = \varphi_e^{\ominus} + \frac{RT}{zF}\ln\frac{a_O^0}{a_R^0} \tag{2.7}$$

$$\varphi = \varphi_e^{\ominus} + \frac{RT}{zF}\ln\frac{a_O^s}{a_R^s} \tag{2.8}$$

式中，φ_e 为电解质溶液中氧化态反应粒子活度为 a_O^0、还原态反应粒子活度为 a_R^0，未发生电化学反应时的平衡电势；$\varphi_e^{\ominus}$ 为电解质溶液中氧化态和还原态反应粒子活度均为 1，未发生电化学反应时的平衡电势；a_O^s 和 a_R^s 分别为发生浓差极化控制的电化学反应时，氧化态和还原态反应粒子在电极表面的活度。

产生阴极极化时，氧化态物种为反应物，其在电极表面的活度低于其在溶液内部的活度；还原态物种为产物，其在电极表面的活度高于其在溶液内部的活度：

$$a_O^s < a_O^0, \quad a_R^s > a_R^0$$

因此：

$$\varphi_c = \varphi_e^\ominus + \frac{RT}{zF}\ln\frac{a_O^s}{a_R^s} < \varphi_e^\ominus + \frac{RT}{zF}\ln\frac{a_O^0}{a_R^0} \tag{2.9}$$

式中，φ_c 为产生阴极极化时的电极电势，其低于没有发生电化学反应时的平衡电势，即浓差极化导致阴极过程的电极电势负移。

产生阳极极化时，氧化态物种为产物，其在电极表面的活度高于其在溶液内部的活度；还原态物种为反应物，其在电极表面的活度低于其在溶液内部的活度：

$$a_O^s > a_O^0, \ a_R^s < a_R^0$$

因此：

$$\varphi_a = \varphi_e^\ominus + \frac{RT}{zF}\ln\frac{a_O^s}{a_R^s} > \varphi_e^\ominus + \frac{RT}{zF}\ln\frac{a_O^0}{a_R^0} \tag{2.10}$$

式中，φ_a 为产生阳极极化时的电极电势，其高于没有发生电化学反应时的平衡电势，即浓差极化导致阳极过程的电极电势正移。

2. 液相传质的三种形式

产生浓差极化的原因在于物质传递的速率小于电子转移步骤的速率，物质传递为速控步骤，因此浓差极化控制的电化学反应速率 v_r 由物质传递步骤的速率 v_{mt} 决定。在异相反应中，反应速率以单位时间内单位面积上消耗的反应物或增加的产物的量表示。电极反应属于异相反应，其反应速率通常用电流 I 或电流密度 i 表示：

$$i = zFv_r = zFv_{mt} \tag{2.11}$$

式中，v_{mt} 为反应物向电极表面传递的速率。传质速率一般用单位时间内所研究物质 j 通过平行于电极的单位横截面的量来表示，称为该物质的流量 (J_j)。在电极系统中，主要存在对流传质、扩散传质、电迁传质这三种液相传质形式，v_{mt} 为通过三种传质形式产生的传质速率之和。

对反应 $O + ze^- \Longrightarrow R$ 来说，当反应由浓差极化控制时，单位时间内传递到单位面积电极上数量为 J_O mol 的反应物 O 将得到 zJ_O mol 电子被还原，生成数量为 J_O mol 的产物 R。如果以还原电流为正，氧化电流为负，则此时电极上流过的净电流密度 i 为

$$i = -zJ_O F \tag{2.12}$$

式中，F 为法拉第常量(96500 C·mol^{-1})。发生还原反应时，电极从外电路得到电子，电流方向与电子流动方向相反，因此电流方向与从电极表面指向溶液的方向(x 轴方向)相反(图 2.17)，导致式(2.12)中出现负号。

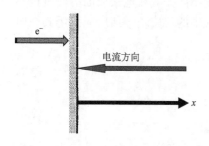

图 2.17　阴极上发生还原反应时电流方向示意图

1)对流传质

在很多电化学反应中，为了避免对测试系统产生干扰，通常不对电解液进行人工搅拌。但电解池不同部位之间仍然会因温度差、密度差等的存在而形成自然对流。在自然对流或搅拌电解液形成的强制对流作用下，电解池内的液体发生流动，液体中包含的粒子(包括反应粒子)也随之产生流动，这种随着液体流动产生的反应粒子传质过程称为对流传质，所研究物质 j 的对流传质速率(流量)以 $J_{c,j}$ 表示。

$$J_{c,j} = v_x c_j \tag{2.13}$$

式中，c_j 为 j 粒子的浓度；v_x 为垂直于电极表面方向上的液体流动速率，其数值与距离电极表面的距离 x 有关。在电极表面，$x = 0$，由于固体电极的滞流作用，液体流动速率为零。随着 x 逐渐增大，v_x 逐渐增大，直至超过一定距离后，液体流速不再增大，达到溶液内部的流动速率 v_0。这个液流速率逐渐增大的区域称为表面层，其厚度为 δ_s。超出表面层后，液流速率为 v_0(图 2.18)[2]。

下面讨论将平面电极置于电解池中，液体流动方向与电极上的 y 方向平行，且不出现湍流的情况(图 2.19)。在这种情况下，电极的边缘，即 $y = 0$ 处为液流与电极的接触点。液流与电极接触后，开始出现滞流作用，开始出现表面层。随着 y 的增加，滞流作用逐渐增强，表面层厚度逐渐增加，表面层厚度 δ_s 服从式(2.14)。

$$\delta_s = \left(\frac{\nu y}{v_0} \right)^{1/2} \tag{2.14}$$

式中，ν 为溶液的动力黏滞系数。由式(2.14)可见，在电极表面不同位置处，表面层厚度不同(图 2.19)。

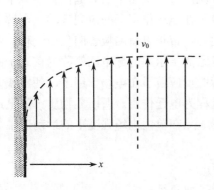

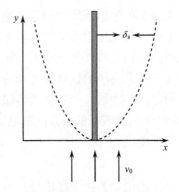

图 2.18　在垂直电极表面方向上液体对流速率的分布　　　　　图 2.19　电极上的表面层

2)扩散传质

当某一物质在电化学池内不同位置的浓度不同时，即电化学池内存在浓度梯度时，该物质将自发从高浓度部位移动到低浓度部位，进而引起物质传递，这种物质传递形式为扩散传质。浓度梯度是扩散传质的推动力，浓度梯度越大，扩散传质速率越快。当电化学反应由浓差极化控制时，在电极表面消耗的反应物不能得到及时补充，反应物在电极表面附近的浓度低于其在溶液内部的浓度。距离电极表面越远(x 越大)，反应物的浓度越大，反应物的浓度增大到与其在溶液内部的浓度相同的位置，为该区域的边界。这个存在浓度梯度的区域称为扩散层，存在扩散传质。溶液的搅拌状态对扩散层的厚度影响很大，如采用旋转圆盘电极进行电化学反应时，旋转圆盘电极的强烈搅拌作用可使扩散层小至几微米，而在抑制热对流、非常安静的电化学池中，扩散层厚度可达 1 mm 左右。

在浓差极化控制的反应初期，电极表面附近浓度梯度较小，存在浓度梯度的区域也较小，即扩散层厚度较小。此时扩散传质速率较小，反应物扩散到电极表面的量不能补充反应消耗的量。因此，随着反应的进行，浓度梯度增大，存在浓度梯度的区域也增大，即扩散层厚度增大。在这一阶段，扩散层厚度与反应时间有关，扩散层内某一位点反应物的浓度也与时间有关。这个存在时间变量的扩散过程为非稳态扩散，也称暂态扩散。随着非稳态扩散的进行，扩散层厚度不断增大，扩散层不断远离电极向溶液内部延伸。距离电极表面越远，对流传质速率越大，对流传质的影响越大。距离电极表面足够远后，对流传质速率增大到足够程度，在对流传质的作用下，反应物的浓度与在溶液内部相同，扩散层向溶液内部的延伸停止，到达扩散层边界，扩散层的厚度不再增大。此后，虽然反应物扩散到电极表面的量仍然不能完全补充反应消耗的量，但扩散层内浓度梯度不再改变，扩散层内某一位点上反应物的浓度保持稳定，其仅与距离有关，与时间无关，达到稳态扩散。稳态扩散时服从菲克第一定律：

$$J_{\mathrm{d},j} = -D_j \frac{\mathrm{d}c_j}{\mathrm{d}x} \tag{2.15}$$

式中，$J_{\mathrm{d},j}$ 为物质 j 的扩散传质流量；D_j 为物质 j 在该系统的扩散系数；$\mathrm{d}c_j/\mathrm{d}x$ 为物质 j 在扩散层内的浓度梯度。发生扩散传质时，物质由高浓度区域向低浓度区域移动，与浓度梯度方向相反，因此式(2.15)中出现负号。

3) 电迁传质

发生电化学反应时，电极系统内有电流流过。电流在外电路中的导通依赖于电子的定向运动，电流在电解质溶液中的导通则依赖于带电粒子在电场作用下的定向运动。电解质溶液中的带电粒子在电化学池中的电场作用下做定向运动，带正电荷的粒子向负极迁移，带负电荷的粒子向正极迁移，共同承担电流导通任务。特定离子承担的导电比例称为该离子的迁移数，溶液中所有离子的迁移数之和为 1。带有电荷的反应粒子在电场作用下，朝向或背离电极表面做定向移动时，产生物质传递，这种传质过程为电迁传质。所研究物质 j 的电迁流量 $J_{\mathrm{m},j}$ 与垂直于电极表面的 x 方向的电场强度(E_x)、物质 j 在单位电场强度下的运动速率(淌度，u_j)和 j 的浓度(c_j)有关：

$$J_{\mathrm{m},j} = \pm E_x u_j c_j \tag{2.16}$$

式中，对带正电荷的粒子取正号；对带负电荷的粒子取负号。

反应由浓差极化控制时，通常情况下，以上三种传质方式同时发生，总的传质流量为三种传质流量的加和：

$$J_j = J_{\mathrm{d},j} + J_{\mathrm{c},j} + J_{\mathrm{m},j} = -D_j \frac{\mathrm{d}c_j}{\mathrm{d}x} + v_x c_j \pm E_x u_j c_j \tag{2.17}$$

3. 稳态扩散传质过程控制下平面电极上的电化学反应

三种传质形式对反应物向电极表面的运输均有贡献，但在不同条件下，三种传质形式的贡献不同。在离电极表面较远的溶液内部，即使不搅拌溶液，由自然对流引起的传质速率也很大,因此不存在浓度梯度,无扩散传质。在溶液内部对流传质的贡献也远大于电迁传质。如果在溶液中加入支持电解质,即只负责导电而不参与电化学反应的电解质,那么就减小了反应粒子对电解质溶液中电流导通的贡献,也就减小了电迁传质的贡献。如果加入大量支持电解质,那么反应粒子的电迁传质贡献就大大减小,乃至可忽略不计。在一般的电极系统,通常在溶液中加入大量支持电解质以提高电解质溶液的导电性,这时反应粒子的电迁传质可忽略不计。反之,在电极表面附近的扩散层内,由于固体电极的滞流作用,对流传质贡献一般较小,电迁传质可忽略不计时,扩散传质起主要作用。

利用图 2.20 所示的特殊电解池,并加入大量支持电解质,可以有效消除电迁传质和扩散层中对流传质的影响,实现理想情况下的扩散传质控制过程。该电解池由容量较大的圆柱形器皿和与侧面相通的毛细管组成,研究电极位于毛细管顶端,辅助电极位于圆柱形器皿中。保证溶液体积足够大,因此实验过程中反应物 j 的消耗可忽略不计,其在电解质溶液内部的浓度与初始浓度相同,为 c_j^0。在实验过程中,对圆柱形器皿内的溶液进行强力搅拌,因此在圆柱形器皿内没有浓度差,反应物的浓度为 c_j^0。浓差极化控制的反应开始后,在位于毛细管顶端的研究电极表面上,反应物浓度开始减小,其浓度为 c_j^s,电极表面开始出现扩散层。随着反应的进行,扩散层不断朝圆柱形器皿推进。在毛细管壁的滞流作用影响下,毛细管内的对流传质可以忽略不计。由于毛细管内基本没有对流传质存在,扩散层可以在毛细管内不断推进。扩散层推进到毛细管另一端后,进入圆柱形器皿,此时由于强力的搅拌作用,反应物浓度变为 c_j^0,扩散层停止推进,扩散过程达到稳态,这时扩散层的厚度为毛细管长度 l。

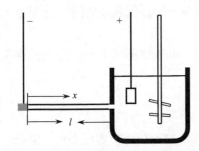

图 2.20　消除对流传质影响的实验装置　　图 2.21　无对流传质时扩散层中的反应物浓度分布

在毛细管内对流传质可以忽略不计,因此在毛细管内的扩散层达到稳态后,反应物的浓度与距离 x 呈线性关系[图 2.21,式(2.18)]:

$$\frac{\mathrm{d}c_j}{\mathrm{d}x} = \frac{c_j^0 - c_j^s}{l} \tag{2.18}$$

将式(2.18)代入式(2.15)得

$$J_{\mathrm{d},j} = -D_j \frac{c_j^0 - c_j^s}{l} \tag{2.19}$$

对流传质和电迁传质影响小,忽略不计后,总传质流量等于扩散流量。电极发生阴极反应 $O + ze^- \rightleftharpoons R$ 时,服从式(2.19),将其代入式(2.12)得

$$i = -zJ_O F = zFD_O \frac{c_O^0 - c_O^s}{l} \tag{2.20}$$

反应物 O 的消耗可忽略不计时，其在溶液内部的浓度 c_O^0 不变，由式(2.20)可知，电流密度由反应物 O 在电极表面的浓度 c_O^s 决定。c_O^s 越小，电流密度越大，反应速率越大。c_O^s 的最小值为 0，此时电流密度最大，是该实验条件下的最大电流密度，称为极限扩散电流密度 i_d，此时的浓差极化为完全浓差极化。

$$i_d = zFD_O \frac{c_O^0}{l} \tag{2.21}$$

利用式(2.20)和式(2.21)可推导出式(2.22)：

$$c_O^s = c_O^0 \left(1 - \frac{i}{i_d}\right) \tag{2.22}$$

反应由浓差极化过程控制时，能斯特方程成立。为了简化，仅考虑产物以纯物质形式沉积在电极表面的情况，这时产物的活度为 1。将式(2.22)代入式(2.8)，得电极电势与电流密度的关系式如下：

$$\varphi = \varphi_e^\ominus + \frac{RT}{zF}\ln a_O^s = \varphi_e^\ominus + \frac{RT}{zF}\ln \gamma_O^s c_O^s = \varphi_e^\ominus + \frac{RT}{zF}\ln \gamma_O^s c_O^0 \left(1 - \frac{i}{i_d}\right)$$
$$= \varphi_e^\ominus + \frac{RT}{zF}\ln \gamma_O^s c_O^0 + \frac{RT}{zF}\ln\left(1 - \frac{i}{i_d}\right) = \varphi_e + \frac{RT}{zF}\ln\left(1 - \frac{i}{i_d}\right) \tag{2.23}$$

式中，φ_e 为未产生极化时的平衡电势；γ_O^s 为反应物 O 在电极表面的活度系数；i_d 为极限扩散电流密度；i 为电极电势为 φ 时的电流密度。这种情况下的极化曲线如图 2.22 所示，在极化曲线上可读出极限扩散电流密度 i_d。

由式(2.23)可见，由浓差极化控制的电化学过程，电极电势与 $\ln(1-i/i_d)$ 呈线性关系，根据直线斜率可求反应转移的电子数 z。

4. 实际情况下的稳态传质过程

在实际电化学测试中，通常加入大量支持电解质，电迁传质可忽略不计。但在一般电解池中，随着距电极表面距离 x 的逐渐增大，液体流动速率 v_x 逐渐增加，包括扩散层在内的整个表面层内都有对流传质存在(图 2.18)。由于扩散层内存在对流传质，因此图 2.21 所示的反应物浓度与距离 x 之间的线性关系不再成立，反应物浓度与距离 x 之间的关系应如图 2.23 所示。

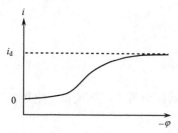 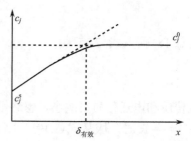

图 2.22　产物活度为 1 时扩散控制的稳态极化曲线　图 2.23　有对流传质时扩散层中的反应物浓度分布

　　这时在扩散层内 x 不同的位置处，反应物的浓度梯度不同，扩散流量不同。由于电化学反应发生于 $x = 0$ 的电极表面，因此反应速率取决于 $x = 0$ 处的扩散流量。根据式(2.15)，$x = 0$ 处的扩散流量与 $x = 0$ 处的浓度梯度有关，即与反应物浓度和 x 之间的关系曲线在 $x = 0$ 处切线的斜率有关。该切线交于 c_j^0 处对应的 x 为扩散层的有效厚度 $\delta_{有效}$（图 2.23）。

　　由图 2.19 可见，在平面电极表面不同位置处，表面层厚度 δ_s 不同。根据流体动力学理论，$\delta_{有效}$ 与 δ_s 之间存在近似关系[2]：

$$\frac{\delta_{有效}}{\delta_s} \approx \left(\frac{D}{\nu}\right)^{1/3} \tag{2.24}$$

式中，D 为扩散系数。将式(2.14)代入式(2.24)，可得式(2.25)：

$$\delta_{有效} \approx D^{1/3} \nu^{1/6} y^{1/2} v_0^{-1/2} \tag{2.25}$$

　　对于反应 $O + ze^- \rightleftharpoons R$，进行与仅有扩散传质时类似的推导，可得实际情况下平面电极上稳态传质过程的电流和极限电流：

$$I = zFD_O \frac{c_O^0 - c_O^s}{\delta_{有效}} \approx zFD_O^{2/3} \nu^{-1/6} y^{-1/2} v_0^{1/2} \left(c_O^0 - c_O^s\right) \tag{2.26}$$

$$i_d \approx zFD_O^{2/3} \nu^{-1/6} y^{-1/2} v_0^{1/2} c_O^0 \tag{2.27}$$

　　由式(2.26)和式(2.27)可见，在平面电极上，电流和极限电流不均匀。可以采用旋转圆盘电极解决这个问题。

5. 旋转圆盘电极

　　旋转圆盘电极如图 2.24 所示。在制作旋转圆盘电极时，将铂、玻碳等圆盘电极嵌入聚四氟乙烯等绝缘材料柱体内，使圆盘电极暴露于电极底部。工作时，将电极上端接于电机上，圆盘电极面朝下按一定的角速度 ω 转动。圆盘电极转动时，在离心力的作用下，圆盘中心处的液体甩向圆盘边缘，电化学池中的液体垂直向上流向圆盘中心补充，因此圆盘中心为液流和电极的接触点（图 2.25）。

图 2.24　旋转圆盘电极

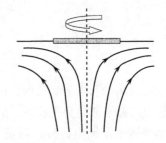

图 2.25　旋转圆盘电极转动时液体流动示意图

　　旋转圆盘电极转动时拖动其表面的液体流动，随着远离液流接触点距离的增加，沿着圆盘半径 r 的方向上液流的线速度 v 增大（$v = r\omega$）。由于液流线速度 v 和电极上距液流接触点的距离 r 同比增加，因此 r 对扩散层有效厚度的影响可被抵消[式(2.25)]。根据流体动力学理论，在旋转圆盘电极上，电流密度和极限电流密度均匀分布，服从式(2.28)和式(2.29)。

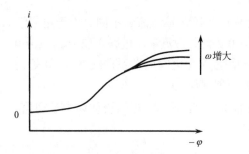

图 2.26　以不同角速度旋转的旋转
圆盘电极的极化曲线

$$i \approx 0.62zFD_O^{2/3}v^{-1/6}\omega^{1/2}(c_O^0 - c_O^s) \tag{2.28}$$

$$i_d \approx 0.62zFD_O^{2/3}v^{-1/6}\omega^{1/2}c_O^0 \tag{2.29}$$

由式 (2.28) 和式 (2.29) 可见，电流密度和极限电流密度随着旋转圆盘电极旋转角速度 ω 的增加而增大。在实际工作中，通常利用这个特性确定电极过程受浓差极化控制。图 2.26 为旋转圆盘电极以不同角速度旋转时的极化曲线，电极电势负移至一定区域后，随着圆盘旋转速度的增加，极化曲线上的电流增大，说明在这个电势区域电化学反应由浓差极化控制。

2.3.2　电化学极化控制的反应

电化学反应由电化学极化控制时，电子转移步骤的速率远低于物质传递步骤的速率，反应速率由电子转移步骤的速率决定。电子转移步骤的速率服从巴特勒-福尔默 (Butler-Volmer) 公式 (简称 B-V 公式)：

$$i = i^0 \left\{ \exp\left(-\frac{\alpha zF}{RT}\Delta\varphi \right) - \exp\left[\frac{(1-\alpha)zF}{RT}\Delta\varphi \right] \right\} \tag{2.30}$$

式中，$\Delta\varphi = \varphi - \varphi_e$。对于在特定电极系统上进行的特定电极反应来说，式 (2.30) 中的 α 和 i^0 为常数，其中 i^0 为交换电流密度，α 为传递系数，$0 < \alpha < 1$。与基元反应类似，电子转移步骤有微观上的正向途径和逆向途径。正向途径以电流密度 i_f 进行，逆向途径以电流密度 i_b 进行。按照惯例，规定电极上的还原过程为正向反应途径，氧化过程为逆向反应途径，两个相反途径的电流密度 i_f 和 i_b 均取正值。注意，i_f 和 i_b 指的是同一个反应的相反方向反应途径的电流密度，而非不同反应的净还原反应和净氧化反应的电流密度，无法通过实验直接测试 i_f 和 i_b。实验测试的电流密度 i 为 i_f 和 i_b 的差值，$i = i_f - i_b$，i_f 和 i_b 分别服从式 (2.31) 和式 (2.32)：

$$i_f = i^0 \exp\left(-\frac{\alpha zF}{RT}\Delta\varphi \right) \tag{2.31}$$

$$i_b = i^0 \exp\left[\frac{(1-\alpha)zF}{RT}\Delta\varphi \right] \tag{2.32}$$

电极电势远离平衡电势负移时，$i_f > i_b$，测试的净电流密度为正值，电极系统发生还原反应。电极电势远离平衡电势正移时，$i_f < i_b$，测试的净电流密度为负值，电极系统发生氧化反应。电极电势等于平衡电势时，微观上的正向反应速率 i_f 和逆向反应速率 i_b 相等，电极系统无净反应发生，没有电流流过，这个平衡电势下正向和逆向相等的电流密度为交换电流密度 i^0。

需要指出的是，由于电极系统可能发生不同反应粒子参与的多个不同的反应 (这里指的不是同一个反应的微观上的正方向和逆方向)，综合结果可能导致即使电极电势不等于平衡电势，测试的电流也为零。因此，实际测试时电流为零的电极电势不一定等于平衡电势，通常称电流为零的电势为开路电势。

式(2.30)所示的 Butler-Volmer 公式由两个指数项相减构成，难以根据 Butler-Volmer 公式直观地了解反应的动力学性能。可以利用极化曲线、电极反应动力学参数和高过电位下 Butler-Volmer 公式简化等分析反应的动力学性能。

1. 极化曲线

发生电化学极化控制的反应，服从 Butler-Volmer 公式时典型的极化曲线如图 2.27 所示[3]。由图 2.27 可以很直观地看出，反应由电化学极化控制时，电极电势负移（$\Delta\varphi < 0$）后开始出现还原电流，且随着电极电势负移程度的增大，还原电流增大。电极电势正移（$\Delta\varphi > 0$）后开始出现氧化电流，且随着电极电势正移程度的增大，氧化电流增大。

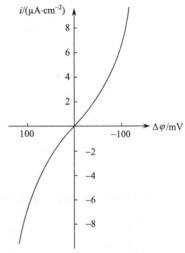

图 2.27　电化学极化控制时的极化曲线

2. 电极反应动力学参数

交换电流密度 i^0 和传递系数 α 是电化学极化的动力学参数。对一般的电极反应来说，$\alpha \approx 0.5$，不同的电极反应 α 相差不大，因此影响一般不大，重点讨论 i^0。i^0 与电极系统的构成有关，包括电极材料、电解液组成、电解液各组分的浓度等。其中电极材料对 i^0 有非常大的影响，如在铂电极上进行析氢反应的 i^0 比在汞电极高 9 个数量级。

电极电势等于平衡电势时，$\Delta\varphi = 0$，根据式(2.30)，电流密度 $i = 0$，不发生电化学反应。向电极系统施加电场使电极电势远离平衡电势后，$\Delta\varphi \neq 0$，根据式(2.30)，$i \neq 0$，电极系统发生电化学反应。因此可以将 $\Delta\varphi$ 理解为驱动电化学反应的推动力，$\Delta\varphi < 0$ 时发生还原反应，$\Delta\varphi > 0$ 时发生氧化反应。根据式(2.30)，对不同的电极系统施加同样的推动力 $\Delta\varphi$ 时，如果 i^0 较大，净的电流密度也较大，因此利用 i^0 可以比较不同反应的内在反应潜力。例如，可以用来比较不同电化学催化剂的催化能力，i^0 大者催化能力强。

对 i^0 较大的反应来说，其在特定电流密度下发生反应所需的推动力 $\Delta\varphi$ 较小，电极电势偏离平衡电势较少，因此极化程度较低。图 2.28 中，极化曲线 a、b、c 对应反应的 i^0 分别为 10^{-3} A·cm^{-2}、10^{-6} A·cm^{-2} 和 10^{-9} A·cm^{-2}[1]。由于极化曲线 a 对应反应的 i^0 很大，因此其极化程度很低，在较大电流密度下电极电势偏离平衡电势很小，极化曲线非常接近纵轴。极化曲线 c 对应反应的 i^0 很小，极化程度较高，电极电势偏离平衡电势较远时才开始出现电流。

如果 i^0 大到趋近于 ∞，那么即使电极系统有一定电流流过，$\Delta\varphi$ 也可小至忽略不计，电极电势近似等于平衡电势，电极为理想不极化电极。例如，电流密度很小时，饱和甘汞电极表现为理想不极化电极，电极电势基本不偏离平衡位置，因此常用作参比电极。反之，对 i^0 较小的反应来说，在特定电流密度下 $\Delta\varphi$ 较大，属于易极化电极。电极电势偏离平衡电势较远时，这类电极系统流过的电流仍较小。如果 i^0 小到趋近于 0，那么即使 $\Delta\varphi$ 很大，电流密度也可小至忽略不计，电极表现为理想极化电极。

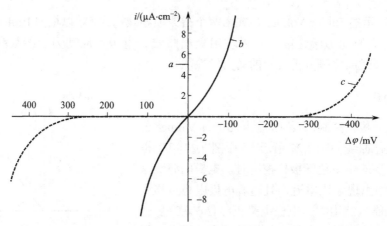

图 2.28　$\alpha = 0.5$，i^0 分别为 10^{-3} A·cm^{-2}（曲线 a）、10^{-6} A·cm^{-2}（曲线 b）、10^{-9} A·cm^{-2}（曲线 c）时的极化曲线

3. 高过电位下 Butler-Volmer 公式简化

电极电势负移较大程度，$\Delta\varphi$ 为绝对值较大的负值时：

$$\exp\left(-\frac{\alpha zF}{RT}\Delta\varphi\right) \gg \exp\left[\frac{(1-\alpha)zF}{RT}\Delta\varphi\right] \tag{2.33}$$

式 (2.30) 可简化，这时发生净的还原反应，电极系统发生阴极极化。将净的还原电流密度记为 i_c，此时电极电势与平衡电势的差值记为 $\Delta\varphi_c$，则有

$$i_c = i^0 \exp\left(-\frac{\alpha zF}{RT}\Delta\varphi_c\right) \tag{2.34}$$

可见电极电势负移较大程度后，因微观上的逆向电流密度可忽略不计，实验中测试的净还原电流密度近似等于微观上的正向电流密度（$i_c \approx i_f$）。式 (2.34) 取对数处理后可得

$$\Delta\varphi_c = \frac{RT}{\alpha zF}\ln i^0 - \frac{RT}{\alpha zF}\ln i_c \tag{2.35}$$

过电位 η 为 $\Delta\varphi$ 的绝对值，因此 $\eta_c = -\Delta\varphi_c$，用过电位替换式 (2.35) 中的 $\Delta\varphi_c$ 后可得

$$\eta_c = -\frac{RT}{\alpha zF}\ln i^0 + \frac{RT}{\alpha zF}\ln i_c \tag{2.36}$$

式 (2.36) 可改写为

$$\eta_c = a_c + b_c \lg i_c \tag{2.37}$$

式中，$a_c = -\dfrac{2.3RT}{\alpha zF}\lg i^0$，$b_c = \dfrac{2.3RT}{\alpha zF}$。

电极材料、电解液组成及电化学反应确定后，i^0 和 α 随之确定，a_c 和 b_c 为常数。式 (2.37) 与根据大量实验数据总结出来的经验公式[塔费尔 (Tafel) 公式]吻合。如果逆向电流密度小于或等于正向电流密度的 1%，即

$$\exp\left[\frac{(1-\alpha)zF}{RT}\Delta\varphi\right] \Big/ \exp\left(-\frac{\alpha zF}{RT}\Delta\varphi\right) \leqslant 0.01 \tag{2.38}$$

这时实验结果服从 Tafel 公式，可见 Tafel 公式适用于过电位较大时的电化学极化控制的反应。

反之，电极电势正移较大程度，$\Delta\varphi$ 为较大的正值时：

$$\exp\left(-\frac{\alpha zF}{RT}\Delta\varphi\right)\ll\exp\left[\frac{(1-\alpha)zF}{RT}\Delta\varphi\right] \qquad (2.39)$$

式 (2.30) 可简化，这时发生净的氧化反应，电极系统发生阳极极化。将净的氧化电流密度记为 i_a，此时电极电势与平衡电势的差值记为 $\Delta\varphi_a$，则有

$$-i_a=i^0\exp\left[\frac{(1-\alpha)zF}{RT}\Delta\varphi_a\right] \qquad (2.40)$$

可见电极电势正移较大程度后，因微观上的正向电流密度可忽略不计，实验中测试的净氧化电流密度近似等于微观上的逆向电流密度（$|i_a|\approx i_b$）。注意，微观上的正向电流密度 i_f 和逆向电流密度 i_b 均取正数，而实验中测试的净电流密度 i_c 和 i_a 是有符号的，按照惯例，规定实验中测试的净还原反应电流密度 i_c 为正值，净氧化反应电流密度 i_a 为负值，因此 $-i_a$ 为正值，可取对数。对式 (2.40) 取对数可得

$$\Delta\varphi_a=-\frac{RT}{(1-\alpha)zF}\ln i^0+\frac{RT}{(1-\alpha)zF}\ln(-i_a) \qquad (2.41)$$

阳极极化时 $\eta_a=\Delta\varphi_a$，用过电位替换式 (2.41) 中的 $\Delta\varphi_a$ 后可得

$$\eta_a=-\frac{RT}{(1-\alpha)zF}\ln i^0+\frac{RT}{(1-\alpha)zF}\ln(-i_a) \qquad (2.42)$$

式 (2.42) 也可写成 Tafel 公式的形式：

$$\eta_a=a_a+b_a\lg(-i_a) \qquad (2.43)$$

式中，$a_a=-\dfrac{2.3RT}{(1-\alpha)zF}\lg i^0$，$b_a=\dfrac{2.3RT}{(1-\alpha)zF}$。

当正向电流密度小于或等于逆向电流密度的 1% 时［满足式 (2.44)］，氧化反应服从 Tafel 公式。

$$\exp\left(-\frac{\alpha zF}{RT}\Delta\varphi\right)\bigg/\exp\left[\frac{(1-\alpha)zF}{RT}\Delta\varphi\right]\leqslant 0.01 \qquad (2.44)$$

Tafel 公式可统一写成如下形式：

$$\eta=a+b\lg|i| \qquad (2.45)$$

根据以上推导可知，阴极极化较大程度服从式 (2.38) 时，或阳极极化较大程度服从式 (2.44) 时，过电位与电流密度的对数呈线性关系，以电流密度对数和过电位作图是极化曲线的另一种表达形式。分别对电极系统进行阴极极化和阳极极化，在服从式 (2.38) 和式 (2.44) 的高过电位区域，$\Delta\varphi$ 与 $\lg|i|$ 呈线性关系。此时，实验中测试的阴极极化净电流密度近似等于微观上的正向电流密度（$i_c\approx i_f$），实验中测试的阳极极化净电流密度绝对值近似等于微观上的逆向电流密度（$|i_a|\approx i_b$），因此可用 $\Delta\varphi_c$ 与 $\lg i_c$ 的线性关系曲线近似替代 $\Delta\varphi$ 与 $\lg i_f$ 的线性关系曲线，用 $\Delta\varphi_a$ 与 $\lg|i_a|$ 的线性关系曲线近似替代 $\Delta\varphi$ 与 $\lg i_b$ 的线性关系曲线。据此，可设计交换电流密度 i^0 的测试方法：将以电流密度对数和过电位作图的阴极极化和阳极极化曲线线性关系部分延长，在二者交点处 $i_f=i_b$，对应的电流密度即为 i^0，此时电极电势等于平衡电势，$\varphi=$

φ_e，$\Delta\varphi = 0$。$\alpha = 0.5$，$i^0 = 10^{-6}\,\text{A·cm}^{-2}$，$T = 298\,\text{K}$ 时，反应 $O + e^- \rightleftharpoons R$ 的阴极极化和阳极极化 Tafel 曲线见图 2.29[1]。Tafel 曲线延长线对应的电流密度为该反应的交换电流密度 i^0。

$$O + e^- \rightleftharpoons R$$

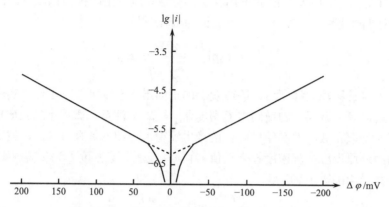

图 2.29　反应 $O + e^- \rightleftharpoons R$ 的阴极极化和阳极极化 Tafel 曲线（$\alpha = 0.5$，$i^0 = 10^{-6}\,\text{A·cm}^{-2}$，$T = 298\,\text{K}$）

注意采用这种方法测试 i^0 时，须保证在进行阴极极化和阳极极化时，在高过电位下测试的分别是所研究电化学反应正向途径的电流密度和逆向途径的电流密度。例如，对电极系统 Ag/Ag^+ 来说，进行阴极极化和阳极极化时分别发生如下反应：

$$Ag^+ + e^- \longrightarrow Ag$$

$$Ag - e^- \longrightarrow Ag^+$$

以上两个反应分别对应 Ag^+ 电化学还原反应的正向途径和逆向途径，可采用图 2.29 所示方法测试其交换电流密度。而对于电极系统 Cu/Ag^+ 来说，进行阴极极化时发生 $Ag^+ + e^- \longrightarrow Ag$ 的反应，进行阳极极化时则发生反应 $Cu - 2e^- \longrightarrow Cu^{2+}$。在这种情况下，电极系统阴极极化和阳极极化时，发生不同反应的正向途径和逆向途径，不能采用图 2.29 所示的方法测试交换电流密度。对该电极系统进行阴极极化时，发生 $Ag^+ + e^- \longrightarrow Ag$ 的反应，将高过电位区域的阴极过程 Tafel 曲线延长至 $\Delta\varphi = 0$，对应的电流密度为该反应的交换电流密度 i^0。

2.3.3　极化曲线测试及电化学极化与浓差极化联合控制的反应

电流或电流密度与电极电势之间的关系曲线为极化曲线。测试极化曲线时，可以向电极系统施加不同的电势激励信号，测试电极系统的对应电流或电流密度响应信号；也可以向电极系统施加不同的电流或电流密度激励信号，测试电极系统的对应电势响应信号。向电极系统逐点施加电势或电流/电流密度激励信号，逐点获得电流/电流密度或电势响应信号，利用获得的激励信号和对应的响应信号，可绘制极化曲线。施加激励信号一段时间，待电极系统达到稳态后测试响应信号获得的极化曲线为稳态极化曲线。也可以设计特定程序，控制对电极系统进行电势或电流/电流密度扫描，同步测试电流/电流密度或电势响应，获得极化曲线，这种方式称为线性极化扫描，一般的电化学仪器均提供线性极化扫描程序。以对电极系统施加电势信号的动电势扫描为例，在进行线性极化扫描实验时，需要设定扫描速率$(mV \cdot s^{-1})$、起始扫描电势和终止扫描电势，起始扫描电势和终止扫描电势均为以参比电极为基准的研究电极电势，即研究电极相对于参比电极的电势。一般情况下，将开路电势设定为起始扫描电势。开路电势是电极系统电流为零时的电势，可通过电化学仪器读取研究电极相对于参比电极的开路电势。进行阴极极化时，终止扫描电势低于起始扫描电势；进行阳极极化时，终止扫描电势高于起始扫描电势。扫描速率小到一定程度后，扫描过程中可测试电极系统达到稳态时的响应信号，获得稳态极化曲线。图 2.30 为旋转圆盘铂电极在 O_2 饱和的 $0.5\ mol \cdot L^{-1}\ H_2SO_4$ 溶液中，以 $5\ mV \cdot s^{-1}$ 的速率进行动电势扫描测试的稳态极化曲线，四条曲线对应旋转圆盘电极以不同速率旋转时测试的极化曲线[4]。

电极电势从开路电势负移后，开始阶段电流密度略有增加，此时没有发生电化学反应，略有增加的电流密度对应电极系统的双电层充电过程。电极电势继续负移后，开始出现明显电流，且随着电极电势负移电流密度不断增加。但电流密度与旋转圆盘电极转速无关，说明没有发生浓差极化，这个阶段电极反应由电化学极化控制。电极电势继续负移后，旋转圆盘电极转速对电流密度产生影响，随着旋转圆盘电极转速的增加，电流密度增加（图 2.30）。旋转圆盘电极旋转时起到搅拌电解液的作用，转速越大，对电解液的搅拌作用越强，电极转速增加引起电流增加，这一现象说明电极反应受浓差极化的影响。在这一阶段，电极电势负移也引起电流密度

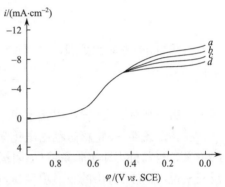

图 2.30　旋转圆盘铂电极在 O_2 饱和的 $0.5\ mol \cdot L^{-1}\ H_2SO_4$ 溶液中的极化曲线

扫描速率：$5\ mV \cdot s^{-1}$；旋转圆盘电极转速$(r \cdot min^{-1})$：$1800(a)$、$1500(b)$、$1200(c)$、$900(d)$

增加，无法排除电化学极化的影响，这个阶段可能属于电化学极化和浓差极化联合控制。

电极电势从开路电势逐渐移动到一定程度时（正移引起氧化反应，负移引起还原反应），开始发生电化学反应。一般来说，初期电极电势偏离平衡电势不远，反应速率不大，消耗的反应粒子有限，可以通过液相传质得到补充，不产生浓差极化，反应由电化学极化控制。电极电势继续远离平衡电势移动后，电场强度不断增大，反应速率不断增加，电极表面消耗的反应粒子越来越多，当通过液相传质从溶液内部向电极表面补充的反应粒子不足以补偿消耗的反应粒子时，浓差极化开始起作用。这时一般电子转移步骤的速率和液相传质步骤的速率相近，电极过程由这两个步骤联合控制。电极电势远离平衡电势移动到一定程度后，电场强度进一步增加，电子转移步骤的反应速率增大到远高于液相传质步骤的速率，反应进入浓差极化控制区。

前面分别讨论了电化学极化和浓差极化时的动力学规律，下面从 Butler-Volmer 公式出发分析二者联合控制时的情况。由于浓差极化的影响，联合控制时反应粒子 j 在电极表面的浓度为 c_j^s，不同于溶液本体的浓度 c_j^0，考虑该因素可得

$$i = i^0 \left\{ \frac{c_O^s}{c_O^0} \exp\left(-\frac{\alpha z F}{RT} \Delta\varphi \right) - \frac{c_R^s}{c_R^0} \exp\left[\frac{(1-\alpha) z F}{RT} \Delta\varphi \right] \right\} \tag{2.46}$$

　　交换电流密度 i^0 为平衡电势下，微观上正向反应和逆向反应的电流密度。平衡电势下不发生浓差极化，因此式(2.46)中的 i^0 与没有浓差极化时的 i^0 相同。

　　下面以高过电位下的阴极极化为例进行讨论，此时式(2.46)可简化为

$$i_c = i^0 \frac{c_O^s}{c_O^0} \exp\left(-\frac{\alpha zF}{RT}\Delta\varphi_c\right) \tag{2.47}$$

　　有浓差极化影响时，式(2.22)成立，将式(2.22)代入式(2.47)可得

$$i_c = i^0 \left(1 - \frac{i_c}{i_d}\right) \exp\left(-\frac{\alpha zF}{RT}\Delta\varphi_c\right) \tag{2.48}$$

式中，i_d 为极限扩散电流密度，是浓差极化时的电极过程动力学参数。整理式(2.48)得

$$\frac{i_c}{i^0} = \frac{i_d - i_c}{i_d} \exp\left(-\frac{\alpha zF}{RT}\Delta\varphi_c\right) \tag{2.49}$$

　　对式(2.49)取对数处理，并用过电位 ($\eta_c = -\Delta\varphi_c$) 替换 $\Delta\varphi_c$ 后可得

$$\eta_c = \frac{RT}{\alpha zF}\ln\frac{i_c}{i^0} + \frac{RT}{\alpha zF}\ln\frac{i_d}{i_d - i_c} \tag{2.50}$$

式中，第一个对数项代表了电化学极化的影响；第二个对数项代表了浓差极化的影响。

　　在特定条件下，电极过程由电化学极化控制还是浓差极化控制，既与反应本身的特性 (i_d、i^0) 有关，也与外因即实验条件(如阴极极化时的电流密度 i_c)有关。一般情况下，对 i^0 较小的反应来说，式(2.50)中的第一项容易占主导，容易出现电化学极化；反之，对 i^0 较大的反应，电化学极化影响小，容易出现浓差极化。而对于 i_d 较大的反应，一般情况下式(2.50)中的第二项影响小，容易出现电化学极化。

　　电极过程具体由哪个步骤控制，实验条件在其中起重要作用。反应速率很小时 (i_c 很小)，式(2.50)的第二项可以忽略不计，浓差极化影响小，以电化学极化为主。反应速率增大到一定程度后，式(2.50)的第二项占主导，电极过程由浓差极化控制。

2.3.4　循环伏安技术

　　从起始电势开始进行线性极化扫描，到达特定电势后改变电势扫描方向，回到终止电势后停止扫描，获得的极化曲线为循环伏安曲线，这种实验技术称为循环伏安法(cyclic voltammetry, CV)。循环伏安法是非常有用的电化学技术之一，可以初步判断在扫描电势范围内发生几个电极反应，辅以其他检测手段和相关信息可以判断发生什么样的电极反应，判断电极反应的可逆性，还可以用于研究电极的催化性能、储能性能等。

　　进行循环伏安扫描时，首先在一定电势 φ_a(通常为开路电势)下，对电极施加线性变化的电势，达到预先设定的终点电势 φ_b 后，对电极施加反向线性变化的电势，使电极电势回到起始电势 φ_a，然后停止扫描，完成一个循环的电势扫描过程[图2.31(a)]。根据扫描过程中电流(或电流密度)与电极电势之间的关系可获得循环伏安曲线。应根据实验要求，确定首先进行正向扫描还是首先进行负向扫描。例如，研究电极的氧化反应时，应先进行正向扫描，则在第一阶段扫描过程中 $\varphi_t = \varphi_a + vt$($v$ 为扫描速率，t 为扫描时间)。电势增加到预先设定的终点电势 φ_b 后，开始进行反向扫描，在这个第二阶段的扫描过程中 $\varphi_t = \varphi_b - vt$。研究电极的还原反应时，应先进行负向扫描，则在第一阶段扫描过程中，$\varphi_t = \varphi_a - vt$。电势减小到预算设定的

终点电势 φ_b 后，开始进行反向扫描，在这个第二阶段的扫描过程中 $\varphi_t = \varphi_b + vt$。典型的可逆电极的循环伏安曲线见图 2.31(b)，φ_{pc} 为还原峰电势，φ_{pa} 为氧化峰电势，I_{pc} 为还原峰电流，I_{pa} 为氧化峰电流。在图 2.31(b)所示的循环伏安曲线上，出现一对氧化还原峰，一般情况下对应着一个氧化还原反应(在特殊情况下，可在同一个电势下发生不同的氧化还原反应，氧化还原峰重叠导致两个反应表现为一对氧化还原峰)。根据电极系统可能发生的氧化还原反应和氧化还原峰电势，可以初步判断发生哪个反应。根据氧化还原峰电势和峰电流信息，可以判断反应的可逆性。可逆的氧化还原反应具备如下特征[2]：

(1)在不同扫描速率下进行循环伏安扫描获得的循环伏安曲线上，氧化还原峰电势相近，即扫描速率对氧化还原峰电势影响不大。

(2)峰电势差 $\Delta E_p = E_{pa} - E_{pc} \approx 2.3RT/zF$($R$ 为摩尔气体常量，T 为热力学温度，F 为法拉第常量，z 为反应 $O + ze^- \Longleftrightarrow R$ 中的转移电子数)，温度为 298 K 时 $\Delta E_p \approx 59$ mV/z。一般情况下，一对氧化还原峰对应转移一个电子的反应，这时 $\Delta E_p \approx 59$ mV。

(3)氧化还原峰电流近似相等，$i_{pa} \approx i_{pc}$。

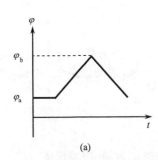
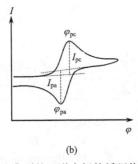

(a)　　　　　　　　(b)

图 2.31　(a)循环伏安扫描时施加电势示意图；(b)典型的可逆电极的循环伏安曲线

如果待研究的电极系统中既有可以被氧化的反应粒子，也有可以被还原的反应粒子，或者待研究的反应粒子既可以进行氧化反应也可以进行还原反应，根据实验要求，可以设计两个终点电势，分别位于起始电势的正负两侧，分三段进行电势扫描(图 2.32)。在完成第一阶段的扫描到达第一个终点电势 φ_b，进行反向扫描时，到达起始电势 φ_a 后不停止，继续进行反向扫描，到达第二个终点电势 φ_c。然后，再次转换扫描方向，回到起始电势 φ_a。例如，先进行正向扫描($\varphi_t = \varphi_a + vt$)，电势增加到第一个终

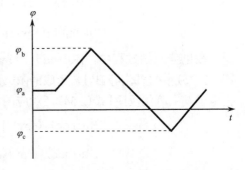

图 2.32　循环伏安测试时分三段扫描施加电势示意图

点电势 φ_b 后，开始进行负向扫描($\varphi_t = \varphi_b - vt$)。到达起始电势后，继续负向扫描($\varphi_t = \varphi_b - vt$)，这时电极电势远离 φ_a 逐渐负移。到达第二个终点电势 φ_c 后，再次开始电势正扫($\varphi_t = \varphi_c + vt$)，直到回到起始电势 φ_a。还可在循环伏安扫描技术中设计其他参数，如在某一选定的电势停留一定时间等，形成高级循环伏安扫描技术。

下面举例分析循环伏安技术在研究样品电化学性能时的应用。图 2.33(a)为钌配合物 $[Ru(nqo)_2(epy)_2]$(nqo 为二齿配体 1,2-邻二萘醌-1-肟，epy 为对乙基吡啶)在乙腈溶液中的循

· 48 ·　　　　　　　　　　　　　　　　　　电化学应用基础

环伏安曲线，测试时采用玻碳电极为研究电极，铂丝为辅助电极，Ag/Ag$^+$为参比电极，四丁基六氟磷酸铵（n-tetrabutylammonium hexafluorophosphate, TBAH）为支持电解质[5]。在[Ru(nqo)$_2$(epy)$_2$]分子中，中心金属钌处于+2价态，nqo配体处于−1价态，配合物分子不带电荷。在该电解质溶液稳定的电势窗口内，[Ru(nqo)$_2$(epy)$_2$]中的两个nqo配体可分别发生得到一个电子的还原反应，中心金属钌可被进一步氧化到+3价。根据这个特性，循环伏安扫描从开路电势开始分三段进行。首先进行电势负扫，到达第一个终点电势后，进行电势正扫，到达高于开路电势的第二个终点电势，再负扫回到起始电势，停止扫描。在电势负扫过程中逐渐出现两个还原峰，分别对应两个nqo的还原。[Ru(nqo)$_2$(epy)$_2$]分子结构具有很高的对称性[图2.33(b)]，两个nqo配体化学环境相同，但二者不能在相同的电势发生还原反应。发生第一个还原反应时[对应图2.33(a)中的还原峰A]，[Ru(nqo)$_2$(epy)$_2$]中的一个nqo得到电子，形成[Ru(nqo)$_2$(epy)$_2$]配离子[式(2.51)]。这使得到第二个电子的难度增加，因此电势需进一步负移，方可发生第二个还原反应[式(2.52)，对应图2.33(a)中的还原峰B]。

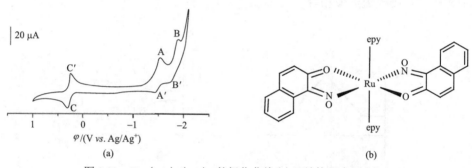

图 2.33　[Ru(nqo)$_2$(epy)$_2$]的极化曲线(a)及结构示意图(b)

$$[Ru(nqo)_2(epy)_2] + e^- \longrightarrow [Ru(nqo)_2(epy)_2]^- \tag{2.51}$$

$$[Ru(nqo)_2(epy)_2]^- + e^- \longrightarrow [Ru(nqo)_2(epy)_2]^{2-} \tag{2.52}$$

在电势回扫过程中，[Ru(nqo)$_2$(epy)$_2$]$^{2-}$首先失去电子，发生氧化反应[式(2.53)，对应图2.33(a)中的氧化峰B′]。形成的[Ru(nqo)$_2$(epy)$_2$]$^-$带一个负电荷，需在更高电势下才能失去电子发生氧化反应[式(2.54)，对应图2.33(a)中的氧化峰A′]。

$$[Ru(nqo)_2(epy)_2]^{2-} - e^- \longrightarrow [Ru(nqo)_2(epy)_2]^- \tag{2.53}$$

$$[Ru(nqo)_2(epy)_2]^- - e^- \longrightarrow [Ru(nqo)_2(epy)_2] \tag{2.54}$$

电势超过开路电势正扫时，[Ru(nqo)$_2$(epy)$_2$]中的Ru(Ⅱ)失去电子被氧化[式(2.55)，对应图2.33(a)中的氧化峰C]。电势回扫时，形成的[Ru(nqo)$_2$(epy)$_2$]$^+$得到电子，发生还原反应[式(2.56)，对应图2.33(a)中的还原峰C′]。

$$[Ru(nqo)_2(epy)_2] - e^- \longrightarrow [Ru(nqo)_2(epy)_2]^+ \tag{2.55}$$

$$[Ru(nqo)_2(epy)_2]^+ + e^- \longrightarrow [Ru(nqo)_2(epy)_2] \tag{2.56}$$

对应Ru(Ⅱ)与Ru(Ⅲ)之间电化学转化的氧化还原峰(C/C′)电势受扫描速率影响较小，氧化还原峰电流相近，氧化还原峰电势差约80 mV，考虑到有机电解液较大电阻产生的影响，根据该实验结果可以判断，[Ru(nqo)$_2$(epy)$_2$]中Ru(Ⅱ)与Ru(Ⅲ)之间的电化学转化具有良好的可逆性。

2.3.5　极化对电化学池电压的影响

发生电化学反应时，有电流流过电极系统，使阳极电势正移，阴极电势负移。在电解池中，正极发生氧化反应，为阳极；负极发生还原反应，为阴极。因此，发生电解反应时，正极电势正移，负极电势负移。未发生反应、无过电位时的理论分解电压为可逆电压（$E_{可逆} = \varphi_{c,e} - \varphi_{a,e}$，$\varphi_{a,e}$ 和 $\varphi_{c,e}$ 分别为正极和负极的平衡电势），在电流密度 i 下进行电解反应时，正极电势正移到 $\varphi_{a,i}$，负极电势负移到 $\varphi_{c,i}$[图 2.34(a)]，分别产生过电位 η_a 和 η_c（$\eta_a = \varphi_{a,i} - \varphi_{a,e}$，$\eta_c = \varphi_{c,e} - \varphi_{c,i}$），导致发生反应时的槽电压等于可逆电压加上正极和负极的过电位（$E = E_{可逆} + \eta_a + \eta_c$）。发生电解反应时的槽电压高于可逆电压，意味着需要克服额外的阻力。

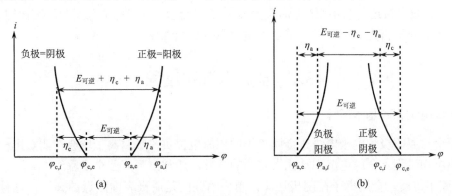

图 2.34　在电解池(a)和原电池(b)中电极极化对电压的影响

在原电池中，正极发生还原反应，为阴极；负极发生氧化反应，为阳极。原电池放电时，正极电势负移，负极电势正移。放电电流为零（即未放电）时的可逆电动势 $E_{可逆} = \varphi_{c,e} - \varphi_{a,e}$，以电流密度 i 放电时，正极电势负移到 $\varphi_{c,i}$，负极电势正移到 $\varphi_{a,i}$[图 2.34(b)]，分别产生过电位 η_c 和 η_a（$\eta_c = \varphi_{c,e} - \varphi_{c,i}$，$\eta_a = \varphi_{a,i} - \varphi_{a,e}$），导致放电时的电动势等于可逆电动势减去正极和负极的过电位（$E = E_{可逆} - \eta_c - \eta_a$）。原电池放电时的电动势低于可逆电动势，也意味着需要克服额外的阻力。

极化引起的过电位阻碍电化学反应的进行，利用这一特点可以避免某些电化学反应的发生，或者减小反应速率。例如，可以利用腐蚀防护剂减缓电化学腐蚀；在电镀液中加入某些有机添加剂后，可以增强电化学极化，从而获得细致均匀的镀层。

参 考 文 献

[1] 巴德, 福克纳. 电化学方法: 原理和应用[M]. 2 版. 邵元华, 朱果逸, 董献堆, 等译. 北京: 化学工业出版社, 2005.

[2] 贾梦秋, 杨文胜. 应用电化学[M]. 北京: 高等教育出版社, 2004.

[3] 杨辉, 卢文庆. 应用电化学[M]. 北京: 科学出版社, 2001.

[4] 黄幼菊, 李伟善, 黄青丹, 等. 氢钼青铜对铂催化氧还原反应的促进作用[J]. 高等学校化学学报, 2007, 28(5) : 918-921.

[5] Liu X X, Wong W T. Synthesis, characterization and crystal structure of a series of ruthenium nitrosonaphthol complexes[J]. Polyhedron, 2000, 19(1): 7-21.

第3章　金属电沉积

在电解池中，通过电极反应，生成物沉积在电极表面的过程称为电沉积。电沉积可以发生在阴极，也可以发生在阳极。而金属电沉积是指金属离子在阴极电沉积得到金属或合金的过程，是金属电解冶炼、电解精炼和电镀等过程的基础。金属电沉积的难易程度不仅与金属的本性有关，还与其在电解质中离子的存在形式、浓度、pH、温度、电流密度等因素有关。例如，由于配离子放电困难，如果金属离子是以配离子的形态存在，则金属的析出电位会显著负移；若金属电极过程的还原产物不是纯金属而是合金，则产物中金属的活度比纯金属小，则金属离子的还原析出会更容易，甚至发生欠电位沉积现象。

3.1　金属电沉积过程

3.1.1　金属电沉积的基本历程

理论上只要阴极的电极电势比金属离子的还原电位负，金属离子就会在阴极上析出，发生金属电沉积过程。金属电沉积是比较复杂的过程，通常由下列四个步骤组成。

(1)液相传质。金属离子在阴极还原，首先消耗的是阴极表面附近的离子，这种消耗由溶液本体中的离子补充，使越靠近电极表面处的离子浓度越低，即从溶液本体向电极方向上存在浓度梯度。溶液本体中的离子如金属水化离子通过电迁移、扩散、对流的形式向电极表面迁移，此过程称为液相传质过程。

(2)前置转化。迁移到电极表面附近的反应粒子在阴极发生还原反应前，先在电极表面紧贴的一层液膜(界面层)内发生化学转化反应，产生电化学活性粒子。在简单盐溶液中，简单金属离子在水溶液中都是以水化离子形式存在的。金属离子在阴极还原时必须首先发生水合离子的水化数(水分子数)降低和重排，才能实现电子在电极与水化离子之间的跃迁，形成部分脱水化的吸附在电极表面的所谓吸附原子；在配合物溶液中，往往是配合物中的配体发生转换，或者是配体数下降。金属水化离子水化程度下降、金属配合离子配位数降低等过程称为前置转化或表面转化过程。

(3)电荷传递。经转化产生的电化学活性粒子在电极表面进行电子交换，电荷发生转移，形成能够在晶体表面自由移动的原子(又称吸附态金属原子)，此过程称为电荷传递过程，也就是电子转移步骤。多价金属离子的阴极还原符合多电子电极反应的规律，即电子的转移是多步骤完成的，因而其阴极还原的电极过程比较复杂。

(4)电结晶。新生的吸附态金属原子沿电极表面扩散到适当位置(生长点)进入金属晶格生长，或与其他新生原子聚集而长大形成晶体，此过程称为电结晶过程。

以氰化物镀锌为例说明电沉积过程中经历的上述四个步骤。在氰化物镀锌的镀液中，存在 NaCN 和 NaOH 两种配位剂，锌离子的主要存在形式为$[Zn(CN)_4]^{2-}$。在电沉积过程中，溶液本体中的$[Zn(CN)_4]^{2-}$配离子通过扩散迁移到电极表面，在阴极表面配离子发生配体交换，转变成$[Zn(OH)_4]^{2-}$，在电极上$[Zn(OH)_4]^{2-}$再经配位数降低转变成$Zn(OH)_2$，最后$Zn(OH)_2$在电极表面发生电子转移反应，生成 Zn 原子并进入晶格中，整个过程如以下化学方程式所示[1]。

$$[Zn(CN)_4]^{2-} + 4OH^- \rightleftharpoons [Zn(OH)_4]^{2-} + 4CN^-$$

$$[Zn(OH)_4]^{2-} \rightleftharpoons Zn(OH)_2 + 2OH^-$$

$$Zn(OH)_2 + 2e^- \rightleftharpoons [Zn(OH)_2]^{2-}(吸附)$$

$$[Zn(OH)_2]^{2-}(吸附) \rightleftharpoons Zn(晶格) + 2OH^-$$

电沉积过程四个步骤的反应速率是不同的。但由于这四个步骤是串联在一起的，因此电沉积过程的整体反应速率由上述串联步骤中反应阻力最大、速率最慢的那一个步骤决定。若其中有两步骤反应速率相差不大，则电沉积过程为混合控制过程。不同的工艺，因电沉积条件不同，电沉积过程的速率控制步骤不相同，但在一定条件下可以转化。

金属电沉积过程中各个步骤速率相等时，称电沉积过程达到稳态。在稳态时，整个过程以稳定的速率进行，各个步骤的速率等于控制步骤速率，速率快的步骤近似处于平衡状态(可逆状态)，最慢的步骤则处于不可逆状态。

3.1.2　金属电沉积动力

金属电沉积过程实质上包括两个方面，即金属离子的阴极还原(析出金属原子)过程和新生态金属原子在电极表面的结晶过程(电结晶)。与所有的电极过程一样，阴极过电位是电沉积过程进行的动力，只有阴极极化达到金属析出电位时才能发生金属离子的还原反应。而且在电结晶过程中，在一定的阴极极化下，只有达到一定临界尺寸的晶核才能稳定存在，凡是达不到临界尺寸的晶核会重新溶解。

依据电极过程的速率控制步骤的不同，可将金属电沉积时的过电位分为电子转移过电位、浓差过电位、反应过电位和结晶过电位。其中，电子转移过电位是由于电子转移步骤控制整个电极过程速率而引起的。如果电子转移步骤进行比较快，交换电流密度 i^0 较大，则电子转移过电位很小。浓差过电位是由液相传质过程引起的，如果液相中的传质步骤进行比较缓慢，则电极表面的电化学活性粒子来不及补充，随着电极反应的进行其浓度不断下降，产生浓差过电位。

一般来说，在电极过程发生的初始阶段，由于反应物和产物的浓度变化还小，扩散传质过程可完全补偿由于电极反应所引起的反应物和产物的浓度变化。随着电极过程的不断进行，电极表面附近液层中浓度变化的幅度越来越大，范围的扩展也越来越广，这时扩散过程处在发展阶段，为非稳态扩散过程。随着电流继续通过电极体系，电极表面附近浓度变化继续发展，同时使浓度梯度增大，扩散流量提高。经过一段时间后，电极反应所消耗的反应物数量恰好被扩散传输到电极表面的反应物所补偿。这样就建立了某种稳定的、不随时间变化的状态，这种现象称为稳态扩散。稳态扩散需要借助电流通过体系而得以保持，一旦电流中断，这种状态就被破坏，所以稳态扩散不是平衡状态。若液相传质步骤是决定电极过程速率的控制步骤，要提高这类过程的速率，就必须设法加快液相传质的速率。

前置转化步骤为速率控制步骤引起的过电位称为反应过电位。在电子转移步骤前后，往往有一些化学反应发生，称为偶联化学反应。若其速率较小而使电极电势发生偏离，这就是反应过电位。例如，氢离子在铂片上还原的阴极反应中，由于吸附的氢原子复合成氢分子这一步骤较慢，其引起的过电位称为反应过电位。

原子进入电极的晶格存在困难而引起的过电位称为结晶过电位。在电结晶过程中，如果吸附原子与晶格的交换速度很快，即不影响外电流，那么结晶步骤就不会引起过电位；如果离子放电速率大于吸附态金属原子表面扩散速率，在放电步骤中形成的吸附原子来不及扩散到生长点上，则吸附态金属原子的表面浓度超过平衡时的数值，导致产生结晶过电位。

3.2　电　结　晶

金属的电结晶都可能经历晶核生成和晶粒长大两个过程。首先是阴极还原的新生态吸附原子在电极表面扩散，聚集形成晶核，然后是稳定晶核在原有金属的晶格上延续生长，形成晶体。

3.2.1　晶核的形成与长大

晶核形成过程的能量变化由两个部分组成：①金属由液态变为固相，释放能量，体系自由能下降，变化值记为 ΔG_1；②形成新相，建立新的界面，吸收能量，体系自由能升高(新相形成功)，变化值记为 ΔG_2。因此，成核时体系能量总的变化 $\Delta G = \Delta G_1 + \Delta G_2$。

当电沉积发生在理想的平滑表面时，金属的晶核由为数不多的配置在同一平面上(二维晶核)的原子或相互重叠的原子(三维晶核)所组成。从界面能的变化考虑，最有利的二维晶核形状是圆柱形。假设二维晶核半径为 r，高为 h(一个原子高)，则可推导出形成二维晶核时体系自由能的总变化 ΔG 为

$$\Delta G_1 = \frac{-\pi r^2 h \rho n F \eta_c}{M} \tag{3.1}$$

$$\Delta G_2 = 2\pi r h \sigma_1 + \pi r^2 \left(\sigma_1 + \sigma_2 - \sigma_3 \right) \tag{3.2}$$

$$\Delta G = \frac{-\pi r^2 h \rho n F \eta_c}{M} + 2\pi r h \sigma_1 + \pi r^2 \left(\sigma_1 + \sigma_2 - \sigma_3 \right) \tag{3.3}$$

式中，ρ 为晶核密度；n 为金属离子的化合价；F 为法拉第常量；M 为沉积金属的原子量；η_c 为沉积过电位；σ_1 为晶核与溶液之间的界面张力；σ_2 为晶核与电极之间的界面张力；σ_3 为溶液与电极之间的界面张力。

体系自由能变化 ΔG 是晶核尺寸 r 的函数。当 r 较小时，晶核的比表面积大，晶核不稳定；反之，表面形成能就可以由电位下降所补偿。体系 ΔG 是下降的，形成的晶核才稳定，即 $\Delta G < 0$ 时，晶核才能稳定存在。

根据 $\dfrac{\partial G}{\partial r} = 0$，可求出晶核尺寸的临界值 r_c：

$$r_c = \frac{\sigma_1}{\dfrac{\rho n F \eta_c}{M} - (\sigma_1 + \sigma_2 - \sigma_3)} \tag{3.4}$$

从式(3.4)可以看出，r_c 随过电位 η_c 的升高而减小。将 r_c 代入 ΔG 中，得到临界半径时自

由能的变化值 ΔG_c。

$$\Delta G_c = \cfrac{\pi h \sigma_1^2}{\rho n F \eta_c} \Bigg/ \left[M - (\sigma_1 + \sigma_2 - \sigma_3) \right] \tag{3.5}$$

当晶核与电极是同种金属材料，或是第一层长满后的后续层生长时，$\sigma_1 = \sigma_3$，$\sigma_2 = 0$，此时，

$$\Delta G_c = \frac{\pi h \sigma_1^2 M}{\rho n F \eta_c} \tag{3.6}$$

二维成核速率 V 和临界自由能变化 ΔG_c 之间有以下关系：

$$V = K \exp\left(-\frac{\Delta G_c}{kT}\right) \tag{3.7}$$

式中，K 为指前因子；k 为玻耳兹曼常量，$k = R/N_A$，R 为摩尔气体常量，N_A 为阿伏伽德罗常量。

将式(3.6)代入式(3.7)中，可得

$$V = K \exp\left(-\frac{\pi h \sigma_1^2 N_A}{\rho n F R T \eta_c}\right) \tag{3.8}$$

由式(3.8)可知，阴极过电位越大，成核速率越大，形成晶核的临界尺寸越小，晶核形成数目就越多，晶粒越细，所得沉积层的组织结构越细密。所以，阴极过电位对金属的还原析出和金属电结晶过程都有重要影响，并最终影响电沉积层的质量。当金属离子在很小的过电位($\eta_c < 100$ mV)下放电时，新晶核的形成速率很小，这时电结晶过程主要是原有晶体的继续长大；若过电位较大，就可能同时产生新晶粒。在实际电沉积中，可向溶液中加入配位剂和表面活性剂，提高阴极极化过电位以获得致密的沉积层。

3.2.2 成核过程动力学

在电沉积过程中，晶体一般是在基体活性点处优先成核，这些活性点往往是在晶体缺陷和/或不均匀性等缺陷处。某一时刻基体表面的晶核数目可以用一阶动力学规律描述：

$$N = N_0 [1 - \exp(-At)] \tag{3.9}$$

式中，N 为在时间 t 内的晶核密度；A 为一级成核速率常数(平均成核时间的倒数)；N_0 为最终的晶核密度。

当 A 非常高时，$N \approx N_0$，可在所有基体表面活性点立即成核，这种成核被认为是瞬间的。在这部分晶核的生长过程中没有新的晶核产生，这就是所谓的瞬时成核。当 A 和 t 都小时，$N \approx A N_0 t$，成核数量取决于时间，即在晶核的生长过程中同时伴随新晶核产生，这种成核称为连续的。在这种情况下，核在空间和时间内任意出现，最终形成一个单层。

电结晶过程的晶体成核类型可以是瞬时的，也可以是连续的。晶体的生长可能有两种方式：一种是放电只能在生长点上发生，此时放电与结晶两个步骤合二为一；另一种是放电可在任何地方发生，形成晶面上的吸附原子，然后这些吸附原子在晶面上扩散转移到生长点或生长线上，并且生长模式可以是一维、二维或三维的，得到的微晶生长形状分别为针状、圆盘状、锥体或半球形。电结晶过程的反应速率控制步骤可以是电荷转移、扩散或欧姆极化。

不同成核方式、生长方式和控制步骤的组合导致电流密度与时间存在不同的关系。在扩

散控制下的二维生长过程，如果成核过程是瞬时成核，则相应于孤立核心数的密度为 N_0 时的净电流密度为

$$i = \frac{2N_0 \pi nFk^2 hM}{\rho} t \tag{3.10}$$

如果在连续成核的情况下，则净电流密度为

$$i = \frac{2AN_0 \pi nFk^2 hM}{\rho} t^2 \tag{3.11}$$

式中，n 为沉积反应的电子转移数目；F 为法拉第常量；k 为晶核结合的速率常数；M 为沉积金属的原子量；ρ 为沉积金属层的密度；h 为沉积金属层的厚度。

通过使用它们各自的最大值 (i_m, t_m) 的坐标以得到按折合变量表示的表达式，则两个方程式就简化为更方便的形式：

瞬时成核：

$$\frac{i}{i_m} = \frac{t}{t_m} \exp\left(-\frac{t^2 - t_m^2}{2t_m^2}\right) \tag{3.12}$$

连续成核：

$$\frac{i}{i_m} = \frac{t^2}{t_m^2} \exp\left[-\frac{2(t^3 - t_m^3)}{3t_m^3}\right] \tag{3.13}$$

式中，i_m 为最大电流密度；t_m 为在这个最大电流密度点的时间。

根据式(3.12)和式(3.13)可以得到在扩散控制下的二维生长方式，不同成核方式下的 i/i_m 与 t/t_m 的理论关系曲线，如图 3.1 所示。

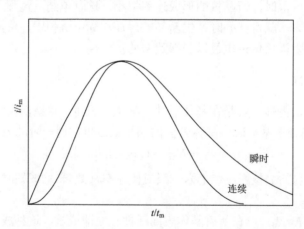

图 3.1　扩散控制下二维生长方式时不同成核模式下的无量纲标绘图

在扩散控制下三维生长时的瞬时成核和连续成核的电流密度随时间的关系如下：

瞬时成核：

$$i = \frac{nFk_3' \pi M^2 k_3^2 N_0}{\rho} t^2 \tag{3.14}$$

连续成核：

$$i = \frac{nFk_3' \pi M^2 k_3^2 A}{3\rho^2} t^3 \tag{3.15}$$

式中，k_3' 和 k_3 分别为垂直和平行于基体方向上的生长速率常数。

相应地，i/i_m 与 t/t_m 的关系如下：

瞬时成核：
$$\frac{i^2}{i_m^2} = 1.9542 \left(\frac{t_m}{t}\right)\left[1 - \exp\left(-1.2564 \frac{t}{t_m}\right)\right]^2 \tag{3.16}$$

连续成核：
$$\frac{i^2}{i_m^2} = 1.2254 \left(\frac{t_m}{t}\right)\left[1 - \exp\left(-2.3367 \frac{t^2}{t_m^2}\right)\right]^2 \tag{3.17}$$

根据式(3.16)和式(3.17)，可以得到在扩散控制下的三维生长方式，不同成核方式下的 i/i_m 与 t/t_m 的理论关系曲线，如图 3.2 所示。

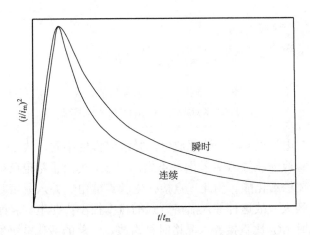

图 3.2　瞬时和连续成核机理控制下的单层沉积生长的无量纲标绘图

可以采用电位阶跃技术测试扩散控制下的电流与时间的关系曲线，并据此判断出晶体的成核和生长方式。对于瞬时成核过程，当 $i^{1/2}$ 与 t 之间有线性关系时，表明晶体是三维生长；而当 i 与 t 之间有线性关系时，表明晶体是二维生长。同时，通过电流随时间的响应曲线可绘出 i/i_m 与 t/t_m 的关系曲线，将其与相应生长方式下的瞬时和连续成核的理论曲线相比较，即可确定成核过程是连续成核还是瞬时成核。

3.2.3　晶体的生长

在未完成晶面上的生长过程中，金属原子可以占有图 3.3 所示的 a、b 和 c 三种位置。晶面的生长可能按照不同的方式进行：

(1)放电过程只在生长点上发生(图 3.3 中过程 I)。当晶面的生长按照这种方式进行时，放电步骤与结晶步骤合二为一。

(2)放电过程可以在晶面上任何点发生，形成晶面上的吸附原子，然后这些吸附原子通过晶面上的扩散过程转移到生长线和生长点上(图 3.3 中过程 II)。按这种历程进行时，放电过程与结晶过程是分别进行的，而且在金属表面上总存在一定浓度的吸附原子。

(3)吸附原子在晶面上扩散的过程中，热运动可导致彼此之间偶然靠近而形成新的二维或三维原子簇，以及新的生长点和生长线。如果这种原子簇达到了一定尺寸，还可能形成新的晶核。

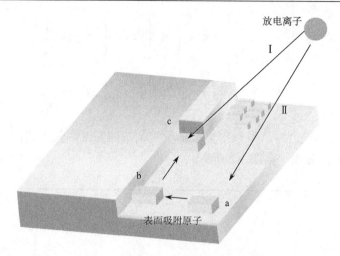

图 3.3　金属离子进入晶格的方式

Ⅰ. 只在生长点放电；Ⅱ. 通过扩散进入生长点

　　通常，金属离子在电极表面不同位置放电，脱水化程度不同，故 ΔG_1 明显不同，而在不同缺陷处并入晶格时释放的能量 ΔG_2 差别却不大。表 3.1 列出了零电荷电位下测定的金属离子在不同位置放电所需的活化能。因此，直接在生长点放电、并入晶格时，要完全脱去配体或水化层，此时 ΔG_1 很大，故这种并入晶格方式的概率很小；在电极表面平面位置放电所需的 ΔG_1 最小，虽然此时 ΔG_2 比直接并入晶格时稍大些，但总的活化能仍然最小，所以以 Ⅱ 这种方式并入晶格的概率最大。

表 3.1　金属离子在不同位置放电时的活化能 $(\mathrm{kJ \cdot mol^{-1}})$ [1]

离子	晶面	棱边	扭结点	空穴
Ni^{2+}	544.3	795.5	＞795.5	795.5
Cu^{2+}	544.3	753.6	＞753.6	753.6
Ag^+	41.8	87.92	146.5	146.5

　　由于在理想平整的晶面上不存在生长点，因此在已有的平整晶面上晶体继续生长的前提是在晶面上出现新的晶核。新的晶核和晶体可以在同种材料的晶面上形成，也可以在不同的材料基底上形成。新晶核的生长往往涉及较高的析出过电位，因此在晶面上吸附原子的浓度大大超过平衡时的数值。

　　实际晶面的生长过程中，如果晶面的生长过程完全按照图 3.3 所表示的方式进行，则当每一层晶面长满后生长点和生长线就消失了。这样，每一层晶面开始生长时都必须先在一层完整的晶面上形成二维晶核。如果形成的晶核能继续生长，就必须具有一定的临界尺寸，而形成这种具有临界尺寸的晶核时应出现较高的过电位。换言之，如果晶面的生长真是按照这种方式进行的，就应该出现周期性的过电位突跃。然而，在绝大多数实际晶体的生长过程中完全观察不到这种现象，这表示晶面生长时并不需要形成二维晶核。

　　实际晶体表面包含大量的位错，有时位错密度可高达 $10^{10} \sim 10^{12}$ 个·$\mathrm{cm^{-2}}$。晶面上的吸附原子扩散到位错的台阶边缘时，可沿位错线生长，这样生长线就永远不会消失，如图 3.4 和

图 3.5 所示。

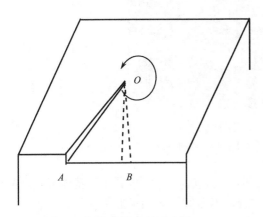

图 3.4　螺旋位错生长示意图

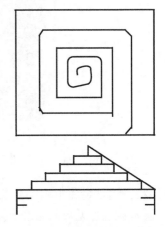

图 3.5　位错螺旋推进生长成棱锥体示意图

3.3　电沉积层的形态结构

3.3.1　典型的电结晶生长形态

电结晶生长形态是指金属电沉积层外部形貌的几何特征。电结晶生长形态除受金属晶体特性制约外，在很大程度上受到电沉积条件的影响。典型的电结晶生长形态有 7 种，见图 3.6。

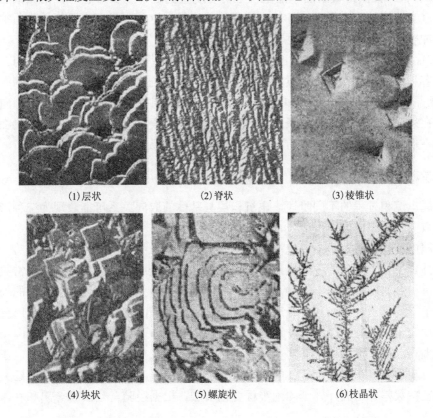

(1)层状　　　　　　(2)脊状　　　　　　(3)棱锥状

(4)块状　　　　　　(5)螺旋状　　　　　　(6)枝晶状

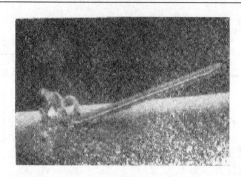

(7) 须晶状

图 3.6　典型的电结晶生长形态[2]

(1) 层状。这是金属电结晶生长的最常见类型。层状生长物平行于基体某一结晶轴的台阶边缘，层本身包含无数的微观台阶，所有台阶沿着同一方向扩展。

(2) 脊状。当溶液很纯时，脊状生长主要出现在 (110) 面上，如果溶液不纯也可能出现在其他取向的晶面上。

(3) 棱锥状。电沉积层表面有时呈现棱锥状，常见的有三角棱锥、四角棱锥和六角棱锥。它们的侧面一般是高指数面且包含台阶。棱锥的对称性取决于基体的性质。这种生长形态比较容易出现在电流密度低的条件下，而且只能出现在某些特定取向的晶面上。

(4) 块状。有人认为块状生长是层状生长的扩展。如果基体的表面是低指数面，层状生长相互交盖便变为块状生长。然而，块状生长更常被视为棱锥状截去尖顶的产物。

(5) 螺旋状。在低指数面的单晶电极上可以观察到这种生长形态。在铜和银的电结晶情况下，只有当溶液的浓度很高时才能出现螺旋状生长。这种生长对表面活性物质很敏感，采用方波脉冲电流可以增加螺旋状生长出现的概率。

(6) 枝晶状。这是一种树枝状的沉积物，其空间构型可能是二维的或三维的。这种生长形态比较容易出现在交换电流密度大，但溶液中浓度低的简单金属离子的电沉积中。

(7) 须晶状。须晶是线状的长单晶，它与枝晶的区别在于它的纵向尺寸与侧向尺寸之比非常大。在须晶生长时，侧向生长几乎完全受抑制，故没有侧向分枝现象。须晶在相当高的电流密度下形成，尤其是溶液中有有机杂质 (添加剂) 时易生成。

3.3.2　电沉积层的生长取向

在金属电沉积过程的不同阶段，电沉积层与基体的取向关系可能表现为三种形式，即外延、择优取向和无序取向。

在金属电沉积的开始阶段，电沉积层有按原晶格生长并维持原有取向的趋势，这种生长形式称为外延生长。外延的程度取决于基体金属与沉积金属的晶格类型和晶格常数。无论基体金属与沉积金属同种还是不同种，只要晶格常数相差不大，都可以发生明显的外延生长。当金属离子得到电子沉积在同种金属的基体上时，在沉积的初始阶段形成的金属沉积层具有与基体金属完全相同的结晶取向，这是沉积原子受到基体表面力场的作用，倾向于进入基体表面上的现存晶格位置的结果。当金属离子得到电子沉积在异种金属基体上时，在沉积的初始阶段也可观察到沉积层沿袭基体的晶格进行生长的情况，即表现出明显的外延关系。随着晶体结构及参数差异增大，外延的困难程度也增加。根据经验，当沉积金属和基体金属的晶格参数相差不超过 15%时，可能发生外延化生长。如果沉积金属与基体是同种金属，基体结构的外延可能达到 4 μm 或更厚；如果沉积金属与基体不是同种金属，外延仍可达到相当的厚度(0.1～0.5 μm)。基体对沉积层结晶取向的影响只能延伸到一定限度，随着沉积层厚度的增加，外延生长终将消失。外延生长时基体与沉积层原子的错配程度小，沉积层应力降低，不易出现开裂或脱落，因此外延生长有助于提高沉积层与基体的结合力。

在一般多晶体中，每个晶粒有不同于相邻晶粒的结晶学取向，从整体上看，所有晶粒的取向是任意分布的；在某些情况下，晶体中相当数量的晶粒出现相同的特征性取向排列，称为择优取向或简称织构。在电沉积过程中，当外延生长终止时，首先生成一定数目的孪晶，而后沉积变成具有随机取向的多晶体沉积层。在多晶体生长的较后阶段，沉积层趋向于建立一种占优势的晶体取向，即结晶的择优取向。既然沉积层的择优取向是在无序取向的沉积层上形成的，也就是在电沉积条件控制的生长期中形成的，影响择优取向的因素自然是电沉积的各种具体条件，主要包括溶液组成、电流密度、温度及基体金属的表面状态等。

择优取向对电沉积层的性能有较大影响，且与电解液组成及电沉积参数密切相关，通过控制电结晶参数可以获取所需择优取向密度的电沉积层。

取向生长主要有两种：一种是层状生长，即显示出平行于基体的主要晶面；另一种是外向生长，即最集中的晶粒取向垂直于基体表面。当在低电流密度和较高的温度下进行电沉积时，沉积物中的结晶体的取向使最紧密堆积的原子平面平行于基体。

择优取向方向可采用 X 射线衍射(X-ray diffraction，XRD)测定判断，以相对取向密度 J 表征，根据 Harris 法可计算 (hkl) 晶面的相对取向密度 J_{hkl}。

$$J_{hkl} = \frac{\dfrac{I_{hkl}}{I_{hkl}^0}}{\dfrac{1}{n} \sum_{hkl}^{n} \left(\dfrac{I_{hkl}}{I_{hkl}^0} \right)} \tag{3.18}$$

式中，I_{hkl} 为试样的晶面衍射强度；I_{hkl}^0 为无择优取向的试样晶面衍射强度；n 为计算时所取的衍射晶面数。

当各衍射晶面的 J_{hkl} 相同且等于 1 时，其晶面取向是随机的，即不存在择优取向；当某一衍射晶面的 J_{hkl} 大于 1 时，表明该试样存在择优取向，且 (hkl) 面为择优取向晶面，其取向垂直于基体表面。J_{hkl} 值越大表明该晶面择优取向程度越高。

3.3.3　影响电沉积层结构的因素

金属电结晶过程是一种结晶过程，它与一般的结晶过程，如盐从过饱和水溶液中结晶出来、熔融金属在冷却过程中凝固成晶体等有类似之处。但电结晶过程是在电场的作用下完成的，因此受到电极表面状态、电解液组成、电流密度、电沉积温度等许多特殊因素的影响。这些因素对电结晶过程的影响直接表现在所得到电沉积层的各种性质上，如电沉积层的致密程度、反光性质、分布的均匀程度、镀层和基体金属的结合强度及机械性能等。

1. 过电位

金属沉积时第一层的形成决定了电结晶的结构和与基体的黏附力。晶核的形成速度和成长速度决定所得结晶的粗细。电结晶过程的动力学研究表明，增加阴极极化可以得到数目众多的小晶体组成的结晶层，即过电位是影响金属电结晶的主要动力学因素。当过电位较小时，电流密度小，晶面只有很少的生长点，吸附原子表面扩散路程长，此时沉积层晶粒较粗。当过电位高时，电流密度大，晶面上生长点多，结晶也随之变得细致紧密。但当过电位过高，电流密度超过极限电流密度时，沉积层就会出现外向生长的趋势而停止层状生长，此时局部的电流密度还会更高，阴极附近将严重缺乏金属离子。此时，只有放电离子能到达的晶面还能继续长大，而另一部分晶面被钝化，从而形成枝晶状结构，或是出现形状如海绵的疏松沉积层(海绵体)、烧焦及发黑等现象。

2. 配位剂

当金属离子以配离子形式存在时，金属离子与配位剂之间存在配位-解离平衡。这时未配位的水合金属离子和具有不同配位数的各种配离子在电沉积液中同时存在。金属配离子的稳定性用配合物不稳定常数 $K_{\text{不}}$ 表征。对于电离反应 $[Cu(NH_3)_4]^{2+} \Longrightarrow Cu^{2+} + 4NH_3$，其不稳定常数 $K_{\text{不}}$ 与平衡时各物种的浓度满足式(3.19)。

$$K_{\text{不}} = \frac{c_{Cu^{2+}} c_{NH_3}^4}{c_{[Cu(NH_3)_4]^{2+}}} \tag{3.19}$$

配合物的稳定性服从"软亲软，硬亲硬"的规律，即硬酸与硬碱结合，软酸与软碱结合时常形成稳定的配合物。根据酸碱电子理论，酸是任何可以接受电子对的分子或离子，而碱是可以给出电子对的分子或离子，按照此规则划分的酸碱又称为路易斯(Lewis)酸和路易斯碱。在路易斯酸中，电荷较多、半径较小、外层电子被原子核束缚得比较紧因而不易变形的正离子称为硬酸，如 B^{3+}、Al^{3+}、Fe^{3+}、H^+ 等；电荷较少、半径较大、外层电子被原子核束缚得比较松而易变形的正离子称为软酸，如 Cu^+、Ag^+、Cd^{2+}、Hg^{2+}。交界酸则是介于软酸和硬酸之间的酸，如 Cu^{2+}、Fe^{2+} 等。同理，N、O、F 都是吸电子能力强、半径小、难被氧化、不易变形的原子，以这类原子为配位原子的碱称为硬碱，如 F^-、OH^- 和 H_2O 等；P、S、I 这些配位原子则是一些吸电子能力弱、半径较大、易被氧化、容易变形的原子，以这类原子为配位原子的碱称为软碱，如 I^-、S^{2-}、SCN^- 等。

另外，金属的电子构型对配合物的影响较大，如 d^{10} 类金属(Cd、Sn、Pb、Cu、Zn、Ag 等)，一般只能形成活性配合物，而 d^6、d^8、d^{13} 等类金属(Fe、Co、Ni、Cr 等)，与 $K_{\text{不}}$ 小的配体易形成惰性配合物而难以还原析出。

金属配离子在阴极上还原为金属，一般是由配位数较低的配离子在电极上放电，而不是浓度较大的配离子(一般配位数较高)在电极上放电完成的。这是因为配位数高的配离子在镀液中的能量低、较稳定，放电时需要较大的能量；配位数低的配离子因为能量较高，有适中的反应能力和浓度，所以在电极上容易放电。因此，金属配离子的界面反应历程通常是先经过表面转化形成低配位数的表面配合物，如多核配离子或缔合离子，然后放电。放电前配体的变换和配位数的降低涉及能量变化，导致还原所需活化能的升高，因而表现出比简单金属离子更大的电化学极化。大部分金属配离子的配体带负电荷，配位数越高的配离子带负电荷越高。由于金属电沉积是在带负电荷的阴极表面生成，配位数越高，受到双电层的斥力越大，越不易在电极界面上直接放电。

配合物对电化学极化的贡献取决于配体界面性质和不稳定常数两个因素。当配体具有对电极过程起阻化作用的性质时，$K_{\text{不}}$ 越小的配体转化所需的活化能越大，则阴极极化增大效应越显著，此时容易得到结晶细致的沉积层。但是，若配体对电极过程起活化作用，则很难通过 $K_{\text{不}}$ 预测阴极极化效果。

3. 添加剂

双电层的结构，特别是粒子在紧密层中的吸附对电沉积过程有明显影响。即使是反应粒子和非反应粒子的微量吸附，都将在很大程度上影响金属的阴极析出速度和位置，从而影响随后的金属结晶方式和致密性，因此是影响沉积层结构和性能的重要因素。溶液中少量表面活性添加剂或杂质会在电极上吸附，改变界面的结构和性质，从而改变金属离子阴极还原的速度，影响沉积层的结晶形态。表面活性剂可以在电极表面产生特性吸附，增大电化学反应阻力，使金属离子的还原反应受到阻滞而增大电化学过电位；或通过它在某些活性较高、生长速度较快的晶面上优先吸附，促使金属吸附原子沿表面做较长距离的扩散，从而增大结晶过电位。有时表面活性剂可在界面与配合物缔合，增大活化能而对电极过程起阻化作用。

4. 电流密度

电流密度对电结晶质量的影响存在上下限值。在电流密度下限值以下，提高电流密度有利于晶体生长，导致结晶粗化。在下限值以上，随着电流密度的增大，阴极极化和过电位增大，有利于晶核形成，结晶细化。但当电流密度达到极限电流密度时，则会得到疏松的海绵状沉积层。

沉积电流密度大，电沉积速度快，生产效率高。而且，电流密度大，形成的晶核数增加，得到沉积层结晶细而紧密，增加沉积层的硬度。但电流密度太大会出现枝晶和针孔，还会使沉积层的内应力和脆性增加。所以，对于一定的电沉积体系，电流密度存在一个最适宜范围。

5. 温度

升高电解液温度能提高盐类的溶解度和溶液的导电性，增大离子扩散速率，降低浓差极化。同时，电解液升温使放电离子活化，使电化学极化降低。因此提高电解液温度，能提高阴极和阳极电流效率。但若温度太高，结晶生长的速度超过了形成结晶活性的生长点，会导致形成粗晶和孔隙较多的沉积层，使沉积层的硬度、内应力、脆性及抗拉强度降低。

6. 搅拌

搅拌能促使电解液对流，减小界面扩散层厚度而使传质步骤得以加快，对降低浓差极化和提高极限电流有显著效果，有利于得到致密的沉积层。

7. 基体

电极反应是一种异相催化反应，电极材料表面起着催化的作用。电极材料不同，对同一电极反应的催化能力也不同，因此同一个电化学反应在不同的电极材料上进行的速度有很大的差别，反应机理也可能不一样。即使是同种电极材料，在不同的晶面上电沉积的电化学动力学参数也可能不同。

8. 沉积方式

通过直流电流或电压周期性换向,电极处于阴极与阳极的交替状态时,沉积呈间歇沉积方式。当电极由阴极转变为阳极时,界面上已被消耗的金属离子得到适当的补充,浓差极化得到抑制,有利于提高极限电流。同时,原先沉积上的金属与异常长大的晶粒受到阳极的刻蚀作用而去除,这不但有利于沉积层的平整细化,而且去除物溶解在界面上,一定程度上提高了表面有效浓度,对提高电化学极化有利。但在有些情况下,电极处于阳极状态可能引发钝化,造成沉积层分层缺陷或结合力下降。高频脉冲电流作用下的高频间歇阴极过程中,由于电流或电压脉冲的张弛导致阴极电化学极化增加和浓差极化降低,对电结晶的细化作用往往十分明显。

总之,沉积层的结构、性能不仅与电结晶过程中新晶粒的生长方式及长大过程密切相关,也与电极表面(基体金属表面)的结晶状态密切相关。另外,电解液的 pH、电镀槽的结构、电镀液的浓度等对沉积层都有影响。

3.4　合金电沉积

3.4.1　合金电沉积的特点

合金往往具有许多单金属所不具备的优异性能,如较高的硬度、耐磨性、致密性、耐高温和高强度等。制备合金的主要方法有熔融法和电沉积法。合金电沉积是指两种或两种以上金属同时发生阴极还原共沉积形成合金。电沉积法制备合金和熔融法相比,具有以下特点:

(1)可获得合金相图上没有的合金相;

(2)容易获得高熔点金属与低熔点金属形成的合金,如 Sn-Ni 合金和 Zn-Ni 合金;

(3)可获得熔融法难以制备的非晶态合金,如 Ni-B、Ni-P 合金;

(4)电沉积法得到的合金比一般熔融法得到的合金硬度高、耐磨性好;

(5)合金电沉积通常可以在常温下制备,不需要高的温度,节省能源。

然而,目前合金电沉积在工业上的应用相对较少,其主要原因是要获得一定组成和结构的合金比较困难。为了获得具有特殊性能的合金电沉积层,往往需要控制电沉积层合金组分的含量,而影响合金组分含量的因素很多,如过电位、电解液中金属离子浓度、配位剂浓度、pH、添加剂、温度、搅拌速率和电极表面性质等。

3.4.2　合金电沉积的基本条件

根据合金电沉积层中金属成分的不同,电沉积层可分为二元合金、多元合金(含三种或三种以上金属成分的电沉积层)。目前合金电沉积的应用和研究还主要局限在二元合金和少数三元合金方面。

水溶液中二元合金的共沉积需具备两个基本条件:

(1)合金中的两种金属至少有一种金属能单独从其水溶液中电沉积出来。有些金属如 W、Mo 等虽然不能单独从水溶液中电沉积出来,但可与另一种金属如 Fe、Co、Ni 等同时从水溶液中共沉积。

(2)合金中的两种金属的沉积电位必须相近或相等。

根据能斯特方程，金属的析出电势 $\varphi_{析}$ 与标准电极电势 $\varphi^{\ominus}$、金属离子活度 a、过电位 η 和反应的得失电子数 n 有关，如式(3.20)所示：

$$\varphi_{析} = \varphi^{\ominus} + \frac{RT}{nF}\ln a + \eta \tag{3.20}$$

3.4.3　实现合金电沉积的措施

为了实现金属共沉积，通常可以采用以下措施。

1. 改变金属离子的浓度

当两种离子标准电极电势接近，且极化过电位接近或者都很小时，可通过改变金属离子浓度(或活度)使不同金属的析出电势互相接近或相等，从而达到金属共沉积的目的。根据能斯特方程，+2 价金属离子的平均活度每增加或减少 10 倍，其平衡电势分别正移或负移 29 mV。因此，通过改变金属离子活度改变其析出电势是非常有限的。当两种离子的标准电极电势相差不大(<0.2 V)，且两者极化曲线(E-i 或 η-i 关系曲线)斜率又不同的情况下，可以通过调节电流密度使两种离子的析出电势相同，从而实现金属共沉积。目前，只有少数二元合金镀层的形成属于这种情况，如 Ni 与 Co、Sn 与 Pb 形成的合金。

2. 在电沉积液中加入配位剂

大多数金属的标准电极电势相差较大，若靠改变金属离子浓度的方法实现共沉积，则二者的浓度需要相差悬殊，以致生产中无法实现。对于这种情况，目前广泛应用的方法是在电沉积液中加入适宜的配位剂或添加剂。配位剂可以选用与其中的一种金属离子配位，也可以同时与两种离子配位，或者选用两种配位剂分别与两种金属离子配位。加入配位剂后，金属离子可形成稳定的配离子，使阴极上析出的活化能提高，因此需要更高的能量才能在阴极上还原，导致阴极极化增加，从而可能使两种金属离子的析出电势接近或相等，实现金属共沉积。当采用配位能力比较低的配位剂时，其不稳定常数 $K_{不}$ 较大，此时可能仍以简单离子在阴极上放电，但简单离子的有效浓度会大大降低，并随配离子的电离度和配位剂的游离量而变化。

3. 在电沉积液中加入添加剂

加入添加剂不能使标准电极电势发生变化，它只能改变金属电沉积的动力学规律。由于添加剂在阴极表面可能被吸附或形成表面配合物，因此添加剂的加入可改变电极/溶液界面的特性，从而引起某种离子阴极还原时极化过电位的较大变化，实现金属的共沉积。另外，添加剂在阴极表面的阻化作用常具有一定的选择性。一种添加剂可能对几种金属的电沉积起作用，而对另一些金属的电沉积则无效果。

3.4.4　合金电沉积的影响因素

两种金属或多种金属在阴极上共沉积时，总是存在一定的相互作用和影响。同时由于电极材料的性质、电极表面状态的变化、零电荷电位和双电层结构的改变等，都可能引起双电层中金属离子浓度的变化，从而影响合金电沉积过程。

1. 电极材料性质和电极表面状态变化的影响

电极材料的性质对阴极上的金属离子还原反应可能发生两方面的影响。一种情况是形成合金时的去极化作用，即极化减小的倾向。合金多属于固溶体，金属离子从还原到进入晶格做有规律的排列，要放出部分能量，于是能量聚集在阴极表面，使局部能量升高，导致析出电势较负的金属变得容易析出，即发生了极化减小的作用(去极化作用)。例如，金属如 W 和 Mo 是不能从水溶液中沉积出纯金属镀层的，但是如果在镀液中添加 Ni 离子，则将使 W 和 Mo 的电极电势正移，即在 Ni 的诱导下，W 和 Mo 与 Ni 一起共同析出形成合金，这种类型的合金电沉积称为诱导电沉积。另一种情况是形成合金时极化增加。由于基体金属阻抑电化学反应的进行，可能促使电极电势负移。

对不同的金属电极来说，在各部位上进行的电化学反应速率有很大差别，这与基体金属和还原离子的本性有关。在电极上还原迟缓的原因可能来自两方面：①电化学反应迟缓使极化增大；②电极表面吸附了外来质点，如氧化物和表面活性剂等，使金属离子还原反应变得困难，这种现象称为钝化极化。基体金属的极化和钝化特性会改变电极的表面状态，使晶体在基体上的形成功增大，从而影响合金的沉积速率。

2. 双电层结构的影响

当金属共沉积形成合金时，由于双电层中离子浓度和双电层结构的改变，离子的还原速度也将发生变化。在合金电沉积中，由于多种金属离子存在，双电层中原来单一的金属离子被另一些金属离子取代一部分，故双电层中每种离子的浓度将小于单独还原时的浓度。一般认为，二元合金中两种金属离子在双电层中浓度分布不但与它们在溶液内部的浓度有关，而且与离子的大小、电荷的多少、离子的迁移速率、离子在溶液中的状态及表面活性物质的吸附有密切的关系。

3. 金属离子在溶液中存在状态的影响

当进行金属共沉积时，由于溶液中另一种离子的存在，某种放电离子在溶液中所处的状态会发生变化，使金属离子的还原速度受到影响。例如，电沉积 Zn-Ni 合金时，Zn^{2+} 与 Ni^{2+} 二者间的相互作用导致析出电势较负的 Zn 优先沉积。这在电化学研究中称为异常共沉积。另外，在含有配位剂和添加剂的沉积液中，影响因素更为复杂。

3.4.5　合金电沉积的组成

在电沉积过程中，电沉积液中任何一种离子在阴极表面附近均存在物料平衡，电流密度决定了可沉积金属离子的浓度梯度和它们在阴极表面的总浓度。若有 A 和 B 两种成分形成合金(A 为析出电势较正的金属)，除了在极限电流密度下扩散是决定合金组成的主要因素外，决定沉积层组成的主要因素是金属的沉积电位。研究表明，在恒电位下沉积的合金电沉积层比在恒电流密度下得到的合金电沉积层的组成更稳定。

在正常的合金电沉积过程中，阴极界面上两种金属离子具有趋于和达到相互平衡的趋势，即具有使体系中两种金属之间电位差为零的趋势，这就要求电位较正的金属离子浓度与电位较负的金属离子浓度之比要大大降低。因此，在正常共沉积中，电位较正的金属优先沉积，这是金属离子在阴极界面上达到化学平衡趋势的必然结果。

在金属电沉积中，电化学步骤之前的迁移和化学转化步骤起着重要作用。因此，在金属或合金在阴极沉积时，特别是在配合物电沉积液中沉积时，需要考虑浓差极化的作用。由于金属沉积发生在金属/溶液界面上，因此合金电沉积的组成与界面浓度的关系比本体溶液浓度更为重要。在阴极/溶液界面金属离子的浓度及其梯度有如下关系：

$$\frac{i_P}{F} = D_P \frac{dc_P}{dx_0} + \frac{T_P i}{F} \tag{3.21}$$

式中，i_P 为 P 离子的分电流密度 $(A \cdot cm^{-2})$；i 为电沉积时的总电流密度 $(A \cdot cm^{-2})$；T_P 为迁移数（离子向阴极迁移符号为正，向阳极迁移符号为负）；F 为法拉第常量 $(26.8\ A \cdot h \cdot mol^{-1})$；$c_P$ 为 P 离子的浓度 $(mol \cdot L^{-1})$；D_P 为 P 离子的扩散系数；x_0 为离子到阴极/溶液界面的距离。

需要注意的是，式(3.21)仅适用于阴极/溶液界面的溶液，对电沉积的初始态和稳态均有效。

当仅考虑两种金属共沉积时，由式(3.21)可得

$$i = DF \frac{dc}{dx_0} + iT \tag{3.22}$$

$$i_A = D_A F \frac{dc_A}{dx_0} + iT_A \tag{3.23}$$

$$i_B = D_B F \frac{dc_B}{dx_0} + iT_B \tag{3.24}$$

式中，i 为 A、B 两种金属沉积形成合金的总电流密度 $(A \cdot cm^{-2})$，$i = i_A + i_B$；i_A、i_B 为沉积金属 A 和 B 的电流密度 $(A \cdot cm^{-2})$；T_A 和 T_B 为 A、B 金属离子在阴极/溶液界面上溶液的迁移数；T 为金属离子的总迁移数，$T = T_A + T_B$；D_A、D_B 为在阴极/溶液界面上溶液中金属离子的扩散系数；D 为加权平均值，$D \approx (D_A \Delta c_A + D_B \Delta c_B)/\Delta c$。

在阴极/溶液界面上每一种金属离子都有自己的浓度梯度 dc_A/dx_0 和 dc_B/dx_0。在阴极/溶液界面相应的金属离子消耗分别为 Δc_A、Δc_B，则 $\Delta c = \Delta c_A + \Delta c_B$。当电沉积液中含有足量多的导电物质时，沉积金属离子的电迁移可以忽略不计。在极限电流密度下，在阴极/溶液界面处的两种金属离子浓度均为零，此时电沉积层中金属 A 对金属 B 的摩尔分数比值 $R_{AL} = (D_A c_A^0)/(D_B c_B^0)$，其中 c_A^0 和 c_B^0 为金属 A 和 B 离子在溶液中的本体浓度。

3.4.6　合金电沉积的阴极极化曲线

当几种金属共沉积时，离子之间的相互作用是不能忽略的。为了研究合金电沉积液组成和工艺条件对合金电沉积过程和沉积层物理化学性质的影响，采用的基本方法是研究合金电沉积的总极化曲线和分极化曲线。

合金电沉积的极化曲线与单独沉积组分金属的极化曲线相比大致可以分为以下 3 种类型。

(1)合金电沉积的极化曲线位于各组分单金属极化曲线的正向一侧。这种现象往往出现

在电沉积形成的合金不是混合物，而是合金固溶体，或是一种金属间化合物的情况。相比于形成金属混合物，形成合金固溶体或金属间化合物都会引起自由能的降低，从而导致去极化作用，这时合金电沉积的极化曲线位于单金属极化曲线的正向一侧。例如，氰化物电沉积液中电沉积 Ag-Zn 合金时，形成的是 Ag-Zn 固溶体，此时合金电沉积时的极化比单独电沉积 Ag 和 Zn 时的极化小，如图 3.7 所示。

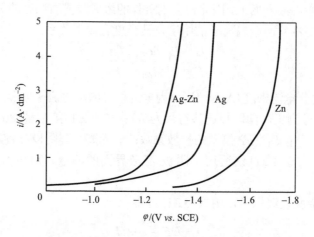

图 3.7　氰化物体系电沉积 Ag-Zn 合金的极化曲线

(2)合金电沉积的极化曲线位于各组分金属极化曲线的中间位置，氰化物电沉积液中电沉积 Ag-Cd 合金的极化曲线就属于这种类型(图 3.8)。这表明合金电沉积能使沉积电势较负的金属在较正的电势下沉积，而电势较正的金属在较负的电势下沉积。

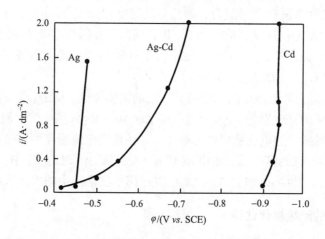

图 3.8　氰化物体系电沉积 Ag-Cd 合金的极化曲线

(3)合金电沉积的极化曲线至少和一种组分单金属的极化曲线相交，如图 3.9 所示的 Cu-Pb 合金电沉积的极化曲线。

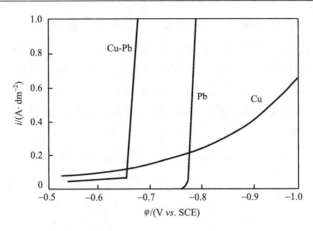

图 3.9　碱性酒石酸盐中电沉积 Cu-Pb 合金的极化曲线

　　合金在阴极的电沉积是并行的电极反应，总极化曲线上每一点的电流密度是在该电极电势下各组分离子放电的电流密度总和，即 $i_{总} = i_A + i_B + \cdots$。因此，合金电沉积的总极化曲线可采用分解法分解为两个或两个以上的分极化曲线，分解方法如下：在总极化曲线上取若干个电位值，在每个电位值下分别沉积一定厚度的合金镀层（如果有气体析出，同时收集析出的气体），利用分析手段测出合金镀层的成分。根据法拉第定律将气体的体积、镀层中各组分的质量换算成电流，便可以画出若干条分极化曲线。

　　图 3.10 是电沉积 Cu-Bi 合金时的总极化曲线、分极化曲线（虚线）以及沉积单金属 Cu 和 Bi 时的极化曲线。从图中可以看出，Cu 和 Bi 的分极化曲线与其单独沉积时的极化曲线并不重合，这说明合金电沉积过程中，离子之间存在相互影响和相互作用。

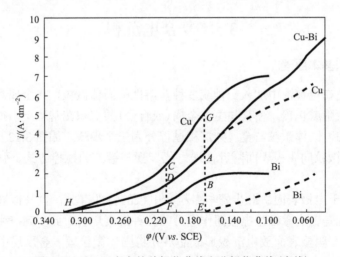

图 3.10　Cu-Bi 合金的总极化曲线和分极化曲线（虚线）

　　李曼安采用分极化曲线法对实测的总极化曲线进行分解，研究稀土元素 Nd(III) 对 Ni-Fe 共沉积的影响，结果如图 3.11 所示[3]。其中，曲线 a 和 b 为电沉积液中没有 Nd(III) 离子时得到的 Ni 和 Fe 的分极化曲线，而曲线 a' 和 b' 是电沉积液中加入 Nd(III) 离子后得到的 Ni 和 Fe 的分极化曲线。比较图 3.11 中的曲线 a 和 b 可知，在电位为 –1.09 V(vs. SCE) 之前，Fe 的极化电流(曲线 b)总是大于 Ni 的极化电流(曲线 a)。活泼金属离子 Fe(Ⅱ)的沉积速率反而比不活泼金属离子 Ni(Ⅱ)的沉积速率大,表现出典型的合金异常共沉积的特点。当在镀液中添加 $0.0007\ mol\cdot L^{-1}$ 的 Nd(Ⅲ)后,Ni 极化曲线向更负的电位方向偏移(曲线 a'),而 Fe 的极化曲线向较正的电位方向偏移(曲线 b'),表明了 Nd(Ⅲ)对 Ni(Ⅱ)的沉积起阻化作用,而对 Fe(Ⅱ)的沉积起催化作用。其结果不但使相同电位下两金属沉积速率相差更大,而且使异常共沉积的电位范围扩展到–1.14 V。

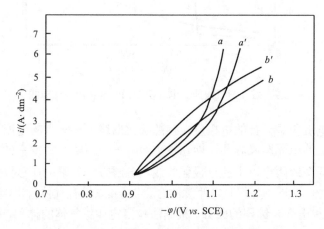

图 3.11　Ni-Fe 共沉积时 Ni、Fe 的分极化曲线

分解法提供了金属共沉积和组分金属单独电沉积的极化曲线的比较,是一种研究合金电沉积规律的好方法。但是,这种方法比较烦琐,除了理论研究的需要外,一般很少涉及。

3.5　复合电沉积

3.5.1　复合电沉积基本原理

复合电沉积是在电镀液中加入一种或多种非溶性的固体微粒,在金属离子阴极还原的同时,将固体颗粒吸附或包覆,使其与主体金属(或合金)共沉积在基体上,得到的镀层称为复合镀层。一般认为,固体微粒与金属共沉积过程分为三个步骤,如图 3.12 所示。

(1)镀液中的微粒向阴极表面附近输送。此步骤与镀液的搅拌方式、强度及阴极的形状和排布状况有关。

(2)微粒吸附于电极表面。此步骤与微粒和电极的特性有关,也与镀液的成分和电镀的操作条件有关。凡是影响微粒与电极间作用力的各种因素均会对此步骤产生影响。

(3)金属离子在阴极表面放电沉积形成晶格并将固体微粒埋入金属层中。吸附在电极表面的固体微粒,必须在电极表面附着超过一定时间,才有可能被电沉积的金属捕获。因此这个步骤除了与微粒和电极表面的吸附力有关外,还与溶液流动对电极上吸附微粒的冲击力及金属电沉积的速率等因素有关。

尽管形成复合镀层的这三个步骤目前已经为大家所公认,但对于一些实质步骤还未形成统一的认识,尚需要进一步的深入研究。

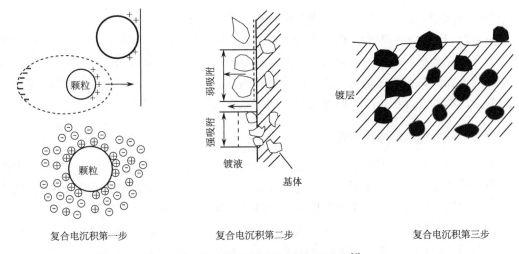

复合电沉积第一步   复合电沉积第二步   复合电沉积第三步

图 3.12 复合电沉积三阶段示意图[4]

3.5.2 影响复合电沉积的因素

影响复合电沉积的因素主要有固体微粒的尺寸、微粒的表面性质、镀液组成、搅拌强度和电流密度等。

(1)固体微粒尺寸。要实现复合电沉积，首先要求固体微粒在溶液中呈悬浮状态。另外，固体微粒的尺寸要适当。微粒过大，不易被包覆在镀层中，造成镀层粗糙；微粒过小，则微粒在溶液中易聚集结块，从而使其在镀层中分布不均。一般复合电沉积中固体微粒的直径为 $0.1 \sim 10 \ \mu m$。

(2)微粒表面性质。在复合电沉积过程中，微粒与阴极表面的静电引力是影响共沉积的重要因素。如果微粒表面带正电荷，有利于其黏附于阴极表面，复合镀层中微粒含量也较高。相反，如果微粒表面带负电荷，则不利于共沉积。为了使固体微粒表面带正电荷，在镀液中可添加阳离子表面活性剂。另外，微粒应亲水。对于疏水微粒，应该在其放入镀液前，使用表面活性剂对其表面进行润湿和活化处理。

(3)镀液组成。微粒在镀液中往往要吸附一定量的离子而使其表面带有一定量的某种符号的电荷，因此镀液的组成对微粒和阴极表面的吸附力有直接影响。另外，镀液的黏度受其组成的影响。溶液黏度低，微粒容易沉淀，而且微粒对阴极表面的黏附性减弱，使微粒共沉积量降低。溶液黏度太高，微粒移向阴极表面更为困难，也使微粒共沉积量降低。

(4)搅拌强度。在复合电沉积过程中，为了使固体微粒均匀地悬浮在镀液中，经常采用搅拌或悬浮循环的方法。搅拌强度增加，微粒向阴极表面碰撞的概率也增加，所以微粒共沉积量随搅拌强度增加会在某种程度上也增加。但是，搅拌速率提高后，溶液流动速率也加快，吸附在电极表面的微粒被冲刷下来的概率也增加，因此微粒的共沉积量会降低。所以，镀液的搅拌程度的影响是双方面的。

(5)电流密度。微粒共沉积量随电流密度提高而增加，但达到一定数值后，继续提高电流密度，共沉积量反而下降。随着电流密度提高，金属的沉积速率增大，使金属与微粒间的接触面积增大，增加了微粒的附着强度。但是，当电流密度进一步增大时，析出金属的增加量高于微粒共沉积量的增加量，所以镀层中微粒的相对含量有所降低。

除了上面提到的影响因素，微粒本身导电与否也能影响复合电沉积。导电性微粒一旦被捕获，它和基体金属一样成为阴极的一部分，在它表面也能引起金属的电沉积，因此这种共沉积中镀层表面的微粒往往是包覆的。而非导电的微粒共沉积时，镀层表面的微粒总是裸露的。随着电沉积的进行，微粒逐渐被掩埋，而新吸附的微粒又被裸露。

3.5.3　复合电沉积常用的固体微粒

采用复合电沉积，使固体微粒嵌入金属或合金镀层，可以增加镀层硬度、耐磨和耐蚀性能，也可用于制备具有特殊功能需要的各种合金，如电催化、光催化及储能合金，或者是制备以金属氧化物、导电聚合物作为基质的复合镀层。复合电沉积中的固体微粒主要有：

(1)提高镀层耐磨性的高硬度、高熔点、耐腐蚀的微粒，如 $\alpha, \beta\text{-Al}_2\text{O}_3$、$\text{SiO}_2$、$\text{TiO}_2$、$\text{Cr}_2\text{O}_3$、$\text{ZrO}_2$、$\text{SiC}$、$\text{TiC}$、$\text{WC}$ 等金属氧化物或硬质合金，也可直接复合金刚石颗粒。

(2)具有自润滑特性的固体润滑剂微粒，这类颗粒有 MoS_2、聚四氟乙烯、氟化石墨 $(\text{CF})_m$、BN、石墨等。

(3)具有电接触功能的微粒，如 WC、SiC、BN、MoS_2、La_2O_3 等，这类复合镀层通常以 Au、Ag 为基质材料。

此外，复合电沉积也是获得纳米晶体的一个重要手段。此时纳米微粒起着抑制晶粒生长的作用。加入足够量的纳米微粒，可以在电流密度很小的情况下使沉积金属为纳米晶体。例如，从镀液中沉积镍纳米晶体的电流密度通常为 $5.2\ \text{A}\cdot\text{dm}^{-2}$，当加入足够的纳米级 Al_2O_3 时，可以在 $0.7\ \text{A}\cdot\text{dm}^{-2}$ 条件下获得镍纳米晶体。纳米微粒在镀层中还可以抑制纳米晶体在高温条件下的晶粒粗化。

3.6　电沉积溶液的类型

根据电沉积溶液体系的不同，可以把电沉积溶液分为水溶液、有机溶液、熔盐、离子液体和深共晶电沉积液。

3.6.1　水系电沉积液

水是自然界最常见的溶剂，具有许多优良的性质，如高的介电常数、对许多金属盐有良好的溶解性、较宽的 pH 范围等。

在水溶液中进行电沉积有很多优势，如设备简单、操作温度低及电沉积速率快。但是由于水溶液电化学窗口较窄，水的理论分解电压只有 1.23 V，阴极上容易发生析氢反应，导致活泼金属离子很难从水溶液中电沉积或是电沉积效率较低。元素周期表中越靠左边的元素在阴极上还原沉积的可能性越小。位于铬左方的金属元素如 Li、Na、K、Be、Mg、Ca 等活泼金属，能与水发生反应，因此不能在水溶液中电沉积制备。铬和位于铬右方的金属元素的简单离子均能容易地从水溶液中电沉积。Fe、Co、Ni 等金属在单盐水溶液中即可获得较好的电镀层，W、Mo 则难以从水溶液单独沉积。

在水溶液中电沉积合金时，往往需要使用配位剂使水溶液中的金属离子以配离子的形态存在，使某些金属的析出电势显著负移，达到不同金属共沉积及控制合金成分的目的。因此水系电沉积液又可分为简单盐电沉积液和配合物电沉积液。例如，从氯化物或硫酸盐电沉积液中沉积铁族(Fe、Co、Ni)金属或合金，从氯化物体系中电沉积 Zn-Ni 合金等都采用的是简单盐电沉积液，而电沉积 Cu-Sn 时采用的是氰化物配合铜离子和锡酸盐配合锡离子组成的配合物电沉积液。

　　在已知的 80 余种金属元素中，只有 30 种左右可以在水溶液中电沉积，而其余的 40 余种则不能从水溶液中电沉积，只能采用非水溶液体系。表 3.2 给出了金属离子在水溶液中电沉积的可能性。

表 3.2　金属离子从水溶液中电化学还原沉积的可能性

周期	IA	IIA	IIIA	IVB	VB	VIB	VIIB	VIII			IB	IIB	IIIA	IVA	VA	VIA	VIIA	VIIIA
一	H																	He
二	Li	Be											B	C	N	O	F	Ne
三	Na	Mg											Al	Si	P	S	Cl	Ar
四	K	Ca	Sc	Ti	V	Cr	Mn	Fe	Co	Ni	Cu	Zn	Ga	Ge	As	Se	Br	Kr
五	Rb	Sr	Y	Zr	Nb	Mo	Te	Ru	Rh	Pd	Ag	Cd	In	Sn	Sb	Te	I	Xe
六	Cs	Ba	镧系 锕系	Hf	Ta	W	Re	Os	Ir	Pt	Au	Hg	Tl	Pb	Bi	Po	At	Rn
七	Fr	Ra		Th	Pa	U												
	一般可以从水溶液中以汞齐形式沉积		难以从水溶液中沉积或者不能沉积出纯物质			可以从水溶液中电沉积					可以从配合物水溶液中电沉积						非金属	

3.6.2　有机电沉积液

　　有机电沉积液的组成包括有机溶剂和有机电解质。有机电沉积液具有电化学窗口宽、化学性能稳定、工作温度范围宽、价格适中等诸多优势。作为有机电沉积液，除了要求有机溶剂具有较宽的电化学窗口、热稳定性好、化学性能稳定、安全低毒外，还需有较高的介电常数、黏度小。常用的有烷基碳酸盐如碳酸丙烯酯(PC)、碳酸乙烯酯(EC)等，其极性强，介电常数高，但黏度大，分子间作用力大，金属离子在其中移动速度慢。而线形酯如二甲基碳酸盐(DMC)、二乙基碳酸盐(DEC)等的黏度低，但介电常数也低。因此，为获得具有高离子导电性的溶液，可采用 PC+DEC、EC+DMC 等混合溶剂。表 3.3 列出了一些常用溶剂的物理性质。

表 3.3　常用溶剂的物理性质[5]

溶剂	简称	沸点/℃	凝固点/℃	密度/(g·cm^{-3})	黏度/cP	介电常数	电导率/(S·cm^{-1})
水	H$_2$O	100	0	0.997	0.894	78.3	5.49×10^{-8}
无水乙酸	HAc	140	−73.1	1.061	0.78	20.17	5×10^{-9}
甲醇	MeOH	64.7	−97.7	0.787	0.54	32.2	1.5×10^{-9}
四氢呋喃	THF	66	−108.5	0.889	1.75	7.58	—
碳酸丙烯酯	PC	241.7	−49.2	1.2	4.9	64.9	1×10^{-8}

续表

溶剂	简称	沸点/℃	凝固点/℃	密度/(g·cm^{-3})	黏度/cP	介电常数	电导率/(S·cm^{-1})
硝基甲烷	NM	101.2	−28.5	1.13	3.56	35.9	$5×10^{-9}$
乙腈	ACN	81.6	−45.7	0.777	4.1	36	$6×10^{-10}$
二甲基甲酰胺	DMF	152.3	−61	0.944	3.9	37	$6×10^{-8}$
二甲亚砜	DMSO	189	18.55	1.096	4.1	46.7	$2×10^{-9}$
二甲基碳酸盐	DMC	90.1	4	1.069	0.57	2.6	
碳酸乙烯酯	EC	248	37	1.3218	1.9	89.6	

注：1 cP=10^{-3} Pa·s。

有机电沉积液无腐蚀性，具有能耗低、得到的金属纯度高等优点，但是有机电沉积液电导率低、电流密度低、原料成本高、不易储存、易爆易燃，无法大规模应用于金属或合金的工业生产。另外，部分有机溶剂因为有易挥发的特性，对人体和环境有一定不良影响。因此，选择合适的有机溶剂显得更加重要。目前，有机电沉积液主要应用于镁、锂等二次电池中。

3.6.3　熔盐电沉积液

熔融盐是由无机盐高温熔化后形成的由阳离子和阴离子构成的熔体，通常由碱土金属卤化物、硅酸盐、碳酸盐、磷酸盐等构成。熔融盐具有离子导电性优良、电化学窗口宽、电极反应动力学速率快等特点，是电化学冶金理想的电解质。碱金属(锂、钠、钾)、碱土金属(铍、镁、钙、锶、钡)、土族金属(铝)等通常采用在熔融盐电解液中进行的电沉积生产。此外，熔融盐电解还用于生产稀土金属镧或钼、钨、钽、铌、铋、锗、钛、锆、铀、钍等稀有金属。

熔融盐电解具有电导率高、浓差极化小、能以高电流密度电沉积等优点。但由于工作温度高，存在电解质成分容易挥发、对设备腐蚀性大、能耗大等缺点。另外，熔融盐中的缔合离子、配离子等可能反复进行解离或缔合，复杂的电离状态多数尚未明确。例如，铝电解工业生产采用冰晶石–氧化铝融盐电解法已经 100 多年，但是冰晶石和氧化铝的电离状态至今尚未完全明确，其电解机理尚未完全统一认识。

3.6.4　离子液体电沉积液

离子液体又称为室温熔盐，是由有机阳离子和无机或有机阴离子构成，在室温范围或 100℃以内可呈现为液态的盐，又称低温熔盐或室温熔盐。离子液体通常按其阳离子来分类，常见的阳离子有季铵盐离子、季鏻盐离子、咪唑盐离子和吡咯盐离子等，其结构如表 3.4 所示。其中，咪唑类离子液体熔点普遍较低，可选取代基较多，绝大多数常温下为液体。其他种类离子液体熔点则普遍较高，常温下为液体的可选取代基较少，多以固体形式存在。

表 3.4　常见离子液体的阳离子结构

离子名称	表达式	结构
二烷基咪唑离子	[RRIM]$^+$	

续表

离子名称	表达式	结构
烷基吡啶离子	$[RPy]^+$	
烷基季铵离子	$[NR_xH_{4-x}]^+$	
烷基季镂离子	$[PR_xH_{4-x}]^+$	

按照组成离子液体的阴离子不同可将离子液体分为卤化盐类和非卤化盐类。其中，卤化盐类离子液体研究得较早，将 $AlCl_3$ 和固态卤化有机盐按一定比例混合即可得液态的离子液体。该类离子液体对水极其敏感，需要在真空或惰性的气氛下进行处理。非卤化盐类离子液体大部分对水和空气稳定，该类阴离子主要包括 BF_4^-、PF_6^-、SbF_6^-、$CH_3SO_3^-$、$C_6H_5SO_3^-$、$CF_3SO_3^-$、$(CF_3SO_2)_2N^-$、$CB_{11}H_{I2}^-$、$[Co(CO)]^-$、$[Mn(CO)_5]^-$ 等。

离子液体与其他溶剂相比，具有以下优越的性质：

(1)熔点低。离子液体是离子组成的化合物，其熔点低的主要原因是有些取代基在分子结构中不对称，使离子间无法规则地形成晶体。作为电解质使用时，可在较低电解温度下使用，可以大大降低能耗。

(2)液态范围宽。大部分离子液体的液态范围在 $20\sim300℃$，具有较高的热稳定性和化学稳定性。

(3)电导率高。与有机体系相比，离子液体离子导电性好，是其广泛电化学应用的基础之一。离子液体的导电性与其黏度、密度和分子量等性质有关，并且随温度的变化而变化。表 3.5 为常见离子液体体系的物理化学参数。

表 3.5　离子液体体系的物理化学参数

离子液体	温度/K	电导率/(mS·cm^{-1})	密度/(g·cm^{-3})	黏度/cP	熔点/K
[BMIm]PF$_6$	293	1.4	1.363	312	265
[BPy]BF$_4$	298	1.9	1.279	103	272
[EMIm]BF$_4$	298	13.6	1.240	32	288
[EMIm]TaF$_6$	298	7.1	2.17	51	275
[EMIm](HF)$_{2.3}$F	298	120	—	—	210
[EMIm][(CF$_3$SO$_2$)$_2$N]	293	8.8	1.518	34	247
[EMIm]Cl-AlCl$_3$ (摩尔分数 34.0%~66.0%)	298	15.0	1.389	14	183

(4) 溶解性好。由于离子液体中的正、负离子可以由有机离子和无机离子共同组成，可设计性强，通过设计阴阳离子，调节极性，可以较好地溶解金属氧化物、金属盐和有机物。同时，由于它们大多为非质子溶剂，可以大大减少溶剂化，溶解在其中的化合物可以有很高的反应活性。

(5) 宽的电化学窗口。大部分离子液体的电化学窗口在 3.0 V 左右，由于其具有宽电化学窗口的优点，几乎所有的金属都可以在该体系中电沉积得到，使离子液体广泛运用于电化学领域。表 3.6 为常见离子液体的电化学窗口。

表 3.6　常见离子液体的电化学窗口

离子液体	工作电极	温度/K	电化学窗口/V
$[EMIm](HF)_{2.3}F$	GC	298	2.16
$[EMIm](HF)F$	GC	353	1.69
$[EMIm](HF)_{1.3}F$	GC	298	1.71
$[EMIm]Cl$	Pt	363	2.65
$[EMIm]BF_4$	Pt	298	4.0
$[EMIm][(CF_3SO_2)_2N]$	GC	298	4.1
$[EMIm]Cl\text{-}AlCl_3$（摩尔分数 45.0%～55.0%）	W	353	2.9

离子液体具有较宽的电化学窗口、工作温度范围宽、不易挥发、防爆性能和阻燃性能较好、无污染等特点，是一种理想的电解质。近年来，在离子液体中电沉积金属和合金是电化学冶金领域的研究热点，可进行包括活泼金属在内的几乎所有金属的电沉积。然而，目前离子液体合成和纯化工艺复杂，价格比较昂贵，离子液体电解液存在黏度高、电沉积速率慢的缺点，因此离子液体电解液的大规模应用受到限制。表 3.7 列出了已报道的一些金属和合金电沉积中所使用的离子液体体系。

表 3.7　用于电沉积金属的一些离子液体体系[6]

沉积金属	电解质体系	工作电极
Si	$[BMP]Tf_2N\text{-}SiCl_4$	Au
Cu	$[BMP]Tf_2N\text{-}Cu(I)$	Au（Cu 阳极）
Se	$[BMP]Tf_2N\text{-}SeCl_4$	Pt
In	$[BMP]Tf_2N\text{-}InCl_3$	Pt
Li	$[EMIm]AlCl_4\text{-}LiAlCl_4$	Mo, Pt
Na	$[EMIm]AlCl_4\text{-}NaAlCl_4$	W
Al	$[EMIm]Cl\text{-}AlCl_3$	Cu
Ti	$[EMIm]Tf_2N\text{-}TiCl_4$	GC
Ag	$[BMim]PF_6\text{-}AgNO_3$	GC
Nd	$[P_{2225}][TFSA]\text{-}Nd[TFSA]$	Pt
La	$OMPTf_2N\text{-}La(NO_3)_3$	Pt
Al-Ni	$Et_3NHCl\text{-}AlCl_3\text{-}NiCl_2$	Cu
Al-Mo	$[EMIm]Cl\text{-}AlCl_3\text{-}[(Mo_6Cl_8)Cl_4]$	Cu

3.6.5　深共晶电沉积液

1999 年，Abbott 等[7]发现由季铵盐和金属无水氯化物、酰胺、醇类形成的混合物的性质与离子液体类似，如在室温下呈现液体状态，对金属盐溶解性能优良，他们将这种混合物称为深共晶溶剂(deep eutectic solvent，DES)。

DES 是氢键受体(季铵盐或季鏻盐类，如氯化胆碱等)，与金属盐或氢键供体(如多元醇、尿素和羧酸)通过配合作用形成共熔混合物，可以用通式 Cat^+X^-zY 表示。其中，Cat^+表示铵、鏻或锍阳离子；X^-表示路易斯碱，通常是指卤素阴离子；Y 代表路易斯酸或布朗斯台德(Brønsted)酸。X^-和路易斯酸或布朗斯台德酸 Y 形成复杂阴离子；z 为与 X^-相互作用形成复杂阴离子所需的 Y 分子的数目。

DES 通常可分为四种不同类型。第一种类型由季铵盐和金属卤化物混合形成，第二种类型由氯化胆碱和水合金属卤化物混合形成，第三种类型由氯化胆碱和氢键供体(如尿素、羧酸和醇)混合形成，第四种类型通常由金属卤化物(如 $AlCl_3$、$ZnCl_2$)和尿素混合形成。这四种类型 DES 的通式如表 3.8 所示。

表 3.8　不同类型 DES 的通式[8]

类型	通式	备注
类型一	$Cat^+X^-zMCl_x$	M = Zn, Sn, Fe, Al, Ga, In
类型二	$Cat^+X^-zMCl_x \cdot yH_2O$	M = Cr, Co, Cu, Ni, Fe
类型三	Cat^+X^-zRZ	Z = $CONH_2$, COOH, OH
类型四	$MCl_x + RZ \Longrightarrow MCl_{x-1}^+ \cdot RZ + MCl_{x+1}^-$	M = Al, Zn; Z = $CONH_2$, OH

在上述四种类型的 DES 中，由氯化胆碱和氢键供体(如尿素、羧酸和醇)混合形成的第三种 DES 能溶解很多过渡金属氯化物和氧化物，在电化学冶金领域引起广泛关注。Abbott 测定了第四周期过渡金属氧化物在氯化胆碱与三种氢键供体(丙二酸、尿素、乙二醇)形成 DES 中的溶解度，并对比分析了 17 种金属氧化物在 DES、NaCl 水溶液和 HCl 水溶液中的溶解度，如表 3.9 所示。研究结果表明，在所研究的三类 DES 电解质中，对氧化物溶解度最高的是氯化胆碱-丙二酸体系，Abbott 认为这与质子充当了良好的氧接受体有关。氯化胆碱-尿素体系对金属氧化物的溶解度仅次于氯化胆碱-丙二酸体系。

表 3.9　金属氧化物在氯化胆碱分别与丙二酸(1∶1)、尿素(1∶2)、乙二醇(1∶2)形成的深共晶溶剂，0.181 mol·L^{-1} NaCl，3.14 mol·L^{-1} HCl 溶液中放置 2 天后的溶解度[9]

金属氧化物	丙二酸	尿素	乙二醇	NaCl	HCl	尿素
TiO_2	4	0.5	0.8	0.8	36	—
V_2O_3	365	148	142	3616	4686	—
V_2O_5	5809	4593	131	479	10995	—
Cr_2O_3	4	3	2	13	17	—
CrO_3	6415	10840	7	12069	2658	—
MnO	6816	0	12	0	28124	—

续表

金属氧化物	丙二酸	尿素	乙二醇	NaCl	HCl	尿素
Mn_2O_3	5380	0	7.5	0	25962	—
MnO_2	114	0.6	0.6	0	4445	—
FeO	5010	0.3	2	2.8	27053	—
Fe_2O_3	376	0	0.7	11.7	10523	3.7
Fe_3O_4	2314	6.7	15	4.5	22403	—
CoO	3626	13.6	16	22	166260	—
Co_3O_4	5992	30	18.6	4.0	142865	—
NiO	151	5	9.0	3.3	6109	21
Cu_2O	18337	219	394	0.1	53942	22888
CuO	14008	4.8	4.6	0.1	52047	234
ZnO	16217	1894	469	5.9	63896	90019

注：①表中最后一列数据是在 70℃下测定的，其他数据是在 50℃下测定的；

②表中溶解度数据为百万克溶液中溶质的克数。

相比于有机溶剂，非水溶剂 DES 具有更高的电导率。与离子液体相比，DES 制备简单、价格便宜，更易进行大规模生产。因此，近年来 DES 被认为是一种非常具有应用前景的电沉积制备金属及合金的电解液，已在诸多金属如 Zn、Sn、Cu、Co、Ni、Ag、Cr、Al、稀土金属及 Al 合金、稀土合金的电沉积制备中得到应用。

3.7　金属电沉积指标参数

3.7.1　槽电压

槽电压是指为了促使在两个电极上进行电极反应，利用外部电源在电解槽内的阳极和阴极之间施加电压降，用于克服电解的各种阻力和补偿电解电路中的各种电压损失。图 3.13 是常见的电解槽示意图，它可以看作是由阳极导线 1、阳极 M_1、电解液、阴极 M_2 和阴极导线 2 串联而成的直流电路，通过各部件的电流相同。

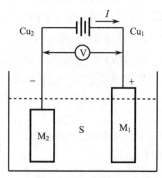

图 3.13　电解槽示意图

在图 3.13 所表示的电解槽中，电解时，电流从外加的电源正极流出，依次经过铜导线 1、铜导线 1 与阳极 M_1 的连接处、阳极 M_1、阳极 M_1 与电解液的界面、电解液、电解液与阴极 M_2 的界面、阴极 M_2、阴极 M_2 与铜导线 2 的连接处、铜导线 2，最后回到电源负极。电路两端的总电压即槽电压是电路中各个部分电位差的代数和，主要包括电流通过导线和电极的电压降 $IR_{金}$、导电棒接触点的电压降 $IR_{接触}$，电流通过电解液的电压降 $IR_{液}$，以及阳极和阴极之间的电位差（$\varphi_{阳} - \varphi_{阴}$）即分解电压（$U$）。

（1）分解电压：发生电极反应所需的电压即为分解电压，由理论分解电压（U_0）和过电压组成。理论分解电压为阳极平衡电势 $\varphi_{阳}^{\ominus}$ 与阴极平衡电势 $\varphi_{阴}^{\ominus}$ 之差，可根据能斯特方程或吉布斯-亥姆霍兹方程计算得到。例如，在 25℃，Na_2SO_4 水溶液中，根据能斯特方程或吉布斯-亥姆霍兹方程计算可得 H_2O 分解为 H_2 和 O_2 的理论分解电压为 1.23 V。当电极上通过电流时，由于电极极化，在电解过程中实际分解电压比理论分解电压高，这个差值称为过电压。

(2)电子导体电压降：电解时电流要通过导体进入电解槽，在电解槽中还需通过阳极及阴极，该电压降服从欧姆定律 $U_{金} = IR_{金}$。

(3)电解质电压降(离子导体电压降)：电解质溶液有电阻，有电压损失，为溶液电压降，符合欧姆定律 $U_{液} = IR_{液} = D(L/x)$，D 为电流密度，x 为电导率，L 为电流所经过距离。为降低电解质溶液的电压损失需缩短极距(阴阳极之间的距离)或增加电解质溶液的电导率。实际电解质溶液电压降数值比欧姆定律计算的要大，因为电解质中有气泡产生，气泡效应会减少离子运动的有效面积，使电导率下降，因此需考虑充气度。

(4)接触电压降：在电解槽连接组装制造过程中，导体接触和连接的地方有电阻，电流通过时有电压降，称为接触电压降。该电压降与材料接触面积、接触面的清洁度及接触紧密程度有关，与电流密度有关。

因此，槽电压 U 可表示为

$$U = U_0 + \eta_{阳} + \eta_{阴} + IR_{液} + IR_{金} + IR_{接触} \tag{3.25}$$

式中，U_0 为理论分解电压；$\eta_{阳}$ 为阳极过电位；$\eta_{阴}$ 为阴极过电位；$IR_{液}$ 为溶液欧姆电压降；$IR_{金}$ 为金属导体中欧姆电压降。其中，电子导体的电阻和接触电阻往往比溶液电阻小得多，常可忽略。

降低槽电压的途径主要有：

(1)保持阴、阳极接触点良好，降低接触电压降。

(2)降低导线和电极本身的电阻，降低导电电阻。

(3)提高电解液的电导率，降低溶液电阻。

(4)控制电解液中合理的离子浓度，采用搅拌等措施，降低电极反应过电位。

3.7.2　电流效率

电流效率是指通过一定电量时阴极上实际沉积的金属质量与通过相同电量时理论上应沉积的金属质量之比，用符号 CE 表示。电解时，人们希望直流电源所提供至阴极的电子全部用来还原沉积所需的金属组分，即全部用于主反应上。但实际上，副反应的发生也会消耗电子，即电流的利用率往往达不到百分之百。电流效率 CE 的计算公式为

$$CE = \frac{m'}{m} \times 100\% = \frac{m'}{Itk} \times 100\% \tag{3.26}$$

式中，m' 为实际产物质量；m 为按法拉第定律获得的产物质量；I 为电流强度(A)；t 为通电时间(h)；k 为电化学当量 $[g·(A·h)^{-1}]$。需要注意的是，电化学当量通常是指 1 库仑(C)电量所产出的电解产物量。

由于工程上电量单位采用 A·h(安培小时)，因此电化学当量也相应按 1 A·h 电量所产出的电解产物量来表示。由于 1 mol 电子等于 26.8 A·h，因此 Al 的电化学当量为 $27/(3×26.8) = 0.3358\ g·(A·h)^{-1}$。其他元素的电化学当量均可按照该方法确定。

合金的电化学当量按照式(3.27)计算：

$$k_{X_1-X_2} = \frac{1}{\dfrac{w_{X_1}}{k_{X_1}} + \dfrac{w_{X_2}}{k_{X_2}}} \tag{3.27}$$

式中，$k_{X_1-X_2}$、k_{X_1}、k_{X_2} 分别为 X_1-X_2 合金和其组元金属 X_1 和 X_2 的电化学当量；w_{X_1}、w_{X_2} 分别为合金中组元金属 X_1 和 X_2 的质量分数。

3.7.3　电能效率

　　电能消耗是电解车间的主要技术经济指标之一，它不但可以综合反映出电解生产的技术水平，也是影响产品成本的主要因素。电能效率是指电解时理论上所需电能与实际所耗电能之比。由于电能=电压×电流×时间，因此电能效率等于电压效率与电流效率的乘积。电能消耗与槽电压成正比，与电流效率成反比。槽电压越高，电流效率越低，电耗也就越高；反之，槽电压越低，电流效率越高，电耗也就越低。因此，要想降低单位电能消耗，必须设法降低槽电压，提高电流效率。

参 考 文 献

[1]　陈治良. 电镀合金技术及应用[M]. 北京: 化学工业出版社, 2016.

[2]　周绍民. 金属电沉积——原理与研究方法[M]. 上海: 上海科学技术出版社, 1987.

[3]　李曼安. Nd（Ⅲ）对 N-Fe 合金电沉积及镀层结构影响的研究[J]. 华侨大学学报(自然科学版), 1998, 19(4): 362-366.

[4]　郭忠诚, 曹梅. 脉冲复合电沉积的理论与工艺[M]. 北京: 冶金工业出版社, 2009.

[5]　杨辉, 卢文庆. 应用电化学[M]. 北京: 科学出版社, 2001.

[6]　钟熊伟. 氟化咪唑离子液体的表征及应用[D]. 长春: 东北大学, 2014.

[7]　Abbott A P, Davies D L. Ionic liquids: 9906829.8, 1999.

[8]　Simth E L, Abbott A P, Ryder K S. Deep eutectic solvents (DESs) and their applications[J]. Chemical Reviews, 2014, 114(21): 11060-11082.

[9]　Abbott A P, Capper G, Davies D L, et al. Solubility of metal oxides in deep eutectic solvents based on choline chloride[J]. Journal of Chemical & Engineering Data, 2006, 51(4): 1280-1282.

第4章 电化学催化

经过百余年的发展，电化学催化已经从电化学的一个分支学科逐步发展成为电化学与催化、界面、材料等领域交叉融合的学科。电化学催化的应用范围也十分广泛，如有机物的电催化合成或降解、含重金属废水的电化学无害化处理、烟气等的电催化脱硫、二氧化碳电催化还原、新能源领域中有机小分子电催化氧化及水的电催化裂解、电化学生物传感检测等[1]。本章将从电催化反应的基本过程出发，介绍几个典型的电催化反应。

4.1 电化学催化反应的基本步骤

电化学催化反应仍属于电化学反应的范畴，不同之处在于电催化过程中电极除具备电荷传导功能外，电极本身或其表面的修饰材料还兼具催化功能，能够增加电极反应的电流密度、降低过电位，从而提高电化学反应效率。电催化反应过程通常由多个步骤协同完成，因此影响电催化反应效率的因素众多，除温度、压力、外加电压之外，溶液及反应物的物性、电极材料的性质及表面状态等因素均会对电催化反应的效率产生重要影响。表 4.1 列出了电催化反应的基本进程及主要影响因素。通常将起电催化作用的电极本身或电极基底表面起到电催化作用的修饰材料统称为电催化剂。通过表 4.1 不难发现，电催化剂的物理化学性质是影响

表 4.1 电催化反应基本进程及主要影响因素

反应进程	电催化反应步骤	关键物理化学作用	影响电催化反应效率的主要因素	备注
第 1 阶段	反应物到达溶液/电催化剂界面区	扩散作用	溶液性质 反应物性质 各物种浓度	对于非中性反应物还应考虑外加电压影响
第 2 阶段	反应分子与电催化剂分子间形成吸附态中间体	吸附作用	电催化剂化学性质 电催化剂表面状态	
第 3 阶段	反应物与电催化剂之间发生电荷转移，生成产物	化学作用	电催化剂物理化学性质 外加电压	
第 4 阶段	电催化剂复原	电荷传输	外加电压 电催化剂物理化学性质 电极基底材料性质	第 4 阶段和第 5 阶段两进程可同时发生
第 5 阶段	产物脱离电催化剂表面	脱附作用	电催化剂/电极基底材料界面性质 电催化剂化学性质 电催化剂表面状态	
第 6 阶段	产物离开电催化剂/溶液界面区	扩散作用	溶液性质 产物性质	

注：除表中所列各个进程的影响因素外，温度、压力、外加电压、溶液的物理化学性质等也会不同程度地影响全部电催化反应过程。

电催化反应效率的核心因素。因此，电催化研究的核心任务是电催化剂的设计和合成。对于特定的电化学反应，一种适用的催化剂不仅应具有优良的催化活性、反应选择性、使用稳定性和耐久性，还应兼具价格低廉、易于制备等优点。

4.2 电化学催化反应的研究方法

近几十年，科学技术迅猛发展，为电催化反应的研究创造了有利条件，研究方法也越来越丰富。表 4.2 列出了电化学催化反应的主要研究方法。需要注意的是，每一种研究方法和技术都有其适用的边界。在实际应用过程中，对于不同的电催化体系、不同的研究目的，在研究方法和研究手段的选择上也不尽相同。表 4.2 中所列的各种研究方法、原理和应用的内容，可参考本书相关章节及相关书籍，这里不再赘述。

表 4.2 电化学催化反应的主要研究方法

研究目的	研究方法
电催化剂的结构表征	傅里叶变换红外光谱(FTIR)
	紫外-可见(UV-vis)分光光谱
	拉曼(Raman)光谱
	X 射线衍射(XRD)
	扫描电子显微镜(SEM)
	透射电子显微镜(TEM)
	高分辨透射电子显微镜(HRTEM)
	原子力显微镜(AFM)
	电感耦合等离子体-原子发射光谱法(ICP-AES)
	X 射线光电子能谱(XPS)
	紫外光电子能谱(UPS)
	同步辐射技术
电催化性能研究	循环伏安法(CV)
	稳态极化曲线法
	恒电位阶跃技术——计时电流法(CA)
	恒电流阶跃技术——计时电位法(CP)
	流体动力学方法
	电化学阻抗谱(EIS)
构效关系的电化学现场研究	原位红外电化学池技术
	原位拉曼光谱电化学池技术
	原位紫外光谱电化学池技术
	扫描电化学显微术(SECM)
理论计算	密度泛函理论(DFT)

4.3　水裂解反应

长久以来，人们对氢的关注源于其利用形式多样，既可替代煤和石油直接作为燃料，也可用作化工生产的原料。作为一种优质燃料，氢能具有清洁、可再生、能量密度高、储量丰富等优点。与太阳能、核能和海洋能等新型能源不同的是，氢可以直接燃烧，而且燃烧热值高，约是石油的 3 倍[2]。然而氢的制备、储存和运输通常比较困难。随着科学技术进步，利用水、甲醇、汽油、天然气、煤等的制氢技术都已实现工业应用。此外，现代化学工业中，氯碱生产过程中阴极上发生的就是氢还原过程，很多有机物阴极还原过程中也伴随着氢的还原。因此，还可以对这些过程中产生的氢气进行综合利用。

在上述各种制氢技术中，水裂解制氢的原料易得，产物成分不复杂。目前，水裂解制氢技术主要有电解、光催化分解、直接热分解和热化学循环裂解等。其中，电解水的发展历史最长。1799 年，意大利物理学家伏打利用相间堆叠的银片和锌片制成了人类历史上第一个伏打电堆。1800 年，尼克松（Nichoson）和卡莱尔（Carlisle）利用伏打电堆成功实现了水的电解。时至今日，对水裂解析氢和析氧反应的探索依然是电催化研究领域的热点[3-5]。

电解池中水的裂解反应由两个半反应组成，分别是阴极上氢的还原反应［也称为析氢反应（hydrogen evolution reaction，HER）］和阳极上氧的氧化反应［也称为析氧反应（oxygen evolution reaction，OER）］。在标准条件下，HER 和 OER 的电极电势分别为 0 V 和 1.229 V，因此电解水的理论分解电压为 1.229 V。在实际电解过程中，水裂解反应的分解电压与电解液的 pH 有关。而且，因为阴极过电位、阳极过电位、电解槽电阻所致的电压降等，输入的电压远高于 1.229 V，因此降低了电解水的效率，也消耗了过多的电能。目前，主要通过设计合适的电催化剂、优化电极的结构、改变电解质溶液组成等方法提高水裂解效率并降低能耗。

4.3.1　析氢反应步骤

电解池中电解液的酸、碱度不同，阴极发生的 HER 过程也不同[6,7]。在酸性电解液中，HER 可能的电荷转移步骤如下：

酸性电解液　　Volmer 反应　　　　　　　$H^+ + e^- \longrightarrow H^*$

Heyrovsky 反应　　　$H^+ + e^- + H^* \longrightarrow H_2$

Tafel 反应　　　　$H^* + H^* \longrightarrow H_2$

反应开始时，大量的氢离子 H^+ 得电子后形成吸附态氢原子 H^*，此反应称为 Volmer 反应。通过 Volmer 反应生成的 H^* 随后可能发生两种反应：①与溶液中的 H^+ 结合，并再次获得 1 个电子，生成氢气 H_2，此反应称为 Heyrovsky 反应；②两个 H^* 直接复合生成 H_2，此反应称为 Tafel 反应。

与酸性溶液不同，在碱性电解液中，HER 可能的电荷转移步骤如下：

碱性电解液　　Volmer 反应　　　　　$H_2O + e^- \longrightarrow H^* + OH^-$

Heyrovsky 反应　　$H_2O + e^- + H^* \longrightarrow H_2 + OH^-$

Tafel 反应　　　　　$2H^* \longrightarrow H_2$

首先是 H_2O 结合一个电子生成 H^* 和氢氧根离子 OH^-（Volmer 反应）。通过碱性电解液中 Volmer 反应生成的 H^* 随后可能发生两种反应：① 与 H_2O 结合，并再次获得 1 个电子，生成 H_2 和 OH^-，此反应也称为 Heyrovsky 反应；② 两个 H^* 直接生成 H_2，也称为 Tafel 反应。

无论是在酸性还是碱性电解液中，阴极发生的 HER 机理都可归纳为两种：Volmer-Heyrovsky 反应机理或 Volmer-Tafel 反应机理。实际反应过程中，由于电极材料及电解液的物理化学性质不同，反应机理会更加复杂。

在实际 HER 过程中，除上述电极表面发生的催化反应外，还包括产物的脱附及扩散步骤。因此，在一定条件下，电极对反应物和产物的吸附能力会对 HER 的效率产生重要影响。当电极表面对氢的吸附能力较弱时，会由于吸附速率低而降低 HER 总反应的速率，从而影响析氢效率。若电极表面对氢的吸附能力较强，则会导致后续步骤的反应活化能增加，也不利于提高总反应的速率。因此，电极表面分子 M 与 H 之间的 M—H 键能以适中为宜，从而达到最佳催化活性。Norskov 曾利用密度泛函理论计算出氢在不同过渡金属上的吸附自由能，并以 HER 交换电流密度对所计算出的吸附自由能作图[8]，绘制出一个"火山型"曲线。图 4.1 展示了 HER 交换电流密度与 M—H 键能之间的关系[9]。如果处于火山左侧的 M—H 键能较小，则 Volmer 反应是 HER 总反应的速控步骤，即表 4.1 中的第 2 阶段。如果处于火山右侧的 M—H 键能较大，则速控步骤是表 4.1 所列的第 5 阶段，即产物从电极表面的脱附。铂、钯等贵金属处于火山顶端，是理想的 HER 电催化剂，可以最大限度地降低 HER 过电位。对催化剂尺寸和形状调整、与其他金属合金化、与其他有机或无机材料复合等方法也有助于增大材料的比表面积并减少贵金属的用量。而且复合材料之间的协同效应及电子诱导作用有可能使复合催化剂表现出比单一金属更优异的催化性能[10]。

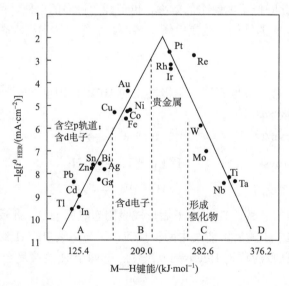

图 4.1　阴极析氢反应的交换电流密度 i^0_{HER} 与金属—氢（M—H）键能之间的关系[9]

值得注意的是，M—H 键能与电催化材料的本征特性密切相关。然而，在实际用于催化 HER 时，电催化剂的活性还受到诸多因素的影响，如晶体结构、粒度、结晶度、表面粗糙度、催化剂载体材料的物理化学性能等。

4.3.2 析氢反应极化曲线

极化曲线是评价 HER 电催化剂性能的基本方法之一，可通过静态的恒电位法、恒电流法，或动态的电位扫描法、电流扫描法测定电化学反应处于稳态时的极化曲线。采用静态法时，通过逐点控制电极电势(或电流)，测定电极反应达稳态时一系列对应的电流(或电极电势)，从而得到极化曲线。采用动态法时，通过控制电极电势(或电流)进行线性变化，同时测试相应的电流(或电极电势)变化，从而得到极化曲线。动态法测定过程中应注意扫描速率的选取。只有足够低的扫描速率才能保证电极在一定电位或电流下有足够的时间建立稳态，进而得到稳态极化曲线，这时稳态极化曲线与扫描速率的快慢无关。建立稳态所需时间是由 HER 系统的综合性能决定的，对于不同的系统，测试稳态极化曲线需要的扫描速率不同。扫描速率过快，会导致电极无法在短时间内建立新的电位或电流条件下的稳态，测试得到的是非稳态极化曲线，扫描速率不同时，得到的非稳态极化曲线不同。

图 4.2(a)是采用动态的电位扫描法，在 5.0 mV·s^{-1}扫速下测定的平滑铂片在 0.5 mol·L^{-1}硫酸水溶液中的 HER 处于稳态时的线性扫描伏安曲线。在此曲线上可以直接获得所研究条件下 HER 的起始电势和过电位。实际测量时，通常将 1.0 mA·cm^{-2}电流密度对应的电极电势作为起始电势，将 10.0 mA·cm^{-2}电流密度对应的电势作为过电位。因为氢的标准电极电势为 0 V，因此图中所示的 η 近似等于该实验条件下的 HER 过电位[10]。图 4.2(b)就是根据上述测试结果得到的稳态极化曲线。

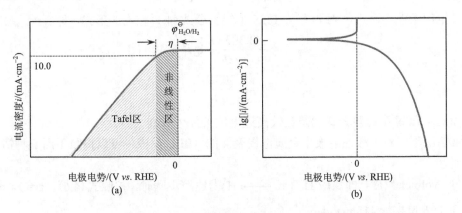

图 4.2 平滑铂片在 0.5 mol·L^{-1}硫酸水溶液中的 HER 线性扫描伏安曲线(a)
和稳态极化曲线(b)

4.3.3 析氢反应 Tafel 斜率的测算

1905 年，Tafel 在总结大量实验数据的基础上，得出过电位 η 随电流密度 i 对数变化的半经验关系式，即在一定电流密度范围内，η 与 i 之间满足式(4.1)所示关系，该式就是著名的 Tafel 公式。

$$\eta = a + b\lg i \tag{4.1}$$

式中，a 和 b 均为常数。a 代表电流密度 $i = 1.0$ A·cm^{-2}时电极的过电位，a 值大小与电极材料、电极表面状态、溶液组成和温度等因素有关，部分反映出电极反应不可逆程度的大小。a 值越大，在所给定电流密度下 HER 的过电位也越高，与可逆电极电势的偏差也越大。对于铂、钯、铑等具有较低析氢过电位的金属，其 a 值为 0.1～0.3 V；对于金、钨、铜、铁、钴、镍等具有中等析氢过电位的金属，其 a 值为 0.5～0.7 V；处于图 4.1 所示"火山型"曲线下半部分的金属多为具有高析氢过电位的金属，其 a 值为 1.0～1.5 V。b 为此线性方程式的斜率，电极性质等因素对 b 值有一定影响，但主要还是与反应机理相关。

　　Tafel 公式与 Butler-Volmer 电荷转移过程动力学方程在一定条件下的简化形式一致。根据 Butler-Volmer 方程，对于阴极上发生的析氢反应，电流密度 i_c 与过电位 η_c 的关系如式(4.2)所示：

$$i_c = i^0 \left\{ \exp\left(\frac{\alpha zF}{RT} \eta_c \right) - \exp\left[-\frac{(1-\alpha)zF}{RT} \eta_c \right] \right\} \tag{4.2}$$

式中，i^0 为交换电流密度；对于多数金属电极上所发生的析氢反应，$\alpha \approx 0.5$。当 $\eta_c \gg \dfrac{F}{RT}$ 时，式(4.2)可简化为式(4.3)：

$$i_c = i^0 \exp\left(\frac{\alpha zF}{RT} \eta_c \right) \tag{4.3}$$

式(4.3)简单变换后可得式(4.4)：

$$\eta_c = -\frac{2.303RT}{\alpha zF} \lg i^0 + \frac{2.303RT}{\alpha zF} \lg i_c \tag{4.4}$$

在较高过电位条件下，式(4.4)具有与 Tafel 半经验公式(4.1)相同的形式，即

$$a = -\frac{2.303RT}{\alpha zF} \lg i^0 \tag{4.5}$$

$$b = \frac{2.303RT}{\alpha zF} \tag{4.6}$$

　　实际上，Tafel 半经验公式也是在较高过电位条件下成立。

　　通常情况下，对于酸性溶液中金属电极表面的 HER 反应，可以按照下面三种情况分别估算 b 值。

　　(1) 当 Volmer 反应，即反应 $H^+ + e^- \longrightarrow H^*$ 为速控步骤时，按照式(4.6)，$z = 1$，$\alpha \approx 0.5$，则 25℃下的 b 值接近 118 mV·dec^{-1}。

　　(2) 当 Heyrovsky 反应，即反应 $H^+ + e^- + H^* \longrightarrow H_2$ 为速控步骤时，此基元反应的 $z = 1$，为二级反应，代表反应速率的 i_c 与电极反应区 H^+ 浓度 c_{H^+} 及电极表面吸附态 H^* 的覆盖度 θ_{H^*} 均成正比。若 $\theta_{H^*}^0$ 和 $F\eta_c$ 分别代表电极表面吸附平衡时的 H^* 覆盖度和 H^* 电化学吸附的活化能，根据麦克斯韦-玻耳兹曼(Maxwell-Boltzmann)统计分布规律，它们之间的关系满足下式：

$$\theta_{H^*} = \theta_{H^*}^0 \exp\left(\frac{F\eta_c}{RT} \right) \tag{4.7}$$

因此，根据式(4.3)和式(4.7)，并借助吸附过程的阿伦尼乌斯方程[11]，反应的速率可以表示为

$$i_c = 2Fk_{\text{Heyrovsky}}c_{\text{H}^*}\theta_{\text{H}^*}\exp\left(\frac{\alpha zF}{RT}\eta_c\right)$$

$$= 2Fk_{\text{Heyrovsky}}c_{\text{H}^*}\theta_{\text{H}^*}^0\exp\left[\frac{(1+\alpha)F}{RT}\eta_c\right] \tag{4.8}$$

$$= i^0\exp\left[\frac{(1+\alpha)F}{RT}\eta_c\right]$$

简单变换后可得

$$\eta_c = -\frac{2.303RT}{(1+\alpha)F}\lg i^0 + \frac{2.303RT}{(1+\alpha)F}\lg i_c \tag{4.9}$$

在此条件下，$\dfrac{2.303RT}{(1+\alpha)F}=b$。当 $\alpha \approx 0.5$ 时，25℃ 下的 b 值接近 39 mV·dec^{-1}。

(3) 当 Tafel 反应，即反应 $\text{H}^* + \text{H}^* \longrightarrow \text{H}_2$ 为速控步骤时，此基元反应为二级反应，代表反应速率的 i_c 与电极表面吸附态 H^* 的覆盖度 θ_{H^*} 的平方成正比，则反应的速率可以表示为

$$i_c = 2Fk_{\text{Tafel}}\theta_{\text{H}^*}^2 = 2Fk_{\text{Tafel}}\exp\left(\frac{2F}{RT}\eta_c\right) = i^0\exp\left(\frac{2F}{RT}\eta_c\right) \tag{4.10}$$

简单变换后可得

$$\eta_c = -\frac{2.303RT}{2F}\lg i^0 + \frac{2.303RT}{2F}\lg i_c \tag{4.11}$$

在此条件下，$\dfrac{2.303RT}{2F}=b$。当 $\alpha \approx 0.5$ 时，25℃ 下的 b 值接近 29.5 mV·dec^{-1}。

通过上述方法可以预估 b 值。反之，可以通过实验测得的 b 值推测反应机理。例如，对于表面平滑的铂电极，在酸性溶液中的实验结果表明，在低过电位下，在快速的初始放电步骤之后，由 Tafel 反应决定反应速率。在这个电位范围内，Tafel 斜率约为 29 mV·dec^{-1}。随着过电位的增加，电极表面对氢原子的吸附接近饱和，导致原子-原子重组加速，因此 Volmer 反应变成了速控步骤，Tafel 斜率约为 118 mV·dec^{-1}。

需要注意的是，η 不仅包含上述由于电化学极化产生的过电位，还包括浓差极化及电荷传递电阻产生的过电位。从实验和理论上都可以证明，当电流密度极低时，Butler-Volmer 公式不能简化，η 与 i 对数不呈线性关系，如图 4.2(a) 所示。当电流密度过大时，浓差极化不可忽略，Butler-Volmer 公式和 Tafel 半经验公式均不成立。所以，在研究 HER 时，应考虑电流密度的数值范围，同时在实验中应采取必要措施减轻浓差极化等问题。

4.3.4　析氢反应催化剂

铂及铂系金属是 HER 理想的电催化剂，在较低的 pH 下，可以最大限度地降低析氢过电位。然而，价格、储量、对 pH 的依赖等问题限制了这类催化剂的大规模应用[12]。因此，科研人员利用多种方法(如设计合成单晶催化剂、单原子催化剂、与其他金属合金化、与有机或无机非金属材料复合)制备了种类丰富的 HER 电催化剂[13-15]。结果表明，通过多组分之间的协同效应、不同原子间的电子诱导作用、材料微观形貌和粒度的调控等，不仅可以显著提升电催化效率，还有助于减少贵金属用量。

对 Pt 催化剂的研究表明，尽管在酸性和碱性溶液中 HER 速率相差较大，但均与 Pt 表面晶面取向有关，且催化活性按照 Pt(110)>Pt(100)>Pt(111) 的顺序依次递减[16,17]。用 Ag 和 Au 作电催化剂时，HER 的速率同样与金属表层晶面取向有关。例如，对于酸性溶液中的 Volmer 反应，Ag(111) 和 Ag(110) 的电催化行为不同。Ag(111) 催化 HER 时，Tafel 线的线性关系良好，但对温度的依赖关系偏离 Butler-Volmer 电荷转移过程动力学方程。Ag(110) 催化 HER 时则偏离 Tafel 方程所示的线性关系，且催化反应速率低于 Ag(111)，如图 4.3 所示[18,19]。而在酸性溶液中，以 Au 作电催化剂时，HER 的速率按照 Au(111)> Au(100)> Au(110) 的顺序依次递减[20]。众多研究表明，对金属单晶催化剂的研究有助于了解 HER 机理，并帮助人们设计更高效的电催化材料。

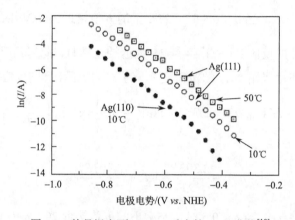

图 4.3　单晶银表面 Volmer 反应的 Tafel 曲线[19]

　　然而，由于多晶催化剂具有更大的比表面积，因而具有更多的活性位点，所以在实际应用中多晶催化剂比单晶催化剂具有更广泛的前景。而且，随着对催化材料研究的深入及表征技术的发展，人们发现表面层上有不饱和价态的金属原子通常是 HER 的高活性位点。通过控制催化剂的微观尺寸、形貌、晶面可以调控催化剂表面原子的分布和结构，从而提高催化性能，所以对催化材料的结构设计也逐步由宏观转向微观。当催化材料的微观尺度逐渐降低，由宏观的单晶块体和多晶粉体材料逐步降低到纳米晶、原子团簇、单原子时，粒子的表面自由能显著提高[21]，其能级结构和电子结构会发生根本变化(图 4.4)。这种独特的结构特点

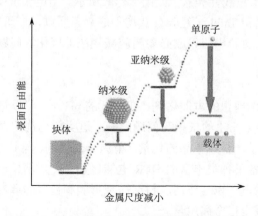

图 4.4　金属表面自由能随金属粒径的变化[21]

使纳米催化剂以及单原子催化剂表现出不同于传统块体催化剂的活性、选择性和稳定性。2011年，Liu、Li 和 Zhang 等共同提出了单原子催化剂的概念[22]。单原子催化剂是指催化剂中所有金属组分均以单原子形式分散存在于载体上，金属原子之间不存在金属键[21]。单原子催化剂这种特殊的结构使其呈现出优异的催化性能，同时也提高了催化剂的利用率并降低了成本。

4.3.5　析氧反应

析氧反应(OER)是水裂解过程中在阳极上发生的氧的氧化反应。酸性溶液中的 OER 方程式如下：

酸性电解液　　　　　　$2H_2O \longrightarrow 4H^+ + O_2 + 4e^-$,　　$\varphi^{\ominus}_{O_2/H_2O} = 1.229 \text{ V}$

溶液的 pH 不同，OER 的电极电势也不同。根据能斯特方程，上面反应式中 O_2/H_2O 电对的电极电势可以用式(4.12)表示。假设氧气分压 $p_{O_2} = p^{\ominus}$，则 25℃下的 φ_{O_2/H_2O} 与 pH 的关系可以用式(4.13)表示。

$$\varphi_{O_2/H_2O} = \varphi^{\ominus}_{O_2/H_2O} + \frac{2.303RT}{4F} \lg(a^4_{H^+} \times p_{O_2}/p^{\ominus}) \tag{4.12}$$

$$\varphi_{O_2/H_2O} = 1.229 - 0.059\text{pH} \tag{4.13}$$

与酸性溶液相比，碱性溶液中的 OER 机理不同，对应的氧化还原电对为 O_2/OH^-，OER 按如下方式进行：

碱性电解液　　　　　　$4OH^- \longrightarrow 2H_2O + O_2 + 4e^-$,　　$\varphi^{\ominus}_{O_2/OH^-} = 0.403 \text{ V}$

OER 的电极电势依然受溶液 pH 影响。当 $p_{O_2} = p^{\ominus}$ 时，25℃下的 φ_{O_2/OH^-} 与 pH 关系可以按照式(4.14)表示的过程推导。

$$\begin{aligned} \varphi_{O_2/OH^-} &= \varphi^{\ominus}_{O_2/OH^-} + \frac{2.303RT}{4F} \lg \frac{p_{O_2}/p^{\ominus}}{a^4_{OH^-}} \\ &= 0.403 + 0.059(14 - \text{pH}) \\ &= 1.229 - 0.059\text{pH} \end{aligned} \tag{4.14}$$

比较式(4.13)和式(4.14)可知，无论是在酸性还是碱性溶液中，虽然反应机制不同，但 OER 电极电势与溶液 pH 之间的关系是一定的。溶液 pH 每增加一个单位，OER 的理论电极电势降低约 59 mV。而且，由于碱性电解质溶液具有较高的 pH，所以比较而言，更有利于降低 OER 过电位。

水裂解反应中的 OER 是一个动力学迟缓过程，且需要较高的过电位才能发生反应。因此，人们一直致力于寻找和设计高性能电催化剂以降低过电位并改善氧气的溢出效率。金属或合金、氧化物或氢氧化物、杂化材料、复合材料等均被纳入了 OER 电催化剂的研究范畴[23-25]。这同时也促进了对 OER 机理的探索。研究表明，理想的电催化 OER 材料应具有良好的导电性、丰富的表面反应活性位点以及强度适中的表面吸附能。不同于 HER 的 2 电子过程，OER 是一个 4 电子过程，电催化材料良好的导电能力显然有利于电子的快速传输。此外，OER 过程是一个典型的表面催化反应过程，电催化材料表面吸附其他物种的能力对反应过程动力学性质有重要影响。若吸附能过高，表面被吸附物种不易脱附，大量被占据的表面活性位点不能被及时、有效地释放，将会导致催化能力急剧降低。反之，若吸附能过低，反应物分子与催化剂分子之间的电荷传输通道不稳定，也会导致催化效率低。如前所述，电催化材料的性能会受到电解质溶液酸碱度的影响，碱性电解液更有利于 OER。因此，过渡金属及其合金、氧化物、氢氧化物等在碱性溶液中呈现良好稳定性的材料被广泛用于相关研究[26]。此外，人们也致力于设计和制造在全 pH 范围均适用的 OER 电催化材料。

4.4 甲醇的电催化氧化

4.4.1 甲醇电催化氧化机理

在电解液中，利用电催化作用可以使甲醇在阳极发生如下氧化反应并最终生成 CO_2。

$$CH_3OH + H_2O \longrightarrow CO_2 + 6H^+ + 6e^-$$

阳极上甲醇的氧化反应(methanol oxidation reaction, MOR)是个 6 电子过程，主要的中间体包括 CO、HCOOH、HCHO 等[27,28]。出现不同的中间体，意味着反应途径不同，如图 4.5 所示。在同一个电化学系统中，MOR 可以同时经由不同的途径完成，每种途径又分为多个反应步骤。

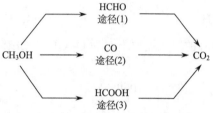

图 4.5 酸性电解质溶液中甲醇
阳极氧化的主要途径

值得注意的是，图 4.5 中经由途径(2)的反应中间体为羰基或类羰基物种，它们通常会在一些电催化剂表面产生强吸附并形成吸附态物种(这里统一简写为 CO_{ads})。只有在较高电位下 CO_{ads} 才能氧化为终产物 CO_2，因此 CO_{ads} 通常称为催化剂毒物，经由 CO_{ads} 的甲醇氧化途径也常称为毒化途径。

例如，Pt 电催化 MOR 可以同时经由多个途径[29]，其中之一就是毒化途径。在毒化途径中产生的中间体 CO_{ads} 会强烈吸附在 Pt 表面，并占据大量的反应活性位点。随着反应的进行，越来越多的活性位点被占据，会导致 Pt 的催化能力迅速降低甚至完全失活。此途径可能的反应机理为

$$CH_3OH + Pt \longrightarrow Pt\text{-}CH_2OH + H^+ + e^-$$

$$Pt\text{-}CH_2OH + Pt \longrightarrow Pt_2\text{-}CHOH + H^+ + e^-$$

$$Pt_2\text{-}CHOH + Pt \longrightarrow Pt_3\text{-}COH + H^+ + e^-$$

$$Pt_3\text{-}COH \longrightarrow 2Pt + Pt\text{-}CO + H^+ + e^-$$

在实际应用过程中，除催化剂中毒外，电催化 MOR 也存在阳极氧化过程动力学迟缓以及催化剂的稳定性、效价关系等问题。同时，由于 MOR 也是一种发生在电极和溶液间的界面反应，电催化剂的表面结构对反应机制也有一定程度的影响，因此对 MOR 的电催化机理还需进一步探索。深入了解催化剂的电子态、晶体参数、表面形貌与催化活性之间的精确关系，将有利于设计制备更高效的催化剂[30]。

4.4.2 甲醇氧化反应的电催化剂

贵金属(如铂、钯、金等)在电催化 MOR 中得到了广泛的应用。其中，铂及铂基材料仍

然是目前研究最多、应用最广的 MOR 电催化剂[31]。Pt 对甲醇杰出的电催化活性源于其独特的价层电子结构 (Xe [5d⁹6s¹])，该结构使反应过程中的 Pt 可能得到，也可能失去电子，并伴随配体 (如甲醇分子或各种中间体) 的吸附或脱附，因此 Pt 与配体间的相互作用属于温和的多相催化反应。此外 Pt 在酸中有较高的耐腐蚀性，并且其自身的化学稳定性良好。但是，高昂的使用成本以及中间体 CO_{ads} 对 Pt 的毒化作用严重制约了铂及铂基材料在 MOR 电催化领域的更广泛应用。为了提高催化活性、降低贵金属负载量，研究人员在催化剂的粒度、形状及表面结构等方面进行了大量研究。例如，制备纳米尺度的金属颗粒乃至单原子催化剂以提高原子利用率，与其他金属合金化以减少 Pt 的载量并提高抗毒化能力，与比表面积较大的修饰物或载体复合以增加粒子稳定性和分散性等[32-34]。

PtRu 合金被认为是 MOR 最有效的合金型电催化剂之一。Ru 的加入，不仅可以降低铂表面 CO_{ads} 的氧化电位，而且 Ru 在较低的电位下就能提供 OH^- 物种，促进 Pt 活性位点上 CO_{ads} 的氧化，从而显著提高催化性能和稳定性。研究表明，当 Pt 与 Ru 的原子比为 1∶1 时，PtRu 可以最大限度地降低 MOR 电位[35]。但是，铂和钌不同的表面能所引起的偏析效应使 PtRu 合金中两者的原子比通常很难精确控制。此外，在电催化 MOR 的过程中，Ru 的降解易导致 PtRu 催化剂表面组成发生变化，因此仍需探索能精确控制并有效保持合金表面原子比的方法。

对催化剂进行物理或化学修饰已成为现代电化学领域的重要研究方向。物理修饰主要是指将修饰材料与催化剂的共混物制成自支撑电极，或将修饰材料涂覆在电极基质表面，以制备用于催化特定电极反应的催化剂。化学修饰是指利用修饰材料和电极之间产生化学相互作用，实现对催化电极的修饰。化学修饰方法较多，包括化学键合型、吸附型、聚合物型等。其中，聚合物型修饰是利用聚合物的不溶性和高附着力将其结合到电催化剂表面。聚合物修饰电催化剂的制备方法还可分为两类，即先聚合后修饰和聚合-表面修饰同时进行。聚合-表面修饰同时进行的方法又包括原位化学聚合修饰法和高温热化学聚合法等。原位化学聚合修饰法中，有机单体在电催化剂表面原位聚合并生成电活性聚合物薄膜，可实现聚合和修饰同步完成。采用这种同步方法获得的电催化材料稳定性好、电催化剂分子不易扩散流失，且整个修饰过程可调可控[36,37]。

4.5　甲酸-甲酸盐的电催化氧化

直接甲酸燃料电池 (direct formic acid fuel cell, DFAFC) 是以甲酸-甲酸盐为燃料的一类质子交换膜燃料电池。近年来，对直接甲酸燃料电池的研究引起人们的广泛关注，一方面是由于甲酸在室温条件下是一种以液态存在的无污染的环境友好物质，具有不易燃、易储存、方便运输、低温性能好、比功率高等优点。而且甲酸根与 Nafion 膜中的磺酸根相互排斥，极大地阻止了甲酸根透过 Nafion 膜到达阴极，因而在阳极可以使用浓度较高的甲酸或甲酸盐，从而弥补其能量密度偏低的问题。另一方面，甲酸根也是甲醇氧化过程中的重要反应中间体，对甲酸根阳极氧化反应速率的研究有利于提高前述甲醇电化学氧化反应的效率。

甲酸为弱电解质，由于水解作用的存在，水溶液中的甲酸和甲酸根离子共存。虽然两者在一定电位范围内都会在阳极发生氧化反应，但溶液酸度不同时，氧化反应的优势物种不同。在强酸性或中等强度的酸性溶液中，甲酸的浓度优势更大，以这种电解液为基础构建的电池就是通常所说的直接甲酸燃料电池；而在近中性和弱碱性溶液中，甲酸盐的浓度优势更大，以这种电解液为基础构建的燃料电池常称为直接甲酸盐燃料电池（direct formate fuel cell，DFFC）。

4.5.1　甲酸阳极氧化机理

自 1964 年人们就开始了对甲酸电催化氧化机理的研究。在酸性电解液中，目前被广泛接受的甲酸氧化机理称为双途径机理，即甲酸的阳极氧化过程可经过两个平行的途径完成：直接途径和间接途径[38,39]。近年的研究表明，甲酸的氧化还存在第三途径，即甲酸根氧化途径[40,41]。甲酸电催化氧化的三种可能途径如图 4.6 所示。

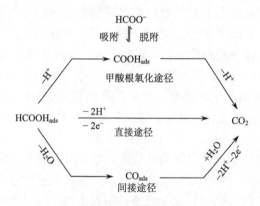

图 4.6　甲酸电催化氧化的三种可能途径

1. 直接途径

甲酸（HCOOH）在催化剂电极上的直接反应途径为 HCOOH 先失去一个 H^+ 和一个电子，产生吸附态的 $COOH_{ads}$：

$$HCOOH \longrightarrow COOH_{ads} + H^+ + e^-$$

所形成的 $COOH_{ads}$ 在电催化剂表面的吸附能力通常较弱，并会迅速氧化为 CO_2 并继续失去一个 H^+。

$$COOH_{ads} \longrightarrow CO_2 + H^+ + e^-$$

经由直接途径的 HCOOH 氧化可以在较低电位下发生，因此是人们所期望的氧化途径，通常称为脱氢途径。

2. 间接途径

在对 HCOOH 机理的研究过程中，人们利用傅里叶变换红外光谱法发现了羰基或类羰基中间体（通常表示为 CO_{ads}）的存在，并提出了 HCOOH 氧化的间接途径[42]：

$$HCOOH \longrightarrow CO_{ads} + H_2O$$

$$CO_{ads} + H_2O \longrightarrow CO_2 + 2H^+ + 2e^-$$

上述间接途径又称脱水途径，即 HCOOH 首先脱去一个水分子形成吸附态中间体 CO_{ads}[43,44]，CO_{ads} 可以在较高的电位下进一步氧化为 CO_2。在贵金属催化剂(如 Pt 或 Pd)表面，这类吸附态中间体 CO_{ads} 通常有较强的吸附能力。在反应过程中，它们会占据大量的催化剂活性位点并导致催化剂活性降低甚至失活，催化剂的中毒现象不能忽视。因此，在 DFAFC 的工作过程中应尽可能避免 HCOOH 沿间接途径氧化。

3. 甲酸根氧化途径

近年的研究表明，HCOOH 电催化氧化过程中存在的中间体还包括吸附态 $HCOO_{ads}$，从而提出了 HCOOH 氧化的第三途径，称为甲酸根氧化途径，如下所示：

$$HCOOH \longrightarrow HCOOH_{ads}$$

$$HCOOH_{ads} \longrightarrow HCOO_{ads} + H^+ + e^-$$

$$HCOO_{ads} \longrightarrow CO_2 + H^+ + e^-$$

当以 Pt 为催化剂时，HCOOH 的电化学催化氧化基本按照上述三个途径发生。此外，选用不同的电催化剂，HCOOH 氧化机理会有差异。

4.5.2 甲酸根阳极氧化机理

过去数十年，人们对甲酸在酸性介质中的电催化氧化进行了广泛研究[45]，而对甲酸盐在碱性介质中的电催化氧化的研究多集中在 Pt、Pd 等贵金属的催化性能方面[46,47]。事实上，在碱性介质中，甲酸盐的浓度优势十分明显，阳极的氧化主要是甲酸根($HCOO^-$)的氧化。碱性溶液中 $HCOO^-$ 的氧化过程中很少涉及毒性中间体的生成，即使涉及这类中间体的生成，也并非主要途径。例如，在碱性溶液中，当以 Pt 为催化剂时，甲酸盐的氧化也遵循包含直接和间接两个途径的双途径机理[48]。无论氧化过程遵循哪种途径，首先发生的是 $HCOO^-$ 在铂电极表面的吸附：

$$Pt + HCOO^- \longrightarrow Pt\text{-}HCOO^-$$

吸附在 Pt 表面的 $HCOO^-$ 可分别按照直接和间接两种不同的途径发生反应。经由直接途径发生的反应为[41]

$$Pt\text{-}HCOO^- \longrightarrow CO_2 + H^+ + 2e^- + Pt$$

经由间接途径发生的反应为

$$Pt\text{-}HCOO^- \longrightarrow Pt\text{-}CO + OH^-$$

$$Pt\text{-}CO + 2OH^- \longrightarrow CO_2 + H_2O + 2e^- + Pt$$

其中，直接途径是碱性溶液中 $HCOO^-$ 的主要氧化途径，而经由间接途径引起的催化剂中毒现象并不显著[49]。

与 Pt 相比，Pd 对甲酸盐氧化的电催化稳定性更好，过程中不生成羰基或类羰基毒物，其可能的氧化机理如下[49,50]：

$$2Pd + HCOO^- \longrightarrow Pd\text{-}H + Pd\text{-}COO^-$$

$$Pd\text{-}H + OH^- \longrightarrow H_2O + e^- + Pd$$

$$Pd\text{-}COO^- \longrightarrow CO_2 + e^- + Pd$$

在弱酸性和中性电解液中，始于 HCOOH 和 HCOO$^-$ 的氧化同时存在。然而，与 HCOOH 相比，溶液中 HCOO$^-$ 的浓度优势明显，因此 HCOO$^-$ 的氧化对阳极过程的影响至关重要。

4.5.3　甲酸–甲酸盐氧化反应的电催化剂

目前，甲酸–甲酸盐氧化反应（以下统称为 FOR）过程中使用的主催化剂仍是 Pt 和 Pd。两者的结构相似、化学性质相近。与 Pt 相比，Pd 在储量和成本方面具有一定的优势，而且 Pd 催化的甲酸–甲酸盐电化学氧化主要按直接途径进行，没有毒性中间体 CO$_{ads}$ 生成，催化活性高于 Pt 基材料[51]。缺点是 Pd 基催化剂本身易被氧化，并容易受电解液中阴离子的影响[52]。随着使用时间的延长，Pd 的催化活性会快速衰减，因此催化 FOR 的终端活性往往很低[53]。有研究认为这与 Pd 的氧化流失和未知毒物在 Pd 表面聚集有关[54]。同时 Pd 还会催化甲酸–甲酸盐的自分解反应。而 Pt 在酸性溶液中稳定性较好，但更倾向于催化 FOR 按照间接途径氧化，容易出现催化剂中毒现象[55,56]。因此，电催化 FOR 时，Pt 基材料的催化活性及 Pd 基材料的稳定性都有较大的改善空间。

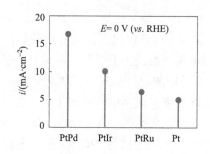

图 4.7　铂基催化剂在 0.1 mol·L^{-1} 甲酸铵水溶液中 0 V 电位下的电流密度[57]

催化剂性能的优化方法较多，除了对材料表面结构进行调整外，还包括与其他金属、金属氧化物、非金属材料复合等。复合后的两种或多种材料之间的协同作用可以改变 Pt、Pd 等催化剂表面的电子分布密度，从而提升电荷迁移效率。例如，Pt 与 Pd、Ir、Ru 等金属合金化后对甲酸铵电催化氧化的电流密度均有不同程度的提升，如图 4.7 所示[57]。而在 Pd-Cu 合金中，Cu 对 Pd 的电子诱导效应使 Pd 的表面电荷向 Cu 转移，从而改善了甲酸盐在碱性介质中的氧化动力学性质[58]。

导电聚合物的修饰也能显著改善 Pt 等贵金属对 FOR 的电催化性能。导电聚合物主链结构中庞大的 π 电子共轭体系以及侧链官能团强的吸、供电子效应，使其易于与金属原子之间协同共建一个电荷传递通道，为电荷的传递提供低的欧姆电压降，促进了催化反应过程中的电子转移。这种协同作用还会影响到金属表面的电荷分布，从而降低了 CO 类中间体在催化剂表面的吸附能，加快了 CO$_{ads}$ 的氧化去除。同时，导电聚合物良好的稳定性及修饰作用，还能保护 Pt 催化位点，使毒化物种不易在活性位点大量吸附聚集，从而对金属的电催化活性及抗毒化性能产生重要影响[59]。进一步的研究表明，导电聚合物-Pt 复合催化剂对 FOR 的电化学催化行为与导电聚合物的种类、甲酸盐中阳离子的种类、溶液 pH、电解质溶液的性质等密切相关[41]。

例如，对甲酸钠（HCOONa）与 H$_2$SO$_4$ 混合溶液的研究表明，在 HCOONa 低浓度区，随着 HCOONa 的加入，溶液中 HCOOH 浓度迅速增加，pH 也随之增大，如图 4.8（a）所示[41]。当 HCOONa 浓度增加到约 0.8 mol·L^{-1} 时，HCOOH-HCOO$^-$ 共轭酸碱对的存在对溶液 pH 有缓冲作用，HCOONa 浓度继续增加对体系 pH 影响很小，也就是说溶液进入了 pH 缓冲区。此时溶液中的 HCOOH 浓度约为 0.2 mol·L^{-1}，而且几乎不再随着 HCOONa 浓度的增加而增大，如图 4.8(a) 和(b) 所示。若以导电聚苯胺(PANI)修饰光滑的铂片表面制成复合电催化剂 PANI/Pt，则不仅使 HCOOH-HCOO$^-$ 的氧化峰电流密度增加近十倍，而且还可以促使其按照由扩散速率控制的直接途径完成反应。在这个电催化过程中，氧化峰电流密度在低 pH 区间呈现出随溶液中 HCOO$^-$ 浓度增加而增大的趋势。在 pH 缓冲区，则由于溶液中越来越高的 HCOO$^-$ 浓度使电极过程逐渐脱离扩散控制区，从而导致阳极氧化峰电流密度经过一个平台区后开始逐渐下降[41,60]。

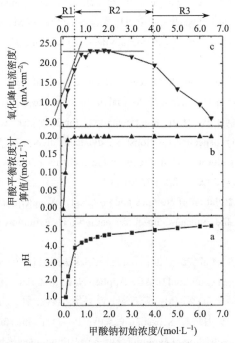

图 4.8　0.1 mol·L^{-1} H$_2$SO$_4$ 水溶液中 HCOONa 初始浓度对溶液 pH(a)、HCOOH 理论浓度(b) 及聚苯胺修饰 Pt 的阳极氧化电流密度(c)的影响[41]

对 PANI/Pt 中 Pt 的表面进行合金化处理也有助于改善电催化性能。有研究表明，当采用化学还原方法将 PtAg 合金纳米颗粒沉积在铂表面并用 PANI 进行修饰后(PANI@PtAg/Pt)，PtAg 粒子与 PANI 之间的电子协同作用使 PANI 的最高占有分子轨道(HOMO)能级和最低未占分子轨道(LUMO)能级分别有一定程度的提升和降低，导致 PANI 的能隙由 2.15 eV 减小到 2.02 eV，如图 4.9 所示[10]。从而使 PANI@PtAg/Pt 对 HCOOH-HCOO$^-$氧化的电化学催化活性显著增强。

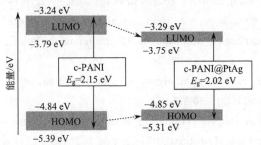

图 4.9　聚苯胺及聚苯胺修饰 PtAg 纳米合金的能带结构[10]

参 考 文 献

[1] 贾梦秋, 杨文胜. 应用电化学[M]. 北京: 高等教育出版社, 2004.

[2] Dunn S. Hydrogen futures: toward a sustainable energy system[J]. International Journal of Hydrogen Energy, 2002, 27(3): 235-264.

[3] Hu C, Zhang L, Gong J. Recent progress made in the mechanism comprehension and design of electrocatalysts for alkaline water splitting[J]. Energy & Environmental Science, 2019, 12(9): 2620-2645.

[4] Sultan S, Tiwari J N, Singh A N, et al. Single atoms and clusters based nanomaterials for hydrogen evolution, oxygen evolution reactions, and full water splitting[J]. Advanced Energy Materials, 2019, 9(22): 1900624.

[5] You B, Sun Y. Innovative strategies for electrocatalytic water splitting[J]. Accounts of Chemical Research, 2018, 51(7): 1571-1580.

[6] Murthy A P, Madhavan J, Murugan K. Recent advances in hydrogen evolution reaction catalysts on carbon/carbon-based supports in acid media[J]. Journal of Power Sources, 2018, 398: 9-26.

[7] Mahmood N, Yao Y, Zhang J W, et al. Electrocatalysts for hydrogen evolution in alkaline electrolytes: mechanisms, challenges, and prospective solutions[J]. Advanced Science, 2018, 5(2): 1700464.

[8] Norskov J K, Bligaard T, Logadottir A, et al. Trends in the exchange current for hydrogen evolution[J]. Journal of the Electrochemical Society, 2005, 152(3): 23-26.

[9] Conway B E, Jerkiewicz G. Relation of energies and coverages of underpotential and overpotential deposited H at Pt and other metals to the "volcano curve" for cathodic H_2 evolution kinetics[J]. Electrochimica Acta, 2000, 45(25-26): 4075-4083.

[10] Huang M, Zhang H Y, Yin S, et al. PtAg alloy nanoparticles embedded in polyaniline as electrocatalysts for formate oxidation and hydrogen evolution[J]. ACS Applied Nano Materials, 2020, 3(4): 3760-3766.

[11] 哈曼, 哈姆内特, 菲尔施蒂希. 电化学[M]. 陈艳霞, 夏兴华, 蔡俊, 译. 北京: 化学工业出版社, 2010.

[12] Ledezma-Yanez I, Wallace W D Z, Sebastián-Pascual P, et al. Interfacial water reorganization as a pH-dependent descriptor of the hydrogen evolution rate on platinum electrodes[J]. Nature Energy, 2017, 2(4): 17031.

[13] Eftekhari A. Electrocatalysts for hydrogen evolution reaction[J]. International Journal of Hydrogen Energy, 2017, 42(16): 11053-11077.

[14] Zheng Y, Jiao Y, Vasileff A, et al. The hydrogen evolution reaction in alkaline solution: from theory, single crystal models, to practical electrocatalysts[J]. Angewandte Chemie International Edition, 2018, 57(26): 7568-7579.

[15] Wang H F, Chen L, Pang H, et al. MOF-derived electrocatalysts for oxygen reduction, oxygen evolution and hydrogen evolution reactions[J]. Chemical Society Reviews, 2020, 49(5): 1414-1448.

[16] Marković N M, Grgur B N, Ross P N. Temperature-dependent hydrogen electrochemistry on platinum low-index single-crystal surfaces in acid solutions[J]. The Journal of Physical Chemistry B, 1997, 101(27): 5405-5413.

[17] Gutić S J, Dobrota A S, Fako E, et al. Hydrogen evolution reaction-from single crystal to single atom catalysts[J]. Catalysts, 2020, 10(3): 290-327.

[18] Bockris J O M, Ammar I A, Huq A K M S. The mechanism of the hydrogen evolution reaction on platinum, silver and tungsten surfaces in acid solutions[J]. The Journal of Physical Chemistry, 1957, 61(7): 879-886.

[19] Eberhardt D, Santos E, Schmickler W. Hydrogen evolution on silver single crystal electrodes: first results[J]. Journal of Electroanalytical Chemistry, 1999, 461(1/2): 76-79.

[20] Perez J, Gonzalez E R, Villullas H M. Hydrogen evolution reaction on gold single-crystal electrodes in acid solutions[J]. The Journal of Physical Chemistry B, 1998, 102(52): 10931-10935.

[21] Yang X F, Wang A, Qiao B, et al. Single-atom catalysts: a new frontier in heterogeneous catalysis[J]. Accounts of Chemical Research, 2013, 46(8): 1740-1748.

[22] Qiao B T, Wang A Q, Yang X F, et al. Single-atom catalysis of CO oxidation using Pt_1/FeO_x[J]. Nature Chemistry, 2011, 3(8): 634-641.

[23] Jamesh M I, Sun X M. Recent progress on earth abundant electrocatalysts for oxygen evolution reaction (OER) in alkaline medium to achieve efficient water splitting: A review[J]. Journal of Power Sources, 2018, 400: 31-68.

[24] Zhu K Y, Zhu X F, Yang W S. Application of in situ techniques for the characterization of NiFe-based oxygen evolution reaction (OER) electrocatalysts[J]. Angewandte Chemie International Edition, 2019, 58(5): 1252-1265.

[25] Shi Q, Zhu C, Du D, et al. Robust noble metal-based electrocatalysts for oxygen evolution reaction[J]. Chemical Society Reviews, 2019, 48(12): 3181-3192.

[26] Song F, Bai L, Moysiadou A, et al. Transition metal oxides as electrocatalysts for the oxygen evolution reaction in alkaline solutions: an application-inspired renaissance[J]. Journal of the American Chemical Society, 2018, 140(25): 7748-7759.

[27] Farias M J S, Cheuquepán W, Tanaka A A, et al. Identity of the most and least active sites for activation of the pathways for CO_2 formation from the electro-oxidation of methanol and ethanol on platinum[J]. ACS Catalysis, 2020, 10(1): 543-555.

[28] Silva C D, Corradini P G, Mascaro L H, et al. Using a multiway chemometric tool in the evaluation of methanol electro-oxidation mechanism[J]. Journal of Electroanalytical Chemistry, 2019, 855(15): 113598.

[29] Zhong C J, Luo J, Fang B, et al. Nanostructured catalysts in fuel cells[J]. Nanotechnology, 2010, 21(6): 062001.

[30] Gong L Y, Yang Z Y, Li K, et al. Recent development of methanol electrooxidation catalysts for direct methanol fuel cell[J]. Journal of Energy Chemistry, 2018, 27(6): 1618-1628.

[31] Chen A C, Holt-Hindle P. Platinum-based nanostructured materials: synthesis, properties, and applications[J]. Chemical Reviews, 2010, 110(6): 3767-3804.

[32] 孙世刚, 陈胜利. 电催化[M]. 北京: 化学工业出版社, 2013.

[33] Huang L, Zhang X P, Wang Q Q, et al. Shape-control of Pt-Ru nanocrystals: tuning surface structure for enhanced electrocatalytic methanol oxidation[J]. Journal of the American Chemical Society, 2018, 140(3): 1142-1147.

[34] Xu H, Wang A L, Tong Y X, et al. Enhanced catalytic activity and stability of $Pt/CeO_2/PANI$ hybrid hollow nanorod arrays for methanol electro-oxidation[J]. ACS Catalysis, 2016, 6(8): 5198-5206.

[35] Hiromi C, Inoue M, Taguchi A, et al. Optimum Pt and Ru atomic composition of carbon-supported Pt-Ru alloy electrocatalyst for methanol oxidation studied by the polygonal barrel-sputtering method[J]. Electrochimica Acta, 2011, 56(24): 8438-8445.

[36] Eris S, Daşdelen Z, Sen F. Enhanced electrocatalytic activity and stability of monodisperse Pt nanocomposites for direct methanol fuel cells[J]. Journal of Colloid and Interface Science, 2017, 513: 767-773.

[37] Huang W J, Wang H T, Zhou J G, et al. Highly active and durable methanol oxidation electrocatalyst based on the synergy of platinum-nickel hydroxide-graphene[J]. Nature Communications, 2015, 6: 10035.

[38] Capon A, Parsons R. The oxidation of formic acid at noble metal electrodes Part Ⅲ. Intermediates and mechanism on platinum electrodes[J]. Journal of Electroanalytical Chemistry and Interfacial Electrochemistry, 1975, 45(2): 205-231.

[39] Więckowski A, Sobkowski J. Comparative study of adsorption and oxidation of formic acid and methanol on platinized electrodes in acidic solution[J]. Journal of Electroanalytical Chemistry and Interfacial Electrochemistry, 1975, 63(3): 365-377.

[40] Chen Y X, Heinen M, Jusys Z, et al. Kinetics and mechanism of the electrooxidation of formic acid: spectroelectrochemical studies in a flow cell[J]. Angewandte Chemie International Edition, 2006, 45(6): 981-985.

[41] Yang Z Y, Wang Y E, Dong T, et al. Formate: a possible replacement for formic acid in fuel cells[J]. Australian Journal of Chemistry, 2017, 70(7): 757-763.

[42] Corrigan D S, Weaver M J. Mechanisms of formic acid, methanol, and carbon monoxide electrooxidation at platinum as examined by single potential alteration infrared spectroscopy[J]. Journal of Electroanalytical Chemistry and Interfacial Electrochemistry, 1988, 241(1/2): 143-162.

[43] Mrozek M F, Luo H, Weaver M J. Formic acid electrooxidation on platinum-group metals: Is adsorbed carbon monoxide solely a catalytic poison?[J]. Langmuir, 2000, 16(22): 8463-8469.

[44] Babu P K, Kim H S, Chung J H, et al. Bonding and motional aspects of CO adsorbed on the surface of Pt nanoparticles decorated with Pd[J]. The Journal of Physical Chemistry, 2004, 108(52): 20228-20232.

[45] Morales-Acosta D, Ledesma-Garcia J, Godinez L A, et al. Development of Pd and Pd-Co catalysts supported on multi-walled carbon nanotubes for formic acid oxidation[J]. Journal of Power Sources, 2010, 195(2): 461-465.

[46] Min X Q, Kanan M W. Pd-catalyzed electrohydrogenation of carbon dioxide to formate: High mass activity at low overpotential and identification of the deactivation pathway[J]. Journal of the American Chemical Society, 2015, 137(14): 4701-4708.

[47] Choun M, Ham K, Shin D, et al. Catalytically active highly metallic palladium on carbon support for oxidation of HCOO⁻[J]. Catalysis Today, 2017, 295: 26-31.

[48] Sadhukhan M, Kundu M K, Bhowmik T, et al. Highly dispersed platinum nanoparticles on graphitic carbon nitride: A highly active and durable electrocatalyst for oxidation of methanol, formic acid and formaldehyde[J]. International Journal of Hydrogen Energy, 2017, 42(15): 9371-9383.

[49] Yu X W, Manthiram A. Catalyst-selective, scalable membraneless alkaline direct formate fuel cells[J]. Applied Catalysis B: Environmental, 2015, 165: 63-67.

[50] Bartrom A M, Ta J, Nguyen T Q, et al. Optimization of an anode fabrication method for the alkaline direct formate fuel cell[J]. Journal of Power Sources, 2013, 229(1): 234-238.

[51] Wang J S, Liu C H, Lushington A, et al. Pd on carbon nanotubes-supported Ag for formate oxidation: The effect of Ag on anti-poisoning performance[J]. Electrochimica Acta, 2016, 210: 285-292.

[52] Tian Q F, Li J D, Jiang S Y, et al. Mixed heteropolyacids modified carbon supported Pd catalyst for formic acid oxidation[J]. Journal of the Electrochemical Society, 2016, 163(3): 139-149.

[53] Yu X W, Pickup P G. Screening of PdM and PtM catalysts in a multi-anode direct formic acid fuel cell[J]. Journal of Applied Electrochemistry, 2011, 41(5): 589-597.

[54] Wang F L, Xue H G, Tian Z Q, et al. Fe$_2$P as a novel efficient catalyst promoter in Pd/C system for formic acid electro-oxidation in fuel cells reaction[J]. Journal of Power Sources, 2018, 375: 37-42.

[55] Li T, Zhou Y, Dou Z J, et al. Composite nanofibers by coating polypyrrole on the surface of polyaniline nanofibers formed in presence of phenylenediamine as electrode materials in neutral electrolyte[J]. Electrochimica Acta, 2017, 243: 228-238.

[56] Ali S M, Emran K M, Al Lehaibi H A. Enhancement of the electrocatalytic activity of conducting polymer/Pd composites for hydrazine oxidation by copolymerization[J]. International Journal of Electrochemical Science, 2017, 12(9): 8733-8744.

[57] John J, Wang H S, Rus E D, et al. Mechanistic studies of formate oxidation on platinum in alkaline medium[J]. The Journal of Physical Chemistry C, 2012, 116(9): 5810-5820.

[58] Noborikawa J, Lau J, Ta J, et al. Palladium-copper electrocatalyst for promotion of oxidation of formate and ethanol in alkaline media[J]. Electrochimica Acta, 2014, 137(137): 654-660.

[59] Ghosh S, Bera S, Bysakh S, et al. Conducting polymer nanofiber-supported Pt alloys: Unprecedented materials for methanol oxidation with enhanced electrocatalytic performance and stability[J]. Sustainable Energy & Fuels, 2017, 1(5): 1148-1161.

[60] Wang J, Ning Y, Wen Y, et al. Characteristics and electrochemical reaction kinetics of polyaniline nanofibers as a promoter of Pt electrode for methanol electrocatalytic oxidation[J]. Zeitschrift für Physikalische Chemie, 2013, 227: 89-103.

第 5 章 燃 料 电 池

5.1 化学电池概述

化学电池是将化学能转化为电能的装置。一般来说，能够自发进行的化学反应均可以设计成电池产生电能，但在实际中还需考虑所设计电池的能效、所用材料的资源情况及成本等因素。表 5.1 给出了化学电池发展的简况。

表 5.1 化学电池发展纪要

电池名称	电极(电池)反应	电池性能及特点	发明时间
伏打电池	$(-)\ Zn - 2e^- \Longrightarrow Zn^{2+}$ $(+)\ Cu^{2+} + 2e^- \Longrightarrow Cu$	电极材料：Ag/Cu-Zn/Sn，世界上第一个电池组采用纸吸附电解质	1800 年
丹尼尔电池	$(-)\ Zn - 2e^- \Longrightarrow Zn^{2+}$ $(+)\ Cu^{2+} + 2e^- \Longrightarrow Cu$	电解质分别采用 $ZnSO_4$ 和 $CuSO_4$，使用盐桥，输出电压为 1.103 V	1836 年
燃料电池	$(-)\ H_2 - 2e^- \Longrightarrow 2H^+$ $(+)\ 2H^+ + 2e^- + 1/2O_2 \Longrightarrow H_2O$	瑞士的索恩滨(Schoenbein)最先描述了燃料电池现象；英国的格鲁夫(Grove)第一个对燃料电池进行了报道	约 1839 年
铅酸电池	$(-)\ Pb - 2e^- \Longrightarrow Pb^{2+}$ $(+)\ PbO_2 + 2e^- + 4H^+ \Longrightarrow Pb^{2+} + 2H_2O$	第一个可充电电池，硫酸为电解液。发明人法国的 Planté 于 1860 年在巴黎展出了十个单电池组，输出电压为 20 V	1859 年出现，其后法国的 Fauré 于 1881 年改进了该电池技术，促进了其商业化
锌碳(MnO_2)电池	$(-)\ Zn - 2e^- \Longrightarrow Zn^{2+}$ $(+)\ MnO_2 + H_2O + e^- \longrightarrow MnO \cdot OH + OH^-$	使用惰性 C 为正极材料，NH_4Cl 和 $ZnCl_2$ 为电解质，电压为 1.5 V，与现在使用的电池很接近	1866 年
镍镉(铁)电池	$(-)\ Cd - 2e^- \Longrightarrow Cd^{2+}$ $(+)\ Ni^{2+} + 2e^- \Longrightarrow Ni$		约 1900 年
锂离子电池	$LiCoO_2 + C_6 \underset{\text{放电}}{\overset{\text{充电}}{\Longleftrightarrow}} Li_{1-x}CoO_2 + Li_xC_6$	相关研究的三位学者，即美国的 Goodenough 和 Whittingham 及日本的 Yoshino 分享了 2019 年诺贝尔化学奖	可充电锂离子电池产生于 20 世纪 80 年代

根据电池的使用特点，化学电池可分为一次电池和可充电电池。根据化学反应过程中所涉及的电解质的酸碱性，化学电池可分为酸性电池和碱性电池。表 5.2 是常见化学电池的分类及反应原理。

表 5.2 常见化学电池

电池名称	电极(电池)反应	电池性能及特点	备注
锌碳(MnO$_2$)电池	$Zn + 2MnO_2 + H_2O \longrightarrow ZnO + 2MnO \cdot OH$	工作温度 $10 \sim 40^\circ C$,储藏寿命约 2 年	NH$_4$Cl 和 ZnCl$_2$ 为电解质
碱性锰电池	$Zn + 2MnO_2 + H_2O \longrightarrow ZnO + 2MnO \cdot OH$	正极:MnO$_2$/C 负极:Zn 粉和 KOH	约 30%(质量分数)KOH 为电解质
锌银氧化物电池	$Zn + Ag_2O \longrightarrow ZnO + 2Ag$	正极:Ag$_2$O/少量 MnO$_2$ 负极:汞齐化的 Zn 凝胶;20℃储藏寿命约 4 年	浓 KOH/NaOH 为电解质
锌汞氧化物电池	$Zn + HgO \longrightarrow ZnO + Hg$	正极:HgO/MnO$_2$ 负极:汞齐化的锌和碱(KOH 或 NaOH)	浓 KOH/NaOH 为电解质
锌空(气)电池	$Zn + 1/2O_2 \longrightarrow ZnO$	正极:ZnO/O$_2$ 负极:汞齐化的锌	浓 KOH/NaOH 为电解质
液流电池	$(-)\ V^{2+} - e^- \underset{充电}{\overset{放电}{\rightleftarrows}} V^{3+}$ $(+)\ VO_2^+ + 2H^+ + e^- \underset{充电}{\overset{放电}{\rightleftarrows}} VO^{2+} + H_2O$	工作温度为 $25 \sim 45^\circ C$ 价格低	分别以 V^{2+}/V^{3+} 和 VO$_2^+$/VO^{2+}为负极和正极流动电解质
锂电池	$Li + MnO_2 \longrightarrow LiMnO_2$ $2Li + 2SO_2(diss.) \longrightarrow Li_2S_2O_4$ $2Li + Ag_2CrO_4 \longrightarrow Li_2CrO_4 + 2Ag$ $4Li + 2SOCl_2 \longrightarrow 4LiCl + SO_2(diss.) + S$ 或 $Li(s) + TiS_2(s) \longrightarrow Li^+ + TiS_2^-$	MnO$_2$ 为正极、锂为负极活性材料 工作温度为$-20 \sim 70^\circ C$,储藏寿命可长达十年	溶于碳酸丙烯酯的 LiClO$_2$ 为电解质 SO$_2$(diss.):可溶解的 SO$_2$
可充电锂电池	$(-)\ Li_xC_6 - xe^- \underset{充电}{\overset{放电}{\rightleftarrows}} 6C + xLi^+\ (0 < x < 1)$ $(+)\ 0.45Li^+ + Li_{0.55}CoO_2 + 0.45e^- \underset{充电}{\overset{放电}{\rightleftarrows}} LiCoO_2$ $0.5Li^+ + Li_{0.35}NiO_2 + 0.5e^- \underset{充电}{\overset{放电}{\rightleftarrows}} Li_{0.85}NiO_2$	能量密度高,约 125 W·h·kg^{-1},约 300 W·h·L^{-1}	LiClO$_4$ 或 LiCF$_3$SO$_3$ 溶于聚环氧乙烷为电解质 充电快速,安全性比使用金属锂高
锂硫电池	$(+)\ S_8 + 16Li^+ + 16e^- \longrightarrow 8Li_2S$ $(-)\ Li \longrightarrow Li^+ + e^-$ 充电反应为 $(-)\ Li^+ + e^- \longrightarrow Li$ $(+)\ 8Li_2S \longrightarrow S_8 + 16Li^+ + 16e^-$	高能量密度 1675 mA·h·g^{-1} 2600 W·h·kg^{-1}	易产生锂枝晶造成短路和危险;形成多硫化物影响电池效率
钠(镁)电池	嵌出嵌入的为 Na$^+$(Mg^{2+})	安全且价格低 电导率及能量效率有待提高	第一个镁电池于 2000 年在 *Nature* 上报道[1]

5.2 燃料电池简介

燃料电池(fuel cells,FC)是将燃料的化学能直接转换为电能的一种电化学装置。与上述便携式化学电池相比,燃料电池的燃料(反应物)采用外部供应,从原理上讲,只要燃料源源不断地供应,就可以不间断输出电能,不受电池容量的限制,这是燃料电池与化学电池的最根本区别。实际上，燃料电池也有使用寿命，其与电极催化剂的活性情况和电解质的稳定可靠性等有关。

燃料电池在分布式电站、电动车辆、舰船潜器、航天航空、移动通信、电子设备、武器装备等领域具有广阔的应用前景[2]。氢是燃料电池最直接的理想燃料，来源广泛；氧可取自大自然的空气，两者在发电过程中反应产生水：

$$2H_2 + O_2 \rightleftharpoons 2H_2O$$

25℃，100 kPa 下，其 $\Delta G^{\ominus}_{f, H_2O} = \Delta G^{\ominus}_{c, H_2} = -237 \text{ kJ·mol}^{-1}$，因此可利用反应的化学能设计电池产生电能。由于空气中的氧来自大自然，且被认为是"取之不尽，用之不竭"的反应物，反应为放热反应，水是其唯一的产物，因而被视作清洁、无污染的可持续发展能源。

氢是自然界存在最普遍的元素之一，如果能利用太阳能、风能、生物能等可再生能源高效率地从水裂解制氢，再利用燃料电池产生电能及再生成纯净的水，便可实现清洁可持续的氢及能量循环[3]。在此循环中，氢是能量载体，是能量储存与输送媒介，而燃料电池是能量的转换机器。如果能实现氢及能量的循环，可有效地解决一次性化石燃料带来的日益严重的环境污染及资源枯竭等问题。目前，世界各地先后建立了加氢站，为使用燃料电池为动力的新能源汽车提供燃料。截至 2018 年，欧洲已有 152 个加氢站，亚洲有 136 个，北美有 78 个。

第一位对燃料电池现象进行描述的是瑞士科学家索恩滨，其相关论述发表在 1839 年 1 月出版的哲学杂志 *Philosophical Magazine* 上。为纪念这位科学家，瑞士洛桑每年都针对某一类燃料电池举行国际性学术会议。就在这位瑞士科学家描述了燃料电池现象之后一个月，英国的格鲁夫在同一杂志上发表了他的"气体电池"的研究，即使用氢气和氧气在金属铂(Pt)催化下产生电能的燃料电池，其装置如图 5.1 所示。

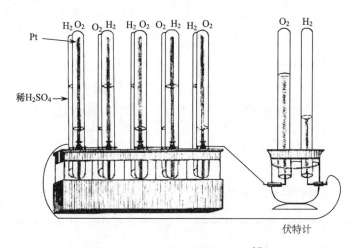

图 5.1　格鲁夫的"气体电池"[4]

1894 年，德国科学家奥斯特瓦尔德(Ostwald)提出，化学电池的能量转换效率高于热机，因为后者受卡诺循环的限制，而化学电池不受卡诺循环能量转换效率的限制。

以燃料电池为例，其能量的转化见图 5.2。

根据热力学公式

$$\Delta G = \Delta H - T\Delta S \tag{5.1}$$

在可逆情况下，能量的转换效率最高，此时 $T\Delta S$ 为化学反应后以热量形式存在的能量，ΔG 为化学能在温度 T 时所能产生的最大电能，因此燃料电池的最大热力学效率可表示为

$$\eta_{max} = \Delta G / \Delta H \tag{5.2}$$

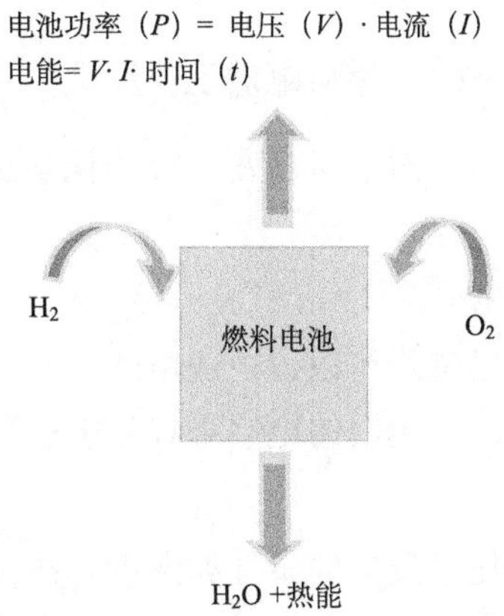

电池功率 (P) = 电压 (V) · 电流 (I)
电能 = $V \cdot I \cdot$ 时间 (t)

图 5.2 化学能与电能之间的转换

5.2.1 燃料电池及其种类

燃料电池的种类因分类方式的不同而不同，常用的分类方法是依照电解质传导离子的不同加以区分[5-7]，见表 5.3。

表 5.3 常见燃料电池的分类

名称	传导离子	工作温度	电极催化剂	反应(C: 正极; A: 负极)
磷酸燃料电池 (PAFC)	H^+	约 220℃	Pt	$O_2 + 4H^+ + 4e^- \Longrightarrow 2H_2O\,(C)$ $2H_2 \Longrightarrow 4H^+ + 4e^-\,(A)$
碱性燃料电池 (AFC)	OH^-	50~200℃	Pt, Ni	$O_2 + 2H_2O + 4e^- \Longrightarrow 4OH^-\,(C)$ $2H_2 + 4OH^- \Longrightarrow 4H_2O + 4e^-\,(A)$
质子交换膜燃料电池 (PEMFC)	H^+	30~200℃	Pt	$O_2 + 4H^+ + 4e^- \Longrightarrow 2H_2O\,(C)$ $2H_2 \Longrightarrow 4H^+ + 4e^-\,(A)$
熔融碳酸盐燃料电池 (MCFC)	CO_3^{2-}	约 650℃	Ni 基化合物	$O_2 + 2CO_2 + 4e^- \Longrightarrow 2CO_3^{2-}\,(C)$ $2H_2 + 2CO_3^{2-} \Longrightarrow 2H_2O + 2CO_2 + 4e^-\,(A)$
固体氧化物燃料电池 (SOFC)	O^{2-}	500~1000℃	Ni, 陶瓷	$O_2 + 4e^- \Longrightarrow 2O^{2-}\,(C)$ $2H_2 + 2O^{2-} \Longrightarrow 2H_2O + 4e^-\,(A)$

由表 5.3 可见，燃料电池的电解质不同，所传导的离子也不同。电解质的电导率受温度影响较大，其离子传导的机制和稳定性会因工作温度的不同而存在较大差异。一般将磷酸燃料电池(phosphoric acid fuel cell，PAFC)、碱性燃料电池(alkaline fuel cell，AFC)和基于聚合物膜电解质的燃料电池(polymer electrolyte fuel cell，PEFC)称为中低温燃料电池，其工作温度一般在室温~200℃，可使用氢气为燃料；此外，PEFC 中又有以醇为燃料的直接醇燃料电池(direct methanol fuel cell，DMFC)，以及依据传递离子的不同划分为质子交换膜燃料电池(proton exchange membrane fuel cell，PEMFC)和阴离子交换膜燃料电池(anion exchange membrane fuel cell，AEMFC)等。而工作温度在 500~1000℃的熔融碳酸盐燃料电池(molten carbonate fuel cell，MCFC)和固体氧化物燃料电池(solid oxide fuel cell，SOFC)称为高温燃料电池；高温燃料电池由于工作温度较高，因此除了氢气可作为燃料外，也可采用天然气等作为燃料。

5.2.2　燃料电池工作原理

对于可自发进行的化学反应：

$$2H_2(g) + O_2(g) \Longrightarrow 2H_2O(l)$$

或

$$2H_2(g) + O_2(g) \Longrightarrow 2H_2O(g)$$

通常均可以设计成电池。

电池的电动势(E)与化学反应及反应的温度有关：

$$\Delta G = -nFE \tag{5.3}$$

化学反应的条件如温度等决定了吉布斯自由能的数值变化ΔG；式中n为电池输出电荷的物质的量，单位为mol，当电池反应进度 $\xi = 1$ mol 时，$n/\xi = z$，z 为电极反应进度 1 mol 时电子的计量系数；F 为法拉第常量。

对于可逆电极反应，其电极电势可以根据参与电极反应物质的氧化态活度$[a_O]$和还原态活度$[a_R]$利用能斯特方程计算：

$$\varphi = \varphi^{\ominus} + \frac{RT}{zF}\ln\frac{[a_O]}{[a_R]} \tag{5.4}$$

如果燃料电池以氢气为燃料，氧气为氧化剂，则一定温度下的电极电势与平衡状态时反应气体的分压有关。

对于使用不同燃料的燃料电池，其在不同温度下将化学能转换为电能时的可逆标准电压可根据式(5.3)进行计算，常见的几种燃料在不同温度条件下氧化时的可逆标准电极电势如图 5.3 所示。

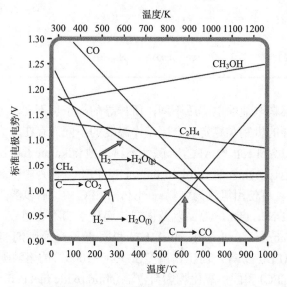

图 5.3　几种燃料在不同温度条件下氧化时的可逆标准电极电势[8]

5.2.3　燃料电池的优缺点

燃料电池具有以下优点：

(1)能量效率高。由于燃料电池直接将化学能转化为电能，不受卡诺循环转化效率的限制，因此从理论上说，能量效率比传统发动机高。

(2)燃料电池储能容量不受燃料电池体积的限制。与化学电池相比，燃料电池不储存化学能，燃料由外部供应，其只作为化学能和电能之间的转换装置，因此其能量输出不像化学电池那样受电池容量的影响。

(3)对环境影响小。与传统发动机相比，由于工作中不存在机械运动，燃料电池工作安静；此外其反应的产物为水，没有与燃料燃烧有关的污染物质产生；由于其不作为化学反应物的储存器，因而也不像化学电池废弃后对环境造成污染。

燃料电池具有以下缺点：

(1)燃料电池造价高。由于燃料电池材料和技术的原因，其价格昂贵，且很难在短时间内降低成本，因此难以普及，成为燃料电池商业化的瓶颈。

(2)燃料电池能量密度低。氢气是最轻的气体，而气体储存供给单元的质量通常较大，即单位体积或单位质量的能量输出较低。

(3)燃料的供给和储存限制了其应用。由于氢气是燃料电池最理想的燃料，然而其很低的体积能量密度使其供应和储存均不方便。其可替代的燃料如甲醇和甲酸等尚难以达到与氢气一样的性能。

(4)燃料电池的操作和管理较复杂。燃料电池通常要在高于室温的条件下工作，由于燃料电池依据的反应为放热反应且有水产生，因此燃料电池的工作条件如温度和湿度较难控制；如果直接使用空气，其电池的性能不仅与氧气的分压有关，更易受空气污染的影响。空气中微量的污染物也会对电极催化剂及相关化学反应过程不利；此外其启动和关停受环境因素如温度等影响较大，电池组件中的材料对温度的响应不一致也会影响电池各部分之间的接触，进而影响电池的稳定可靠性，严重的甚至无法工作。

综上所述，燃料电池具有发展的优势，也有发展中需面临的技术问题，如果这些技术难题不解决，势必影响其广泛地应用。

5.3 燃料电池的性能

燃料电池的功率取决于其尺寸大小，即发生电化学反应的电极尺寸的大小。由于燃料由外部供应，因此电池的能量密度通常由所用的燃料储存器的容量来衡量。此节将从化学热力学及动力学的角度，对燃料电池的性能进行评估，并利用电化学原理和方法对燃料电池的性能进行分析讨论。

5.3.1 燃料电池热力学

热力学是研究能量和能量转换的科学，通过体系热力学参数的变化可估量能量转化的多少。燃料电池是一种将燃料(通常是氢)中的化学能直接转化为电能的能量转换装置，研究燃料电池相关过程的热力学，有助于理解化学能到电能之间的转化过程。

燃料电池能量转化过程遵循热力学第一定律，即能量守恒定律：能量不可能凭空产生或消灭，系统能量的任何变化必然会引起周围环境能量的等量变化。传热(Q)与做功(W)是封闭系统和周围环境能量交换的两种方式。一般地，系统吸收热量或者环境对系统做功为正，

反之系统放热或对环境做功为负。热力学第一定律可写为

$$dU = Q + W \tag{5.5}$$

式中，U 为热力学能，其来自燃料电池中的燃料的化学能。一个封闭系统的热力学能变化等于系统和环境之间交换的热和功的代数和。

熵(S)是重要的热力学参数之一，其由系统的微观状态数决定，即系统的微观状态数增加就意味着熵增加，所以熵是系统混乱程度的度量。在可逆微变化过程中，熵的变化等于系统与环境之间交换的热量与环境的热力学温度之比，由于环境的温度相对稳定，因此可用熵变衡量热量的品质，即将其转变为功的效率。

$$dS = \frac{Q}{T} \tag{5.6}$$

$$Q = TdS \tag{5.7}$$

对于不可逆的热传递过程，系统的熵的增量将大于上式。对于一个孤立体系，其熵变在任何情况下都有 $dS > 0$，即孤立体系总是自发地朝着熵变大的方向进行，此为热力学第二定律的另一种表达。

当讨论燃料电池的热力学时经常会用到"可逆"的概念。可逆燃料电池的电压是指燃料电池处于热力学平衡时的电压。热力学可逆过程是指当该过程驱动力有一个无穷小的反转时，过程的进行方向会反转；与可逆燃料电池电压相关的方程只能在可逆/平衡条件下使用。一旦燃料电池开始产生电流，平衡被打破，可逆燃料电池的电压方程便不再适用。需要指出的是，现实中难以操作一个热力学可逆过程，因为无法用无限的时间去操控一个驱动力无限小的参量而从过程中获得实用价值；然而，以可逆过程进行处理为热力学的定量提供了便利和极限值，因而在实际中具有重要的参考价值。以下推导通常都是基于热力学可逆过程这一假定条件进行的。

在燃料电池中，从燃料所能提取的最大热能取决于反应焓(恒压过程：$dp=0$)：

$$dH = TdS \tag{5.8}$$

dH 和可逆过程中的传热 Q 相同，式(5.8)可写成：

$$dH = TdS = Q = dU - W \tag{5.9}$$

理想情况下，一个化学反应的全部反应焓都可用来做功，但实际上这是无法实现的。根据热力学原理，在给定情况下，系统中可以转化为高质量能量形式的最大化学能是由吉布斯自由能 G 确定的，即一定条件下(通常为恒温、恒压)化学反应的吉布斯自由能的变化便是可以用来做功的能量总和，因此可以利用化学能所做的最大电功与吉布斯自由能变化的关系为

$$\Delta G \geqslant W_e \tag{5.10}$$

只有 $\Delta G < 0$ 的化学反应才能自发进行，才有利用化学能转化为电能的可能性。如果某反应的 $\Delta G = 0$，那么这个化学反应就不具有可以转化为电功的化学能。如果 $\Delta G > 0$，那么这个反应的发生就需要输入电功。

尽管自发反应的化学能可以转化为电能，但是自发反应的发生和发生的程度，以及由此设计的电池的能量效率等，仅从热力学参数的大小是无法获知的，尚需利用化学反应动力学原理进行判断。

标准态的燃料电池可逆电压只在标准状态条件下才能使用。因为燃料电池通常工作在非

标准状态下，因此需要知道电池的实际工作条件才能对其性能进行判断。例如，高温电池工作温度为 600～1000℃，汽车用的燃料电池的反应气的压力通常也不是环境的常压，若要判断电池的电压及功率等能量输出的实际情况，需要了解反应物浓度、压力、反应温度等对燃料电池性能的影响。

1. 温度对燃料电池可逆电压的影响

根据热力学基本方程：

$$dG = -SdT + Vdp \tag{5.11}$$

由式(5.11)可以写出：

$$\left(\frac{\partial G}{\partial T}\right)_p = -S \tag{5.12}$$

吉布斯自由能和电池可逆电压的关系：

$$\Delta G = -nEF \tag{5.13}$$

联合式(5.12)和式(5.13)，可以得到电池的温度系数

$$\left(\frac{\partial E}{\partial T}\right)_p = -\frac{1}{nF}\left(\frac{\partial G}{\partial T}\right)_p = \frac{S}{nF} \tag{5.14}$$

假定化学反应的熵随温度变化忽略不计，则任意温度 T 下的电池可逆电压 E_T 可以由式(5.15)计算：

$$E_T = E_0 + \frac{\Delta S}{nF}(T - T_0) \tag{5.15}$$

式中，E_0 为温度为 T_0 时的可逆电压。如果一个自发进行的化学反应的 ΔS 是正的，则 E_T 将随温度的升高而增加。如果 ΔS 为负，E_T 将随温度的升高而减小。对于大多数燃料电池反应，ΔS 是负的，因此随温度的升高，燃料电池可逆电压将会下降。表 5.4 列出了不同温度下，氢气和氧气反应生成水的热力学参数以及基于该反应设计的电池的开路电压(open circuit voltage，OCV)。

表 5.4 氢气与氧气化合反应的热力学参数随温度的变化

$T/℃$	$\Delta H/(kJ \cdot mol^{-1})$	$\Delta S/(J \cdot mol^{-1} \cdot K^{-1})$	$\Delta G/(kJ \cdot mol^{-1})$	E_{OCV}/V
100	−242.6	−46.6	−225.2	1.17
300	−244.5	−50.7	−215.4	1.12
500	−246.2	−53.3	−205.0	1.06
700	−247.6	−54.9	−194.2	1.01
900	−248.8	−56.1	−183.1	0.95

既然大多数燃料电池的可逆电压随温度的升高而下降，那么是不是应该让燃料电池在尽可能低的温度下工作？答案是否定的。因为动力学损耗会随着温度的升高而倾向于降低。尽管随着温度的升高热力学可逆电压会降低，但是实际的燃料电池的性能随着温度的升高将明显提高。

2. 压力对燃料电池可逆电压的影响

由式(5.11)可得

$$\left(\frac{\partial G}{\partial p}\right)_T = V \tag{5.16}$$

根据式(5.13)，电池可逆电压与压力之间的函数关系可表示为

$$\left(\frac{\partial E}{\mathrm{d}p}\right)_T = -\frac{\Delta V}{nF} \tag{5.17}$$

式(5.17)反映了可逆电压在恒温条件下随压力的变化情况，即电池可逆电压随压力的变化与反应的体积变化有关。如果反应的体积变化为负，则电池的可逆电压将会随压力的增大而增大；若反应的体积变化可忽略不计，则恒温条件下，电池的可逆电压基本不受压力的影响。

如果参与反应的气体可视为理想气体，式(5.17)变为

$$\left(\frac{\partial E}{\partial p}\right)_T = -\frac{\Delta n_{\mathrm{g}} RT}{nFp} \tag{5.18}$$

式中，Δn_{g} 为反应中气体总的摩尔数的变化。

通常情况下，压力对可逆电压的影响比温度对可逆电压的影响小。

3. 浓度对燃料电池可逆电压的影响

根据化学势的定义：

$$\mu_i^{\alpha} = \left(\frac{\partial G}{\partial n_i}\right)_{T,p,n_{j \neq i}} \tag{5.19}$$

式中，μ_i^{α} 为物质 i 在 α 相的化学势；$\left(\dfrac{\partial G}{\partial n_i}\right)_{T,p,n_{j \neq i}}$ 为系统的吉布斯自由能随物质 i 的物质的量的变化而变化的量。化学势与活度 a 的关系为

$$\mu_i = \mu_i^{\ominus} + RT\ln a_i \tag{5.20}$$

式中，$\mu_i^{\ominus}$ 为物质 i 在标准状态条件下的标准化学势；a_i 为物质 i 的活度。综合式(5.19)和式(5.20)，对于包含 i 种化学物质的系统，吉布斯自由能的变化可以表示为

$$\mathrm{d}G = \sum_i \mu_i \mathrm{d}n_i = \sum_i (\mu_i^{\ominus} + RT\ln a_i)\mathrm{d}n_i \tag{5.21}$$

考虑任意的一个化学反应，

$$a\mathrm{A} + b\mathrm{B} \Longrightarrow c\mathrm{C} + d\mathrm{D} \tag{5.22}$$

式中，A 和 B 为反应物；C 和 D 为生成物。对于该反应，ΔG 可以通过反应物和生成物的化学势来计算(假定没有相变)：

$$\Delta G = (c\mu_{\mathrm{C}}^{\ominus} + d\mu_{\mathrm{D}}^{\ominus}) - (a\mu_{\mathrm{A}}^{\ominus} + b\mu_{\mathrm{B}}^{\ominus}) + RT\ln\frac{a_{\mathrm{C}}^c a_{\mathrm{D}}^d}{a_{\mathrm{A}}^a a_{\mathrm{B}}^b} \tag{5.23}$$

令　$\Delta G^{\ominus} = (c\mu_C^{\ominus} + d\mu_D^{\ominus}) - (a\mu_A^{\ominus} + b\mu_B^{\ominus})$，式 (5.23) 简化为

$$\Delta G = \Delta G^{\ominus} + RT\ln\frac{a_C^c a_D^d}{a_A^a a_B^b} \tag{5.24}$$

该式称为范特霍夫等温方程，它反映了系统的吉布斯自由能如何随反应物和生成物活度的变化而变化。

将上述关系代入 $\Delta G = -RT\ln K$，可以把电池可逆电压表示为参与化学反应的各物质的活度的函数：

$$E = E^{\ominus} - \frac{RT}{nF}\ln\frac{a_C^c a_D^d}{a_A^a a_B^b} \tag{5.25}$$

式 (5.25) 是能斯特方程，该方程反映了可逆的化学电池电压和物质浓度、气体压力等之间的关系。为了说明能斯特方程的意义，将其运用到氢-氧燃料电池反应中：

$$H_2 + 1/2O_2 = H_2O$$

该反应的能斯特方程为

$$E = E^{\ominus} - \frac{RT}{2F}\ln\frac{a_{H_2O}}{a_{H_2} a_{O_2}^{1/2}} \tag{5.26}$$

氢气和氧气的活度用其分压表示（$a_{H_2}=p_{H_2}/p^{\ominus}$，$a_{O_2}=p_{O_2}/p^{\ominus}$ 且 $p^{\ominus}=1$）。如果燃料电池工作在 100℃ 以下，则生成液态的水，水的活度设为单位 1（$a_{H_2O}=1$），则

$$E = E^{\ominus} - \frac{RT}{2F}\ln\frac{1}{p_{H_2} p_{O_2}^{1/2}} \tag{5.27}$$

由此可知，为了增强反应物气体的分压而给燃料电池加压将会提高可逆电压，但是因为该压力项出现在自然对数里，因此从热力学的角度看，通过增加气体压力提高电池的电压收效甚微；然而，如果从动力学的角度衡量，对燃料和反应气加压是可以提高电池的能效的。

5.3.2　燃料电池的能效

依据热力学原理，燃料电池可利用的电功的最大值取决于电化学反应的 ΔG。然而由于燃料电池在实际工作中存在非理想的不可逆的能量损耗，反应物的利用率也难以达到百分之百，因此燃料电池的实际能效比理论计算值要低。

1. 可逆燃料电池的理想效率

假定能量转化的效率记为 η，则有

$$\eta = \frac{\Delta G}{\Delta H} \tag{5.28}$$

已知传统热机的最大理论效率可由卡诺 (Carnot) 循环计算：

$$\eta_{Carnot} = \frac{T_H - T_L}{T_H} \tag{5.29}$$

式中，T_H 为高温热机的温度；T_L 为低温热机的温度。例如，对于一个工作在温度为 400℃（673 K）和 50℃（323 K）之间的热机，其最大效率为 52%。对于热机，如果低温源温度维持不

变，则升温可以提高可逆热机的效率。而对于燃料电池，热力学参数随温度的增加而下降，因此升温不利于提高效率。

例如，对于氢-氧燃料电池，在 298.15 K、100 kPa 条件下，产物为液态水时，$\Delta H_{f,H_2O}^{\ominus} = \Delta H_{c,H_2}^{\ominus} = -286 \text{ kJ·mol}^{-1}$；$\Delta G_{f,H_2O}^{\ominus} = \Delta G_{c,H_2}^{\ominus} = -237 \text{ kJ·mol}^{-1}$，电池的理想效率为 95.5%。如果产物为气态水，$\Delta H_{f,H_2O}^{\ominus} = \Delta H_{c,H_2}^{\ominus} = -242 \text{ kJ·mol}^{-1}$；$\Delta G_{f,H_2O}^{\ominus} = \Delta G_{c,H_2}^{\ominus} = -229 \text{ kJ·mol}^{-1}$，则电池的理想效率为 94.6%。生成液态水的效率较高，记为可逆高热值(high heat value，HHV)，生成气态水的记为可逆低热值(low heat value，LHV)。图 5.4 给出了可逆高热值效率与热机的可逆效率随温度变化的曲线。从图上可以看出，燃料电池在较低温度时有显著的热力学效率的优势，但是在较高温度时这种优势会消失。需要指出的是，燃料电池效率曲线在 100℃处的斜率变化是由于液态水和水蒸气的熵差所致。

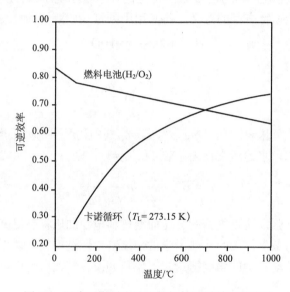

图 5.4　温度对燃料电池和热机的可逆效率的影响

2. 燃料电池的实际效率

实际发生的化学反应均为不可逆过程，因此燃料电池的实际效率总是要比可逆热力学效率低，其损耗除了与化学过程热力学不可逆有关外，还与电压的损耗和燃料的利用率有关。从这三个影响因素考虑，燃料电池的实际效率 η_{real} 可计算为

$$\eta_{real} = \eta_{thermo} \times \eta_{voltage} \times \eta_{fuel} \tag{5.30}$$

式中，η_{thermo} 为燃料电池的可逆热力学效率，其可以利用化学反应的热力学参数($\Delta G/\Delta H$)获得；$\eta_{voltage}$ 为燃料电池的电压效率；η_{fuel} 为燃料电池的燃料利用率。由于式(5.30)中采用的是可逆热力学效率，因此计算所得的所谓实际效率仍然比实际运行中的效率要高。

燃料电池的电压效率可表示为燃料电池的实际工作电压(U)和燃料电池的热力学可逆电动势(E)的比值：

$$\eta_{voltage} = U/E = -nFU/\Delta G \tag{5.31}$$

燃料电池的电压效率 η_{voltage} 表现为燃料电池的不可逆的动力学因素所引起的损耗。例如，不同材料组件之间的接触电位降、电极催化剂的活性影响、电解质的欧姆降、反应物对电化学反应的限制性影响、传质等极化过程的存在均导致电压效率的降低。燃料电池的工作 $i\text{-}V$ 曲线(极化曲线)就体现了这些损耗。需要指出的是，燃料电池的工作电压随其产生的电流(i)的变化而变化，正如 $i\text{-}V$ 曲线中所呈现的，电流密度越大，电压越小，因此电压效率越低。所以，燃料电池在低负载的情况下电压效率较高。这与内燃机情况不同，内燃机通常是在最大负载时效率较高。

燃料利用率 η_{fuel} 是指燃料电池中实际参与反应并产生电流的燃料占供给量的比值。有些供给的燃料可能从电池中简单地流过但没有参与化学反应；有些燃料也可能参与了副反应而没有产生电功。如果 i 是燃料电池产生的电流密度，v_{fuel} 是为燃料电池提供燃料的速率(mol·s^{-1})，则

$$\eta_{\text{fuel}} = \frac{i/nF}{v_{\text{fuel}}} \tag{5.32}$$

供给燃料电池的燃料，由于浪费导致的低效率会反映在 v_{fuel} 中。由于一般情况下，给燃料电池提供的燃料的量总是比计量关系所需的量要多一些，因此燃料的利用率也会低于百分之百。

有些情况下，燃料电池的燃料利用率可以用化学当量因子来描述。例如，如果燃料电池提供的燃料是利用率为100%时所需燃料的1.5倍，则燃料电池是在1.5倍的化学当量下工作，那么其化学当量因子 λ 是1.5。由于化学当量因子不考虑电池的实际输出电流，因此燃料电池在一个化学当量条件下的燃料利用率与电流无关，此时可以把燃料利用率根据燃料的供给情况写成：

$$\eta_{\text{fuel}} = \frac{1}{\lambda} \tag{5.33}$$

综合热力学影响、不可逆动力学损耗和燃料利用率损耗，燃料电池的实际效率可写成：

$$\eta_{\text{real}} = \frac{\Delta G}{\Delta H} \times \frac{U}{E} \times \frac{i/nF}{v_{\text{fuel}}} \tag{5.34}$$

对于一个在固定化学当量条件下工作的燃料电池，这个公式简化为

$$\eta_{\text{real}} = \frac{\Delta G}{\Delta H} \times \frac{U}{E} \times \frac{1}{\lambda} \tag{5.35}$$

5.3.3 燃料电池动力学

燃料电池中的化学反应发生在电极与电解质界面上，参与反应的物质的传质涉及电极、电解质及其界面，在化学反应发生的电极上既有电子的传导，也有离子的传输，因此燃料电池的电化学反应涉及多物相和多物态(气、液、固)，其相关动力学较为复杂，不同于一般均相体系中的化学反应。

单纯从热力学角度出发计算得到的电池平衡工作电压，只有当电池反应速率很快或者电流密度很小时才具有实际参考价值。当电池中有电流流过时，无论其数值多小，都会使电极电势偏离平衡电势，这种现象称为电极的极化。极化是任何化学电池都难以避免的客观存在，

所导致的实际电势与平衡电势之间的电位差称为过电位(η)，通常取绝对值。燃料电池工作时，只要有电流通过电极，就会出现实际电势偏离平衡电势的极化现象，其数值大小反映了电极反应在该电位下的不可逆程度，可表示为

$$\eta = \left| \eta_{阴极} - \eta_{阳极} \right| \tag{5.36}$$

电极过程的电化学极化可以用 Butler-Volmer 公式很好地描述。电极的过电位随着电流密度的变化而变化，而不同电极反应的交换电流密度也不同，从而极化曲线也不同。交换电流密度 i^0 的大小反映了发生电荷转移的物质与电极之间电荷转移的固有速率，i^0 越大，电荷转移过程的速率越快。随着交换电流密度的降低，输出相同的净电流对应的过电位将增加。i^0 与电极和电解质的组成、电极的界面性质(粗糙度、氧化剂的浓度、界面吸附物质等)、电活性物质的浓度及温度等因素有关。

对燃料电池来说，在低过电位区域，Butler-Volmer 公式可以简化为

$$i = i^0 \frac{RT}{nF} \eta \tag{5.37}$$

在高过电位的区域，电流密度与过电位的关系通常表示为

$$\eta_{阴极} = a - b\lg i \tag{5.38}$$

$$\eta_{阳极} = a + b\lg i \tag{5.39}$$

式中，a 和 b 在给定的反应和温度下为常数。

电池的开路电压为电池处于开路状态即电流为零时的电压。当电池没有电流流过时，其电位应该等于平衡电压，即能斯特电压。但是，由于极化的存在，燃料电池的开路电压一般都比平衡电压低。不同燃料电池，开路电压与平衡电压差值不一样，这与电池性能密切相关。

燃料电池开路电压与平衡电压不一致的原因与几个因素有关。一方面是因为气体在电极材料上的交换电流密度非常小(不可逆程度高)，当其交换电流密度小于某些共存杂质的交换电流密度时，就产生了杂质与反应气电位共存的状态，因此与能斯特电位不相同；另一方面，活化极化受电极状态、杂质等不可控因素影响较大，导致不同电池的开路电压也往往会彼此相差很多；此外，当电池中存在反应物透过电解质的渗透现象时(往往是由于电解质隔膜的燃料或气体透过率较高)，即使外部电路处于开路状态，也会因内部电流的存在而使电池处于非平衡状态。

常见的氢氧燃料电池在 100℃ 以下工作时，其理论开路电压为 1.23 V，但在实际使用过程中，输出电压往往低于该理论值，一般很少超过 1.0 V。单电池在工作时的极化分为以下四个部分。

1. 活化极化

活化极化与电极反应有关。由于电极反应为热力学不可逆过程，电极反应往往速率较慢，尤其是有气体参与的反应，即使有催化剂加速反应，过电位依然很高。活化极化体现在电池的开路电压比理论值低，当有一个极小的电流存在时，电池的电压便急剧下降，该类极化位于电池极化曲线的开始部分。

根据 Butler-Volmer 公式，一定的交换电流密度 i^0 下，输出电流 I 越大，损失的电压越大；电极反应在电极上的交换电流密度 i^0 越小，损失的电压越大。Butler-Volmer 公式可以利用

动力学原理，将电流作为电极反应速率，并结合活化能与反应速率的关系及能斯特方程推得[9]，详见第 2 章，此处不再赘述。

2. 欧姆极化

该极化是由电池系统的电阻引起的电位降，表现于极化曲线的中部，随电流密度的增大电池的电压基本呈线性下降。根据欧姆定律，相应的过电位为

$$\eta_{ohm} = iR_i \tag{5.40}$$

式中，i 为电流密度 $(A \cdot cm^{-2})$；R_i 为总电池电阻(包括电子电阻 $R_{i,e}$、离子电阻 $R_{i,i}$ 及接触电阻 $R_{i,c}$，$\Omega \cdot cm^2$)：

$$R_i = R_{i,e} + R_{i,i} + R_{i,c} \tag{5.41}$$

一般电子电导率远高于离子电导率，而接触电阻除了与电极材料有关外，还与电池的组装等因素有关，因此一般将式(5.41)中的欧姆极化简化为电解质的离子传导阻力，即 $R_i \approx R_{i,i}$。因此，通过电压随电流密度下降的幅度(极化曲线线性部分的斜率)，可以估算电池中电解质的电导率。由于这种估算是将全部的欧姆电压降归于电解质，因此所估算的电解质的电导率值往往比单独测得的电导率低。

欧姆极化在各种类型的燃料电池中都不同程度地存在，而高温燃料电池的电解质电导率较小，且在较大的温度变化条件下，电池各部分材料因热膨胀系数的差别易产生接触电阻，因此在高温燃料电池中欧姆过电位较高。减小欧姆极化的途径包括使用导电性好的电极、双极板、连接材料，尽量减小电解质的电阻和厚度等。

3. 浓差极化

由离子的扩散作用引发的极化称为浓差极化。根据法拉第定律，电极反应产生的电量与反应物之间有定量的关系，受离子扩散速率的影响，当产生电流对反应物的需求与反应物的供应量之间出现不协调时(往往是燃料的供应不能满足产生大电流密度的需求)，即产生浓差极化。

例如，燃料电池运行中需消耗电极附近的反应物，使电极附近的燃料如氢气浓度和分压降低。根据法拉第定律，气体分压降低的幅度与电池的工作电流和燃料气供应参数有关。这种由分压或浓度的降低(从 p_1 降为 p_2)产生的电压降称为浓差过电位，其电位差可由能斯特方程计算：

$$\Delta E = \frac{RT}{nF} \ln \frac{p_2}{p_1} \tag{5.42}$$

燃料电池实际工作过程中，电极表面上的反应物浓度或分压很难确定。一般来说，当电池反应物的供应速率足够大时，反应物的消耗越多，电池产生的电流密度越大；反应物的消耗达到最大时对应的电流密度称为极限电流密度 i_d。在极限电流密度下，电极表面反应物的浓度或分压趋于 0。如果继续提高电流密度，则电池的电位差将呈现急剧断崖式下降。

假定 p_1 是电流密度为 0 时电极表面反应物的分压。根据极限电流密度的定义，该分压在

极限电流密度时为 0。因此，任意电流密度下电极表面的反应物的分压 p_2 为

$$p_2 = p_1 \left(1 - \frac{i}{i_d}\right) \tag{5.43}$$

联立式(5.42)和式(5.43)，可得由浓差极化引起的电压损耗关系式：

$$\Delta E = \frac{RT}{nF} \ln\left(1 - \frac{i}{i_d}\right) \tag{5.44}$$

由于 $1 - \dfrac{i}{i_d} < 1$，式(5.44)右侧结果为负值，为使过电位为正值，则浓差过电位 η_c 为

$$\eta_c = -\frac{RT}{nF} \ln\left(1 - \frac{i}{i_d}\right) \tag{5.45}$$

燃料电池在标准状况下的电动势可通过查阅相关电极的标准电极电势计算得到。然而实际情况中极化现象总是存在的，因此无论是利用化学反应产生电能的原电池，还是利用电能获得产品的电解池，实际电动势(或者电解电压)与计算得到的数值存在差别，有时还相差很大。

4. 燃料渗透和内部电流损失

燃料电池中电解质的主要作用是传输离子。但在燃料电池工作时，若电解质中混有少量的电子导体，则形成内部电流，导致能效降低。此外，电解质还兼具分割阴阳两极的作用，如果电解质致密性不足，可能会有少量的燃料或反应气穿越电解质到达另一侧电极区。例如，如果氢气燃料从阳极渗透到阴极，一方面到达阴极的氢气会引起氧气分压变化，导致电极电势发生变化；另一方面这部分氢气在催化剂作用下会和阴极的氧气发生反应，使本应产生电流的燃料不产生电流，从而降低电池的能效。类似地，对于直接醇燃料电池，电解质应具有较低的醇透过率，否则燃料醇穿过电解质隔膜进入阴极，会产生与上述结果类似的电池性能下降。

简言之，燃料电池的电极极化即产生过电位的原因包括：活化极化、浓差极化、欧姆极化、燃料渗透及内部电流损失等。

5.3.4 燃料电池的传质

燃料电池的放电是不断消耗燃料和氧化性物质通过反应将化学能转化为电能的过程。该过程需要不间断的传质维持，即通过反应物的传质消耗产生电子和离子流，并通过电流的收集和产物的传递管理保障能量的输出。任何影响燃料电池传质的因素都会对燃料电池的性能产生影响。

1. 燃料电池电极内的传质

燃料电池的电极为有孔多相材料，其孔道为气液等传质的通道，而其固相骨架应为电子导体。电化学反应导致了催化层反应物的消耗和生成物的聚集，形成相应的物质扩散和浓度梯度，进而导致浓差极化。在稳定状态下，反应物和生成物的浓度分布随着电极(扩散层)厚

度的增加而近似呈线性下降，若假定由浓度梯度产生的反应物和生成物的流通量与催化层中反应物和生成物的消耗速率相匹配，则电池的工作电流密度 i 就是单位时间、单位面积的电荷流量。根据法拉第定律，i 与进入催化层的反应物的扩散流量（或者溢出催化层的生成物的扩散流量）J 之间的关系可表示为

$$i = nFJ \tag{5.46}$$

式中，n 为单位物质的量所涉及的电子转移数；F 为法拉第常量。其中扩散流量 J 可以用扩散方程计算：

$$J = -D\frac{\mathrm{d}c}{\mathrm{d}x} \tag{5.47}$$

式中，D 为扩散系数；$\mathrm{d}c/\mathrm{d}x$ 为浓度梯度。

2. 燃料电池流场结构中的传质

燃料电池中的极板是燃料和反应气供应的重要通道，也是电流汇集收集的终端。其表面通常分布着传质需要的通道流路，且根据实际情况通道的图案可以设计成错综复杂的含有许多小沟槽的流场结构，以减少质量传输损耗。设计过程中，既要保障传质过程的最低损耗，又要使反应物在极板的工作面积内均匀分布，同时还要考虑电子流的集结流通。

目前燃料电池的极板常采用石墨材料。为了形成燃料电池的流场结构，常采用压印刻蚀和机械加工等方法，在流场极板上加工流场沟道设计图案。其沟道常以迂回、盘旋或螺旋的方式从一角的气体入口穿越流场极板到达另一角的气体出口。例如，从气体入口进入的气体可先分布于一个较大的入口总通道，从入口总通道又分流出不同的气口进行分流，每组分流的气体又分化为并联的小流场，并在另一端汇集到出口总通道，最后从出口流出。根据形状，极板通道通常称为蛇形、棋盘网格形等。相对于单一腔体的设计，采用许多小流场沟道的图案设计可以使燃料在穿过燃料电池时保持持续的流动，并使反应物呈均衡的分布。小流场沟道设计提供了更多极板和电极表面的接触点保障电子流的传递，以收集燃料电池的电流。

需要指出的是，通道的深浅和宽窄尺寸不仅关系气体的传质，还会影响电子的集流，因此需要综合平衡考虑。

5.4 燃料电池的性能表征

利用燃料电池的表征技术可以定性、定量地比较燃料电池的性能，评估燃料电池各组件工作的状态，揭示性能优劣的原因。但由于作为发电装置的燃料电池涉及的过程由多种材料及多因素控制，其输出能效是各部分组件整体协调工作的结果，因此电池性能的好坏及其影响原因需要复杂的测试技术评判。此外，组件之间的界面常对燃料电池系统的总损耗造成巨大的影响。

5.4.1 现场电化学表征技术

运用电化学变量如电压、电流、时间表征燃料电池在工作条件下的性能。在现场电化学

表征方面，有以下四种主要的方法。

1. 电流-电压(i-V)测量法

该方法是最普遍使用的燃料电池表征技术。i-V曲线(极化曲线)显示了燃料电池在给定电流密度下的电压输出，此外由电流密度与输出电压的乘积可得到电池的功率密度，因此 i-V 法可提供对燃料电池性能和功率密度的整体定量评估信息，如图 5.5 所示。高性能的燃料电池损耗较小，在给定电流情况下极化损失较少，会输出一个较高的电压。燃料电池 i-V 曲线通常由恒电位仪/恒电流仪系统测量，该系统从燃料电池提取一恒定电流同时测量相应的输出电压，通过逐渐提高所需电流就能测定燃料电池的整个 i-V 响应。

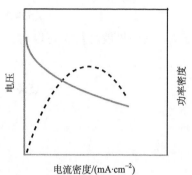

图 5.5　燃料电池极化曲线示意图

通常测量在恒电流下进行，燃料电池连接到一个固定的电流源，监控电压响应直到它不再随时间显著地变化，记录下此时的电压。然后，电流源的电流被提升到一个新预设值，重复以上的过程。由于时间的限制，燃料电池 i-V 曲线只有 10～20 个数据点，虽然数据较粗略，但是可大致反映燃料电池的性能。在测量燃料电池的 i-V 曲线时，需要注意以下两点：

(1)稳态：可靠的 i-V 曲线测量需要在处于稳定状态的系统中进行。当电池输出某个电流时，其对应的平衡电压需要一定的时间才能反映出来。这是因为当系统从一种状态变为另一种状态时，即使变量的变化很小，也会涉及多个过程需要重新达到平衡。例如，温度的变化会引发动力学过程的变化，而其中反应速率的变化又进而引发参与反应的物质浓度的变化等，所有这些都会引发一系列的变化，而每种变化都需要时间去谋求整个燃料电池的协调一致。通常燃料电池越大，达到稳态的过程越慢，通常需要 30 min 甚至几小时。而在燃料电池达到稳态前，测量所记录的电流或电压都不可靠。

(2)测试条件：测试条件会显著地影响燃料电池的性能。如前所述，任何一个微小的变化都需要较长的时间延迟才能得到稳定的状态，因此需要详细记录测试的运行条件、测试过程、装置的使用历史等，这对于准确评估电池的性能非常重要。其中需记录的重要测试条件包括温度、压力、反应气的流速、电池组装过程中的压缩力等。此外，由于电池性能与电极催化剂的活性、电解质的导电性和致密性等密切相关，因此电极的催化剂载量、膜的厚度等都是重要的性能参考指标。

在测量过程中，记录并保持燃料电池内温度的恒定非常重要。通常产生电能所利用的化学反应都涉及热能的变化，如氢氧燃料电池在运行中会放出热量，可能导致电池内部温度的变化，因此保持电池在较恒定的温度条件下运行是电池稳定可靠性的基本保障。测量时，不仅要测量燃料电池本身的温度，还要测量气体进出口的温度。复杂的技术甚至能实时监控燃料电池装置各部分的温度分布情况。

一般来说，升高温度能提高动力学过程和传导过程从而改善电池的性能，但对使用膜电解质的燃料电池来说，温度的变化会引发膜中水含量和分布的较大变化，而离子的传导与水有密切的关系，温度过高反而会因为膜失水而使电导率急剧下降，甚至使膜电解质丧失离子传导的功能。

如前所述，由于浓差电位的存在，参与反应气体的分压对电池的电压有明显的影响，因此在燃料电池入口和出口(背压)都要监控气体压力，测定燃料电池的内部压力及其压降。

参与反应的燃料和氧化气的供应量通常用流速控制。为防止出现极限电流密度的情况，通常在 i-V 测试过程中要保障足够的反应物供应量。为避免过度浪费，通常依照反应计量比控制反应物适当过量。

由于电池各组件所用材料不同，其热导系数也存在明显差异，而电池又往往在室温组装，在加热的条件下运行，因此组装电池时的压缩力关系到电池各组件的接触情况，合适的电池压缩力可有效防止欧姆损失，保障电池的运行效果。过高或过低的压缩力都不利于传质和保障组件材料的稳定性。

2. 电化学阻抗谱法

电化学阻抗谱(electrochemical impedance spectroscopy，EIS)法是 20 世纪 80 年代初发展起来的一种电化学动力学研究方法，通过对电极体系施加一个小幅度的正弦波的电位(5～10 mV)或者电流信号，研究体系的响应(即阻抗)随交流电信号的频率变化的关系，是一种准稳态的测量方法。其优点是如果信号的频率足够高，每一半周期延续的时间很短，不会引起严重的瞬间浓度变化和表面状态的变化。其次，由于交流电的信号在同一个电极上交替出现阴极和阳极过程，在信号的长期作用下也不会出现极化现象的积累，因此长时间作用后可得到其平均的结果。

该方法已广泛应用于研究物质的导电性能、电极过程动力学、金属腐蚀和防护、电极表面的吸脱附等方面，是现代电化学动力学的一种重要研究方法。通过交流阻抗法可以区分传质损失和活化损失，有时甚至可以区分阴极和阳极上的损失。该方法的缺点是测试过程耗时长，所需仪器价格较贵，对于高功率燃料电池系统难以发挥作用。

3. 电流干扰测量法

当加在燃料电池系统的恒流负载被突然切断，得到的依赖于时间的电压响应将反映燃料电池各种组件的电容和电阻性质。利用相同的分析燃料电池阻抗行为的等效电路模型可以了解燃料电池的电流中断行为。这种方法可以区分欧姆过程和非欧姆过程对燃料电池性能的影响。该方法的优点是直接快速，所需设备简单，还可运用于高功率燃料电池系统而且易于和 i-V 法配合使用。

4. 循环伏安法

循环伏安法是另一种研究燃料电池反应动力学的复杂技术。与交流阻抗技术类似，循环伏安法也是既耗时，结果又不容易解释的复杂方法。但该方法目前已广泛用于详细表征燃料电池催化剂的活性。在循环伏安法实验中，控制电位在某个区间往返线性扫描，记录扫描中由于氧化还原反应或吸附和脱附传质过程等电化学过程引起的电流的变化。当电位扫过对应于活化电化学反应的电位时，电流出现尖峰。在此尖峰之后，电流将保持在这一水平直到大部分可利用的反应物耗尽。在反向电位扫描时可以观察到反向的电化学反应(对应相反的电流方向)。峰的形状和大小将给出有关系统中反应和扩散的相对速率的信息及过程的不可逆程度。

5.4.2　非现场表征技术

非现场表征技术是指对燃料电池中的独立组件在非电池工作条件下进行的结构或性能的测试。大多数非现场表征技术着眼于评估燃料电池成分的物理或化学结构，以便识别出最显著影响燃料电池性能的因素。通常需要评估的因素包括孔结构、催化剂表面积、电极/电解质微结构和电极/电解质化学性质等。

1. 孔隙率的测定

由于燃料电池中的电化学反应在电极材料与电解质界面进行，且涉及气体和液体的传质，因此高效的燃料电池电极和催化剂结构必须有较高的孔隙率(porosity)。材料的孔隙率 p 定义为材料的孔空间和总体积的比值。如果多孔材料样品的密度(ρ_s)可通过测量其质量和体积确定，而且该材料的体密度(ρ_b)已知，那么孔隙率可以通过式(5.48)计算：

$$p = 1 - \frac{\rho_s}{\rho_b} \tag{5.48}$$

对燃料电池来说，为了保证有效传质，电极催化剂及气体扩散层的孔空间必须相互连通并敞开到材料表面，因此由那些相互连通并敞开到材料表面的孔测得的是有效孔隙率，而非通透型的孔不利于传质过程。有效孔隙率可以用体积渗透技术确定，通过检测从一侧穿过来的物质的量，评估材料的有效孔隙率。

2. BET(Brunauer-Emmett-Teller)表面积的测定

通常利用气体的吸脱附进行测量。其基本测试原理基于像氮气、氩气或氪气等惰性气体会在极低的温度下在样品表面形成良好的吸附层。实验中，将所有的气体从一干燥的样品中排出然后冷却到 77 K，即液氮的温度。降低分析腔的压力使惰性气体层在样品表面发生物理吸附，从测量的吸收等温线即可计算出样品的表面积。基于惰性气体的脱附也可以计算样品的比表面积，该过程通常在 453 K 进行。一般的仪器往往将吸附和脱附过程结合，以评估材料的比表面积。

需要指出的是，由于吸附气体的分子大小和性能不同，同样的材料采用不同的气体测量时，其结果可能出现偏差。

3. 透气性

燃料电池如果使用气体作燃料和氧化剂，那么电池的电极材料和催化剂层需要有高的透气性以便于反应物的输送和催化反应。但是对燃料电池的电解质来说，如膜电解质，必须要有良好的气密性以起到分隔阴阳两极区的作用。因此，气体透过率也是衡量电极和电解质材料性能的重要指标。图 5.6 为膜电解质材料气体透过率测定装置示意图。

气体透过率 $P(\text{mol} \cdot \text{cm}^{-1} \cdot \text{s}^{-1} \cdot \text{Pa}^{-1})$ 可以通过测量在一定温度 $T(\text{K})$、一定时间 $t(\text{s})$ 内通过膜样品的气体的量 $n(\text{mol})$ 和气体的压力变化(Δp, Pa)确定。假定气体为理想气体，则

$$n = \Delta p V / RT$$

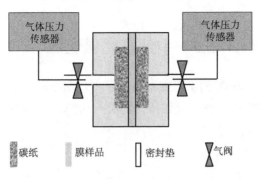

图 5.6 膜材料气体透过率的测定装置示意图

则有[10]

$$P = \frac{nL}{At\Delta p} = \frac{VL}{AtRT} \tag{5.49}$$

式中，V 为透过的气体体积；L 为样品的厚度(cm)；A 为气体在样品中扩散的面积(cm^2)；R 为摩尔气体常量。

气体透过率在一定程度上与材料的孔隙率有很大关系，其数值反映了膜材料的致密性。但是需要指出的是，如果大多数孔都是关闭的或者彼此互不连通，那么即使高孔隙率的材料也可能具有低的气体透过率。燃料电池中膜电解质应该具有较低的气体透过率，以起到分隔阴阳极区的隔膜作用，而电极的催化剂层应该具有高的气体渗透性，以保证反应气的供应满足电极反应所需。

4. 结构表征

结构一般指粒径大小、晶体结构、晶体取向和形貌等。一般来说，燃料电池各部件的材料结构均可以使用现代仪器表征手段进行分析测试。例如，电极可使用扫描电子显微镜、透射电子显微镜和原子力显微镜等各种技术进行形貌的表征。此外，这些形貌表征手段还能提供有关材料颗粒大小或者晶粒大小的信息。催化剂除了可以进行形貌表征外，还可以利用 X 射线衍射技术以及傅里叶变换红外光谱和拉曼光谱等进行结构表征。这些信息可以为开发电极、催化剂或电解质新材料提供重要帮助。

5. 化学组成

除了物理结构外，表征燃料电池各部件材料的化学成分也是非常重要的。当开发新的催化剂、电极或电解质材料时，经常需要在主体成分中掺杂少量、微量乃至痕量的其他成分，用以对结构和性能进行调控，这就需要对成分、微观构相、成键或空间分布等进行分析测定。对于化学结构的测定，核磁共振、质谱、红外光谱及拉曼光谱等是常用的分析技术；此外，俄歇电子能谱(AES)、X 射线衍射光电子能谱和二次离子质谱(SIMS)都能提供有用的化学信息。

5.5　中低温燃料电池

相对于工作温度高于 500℃的高温燃料电池，中低温燃料电池是指工作温度较低的燃料电池，目前中低温燃料电池的工作温度通常为室温～300℃，包括磷酸燃料电池、碱性燃料电池、膜电解质燃料电池等。

5.5.1　磷酸燃料电池

磷酸燃料电池是以磷酸作为电解质的燃料电池，是燃料电池中出现较早的一种[11]，其工作原理如图 5.7 所示。

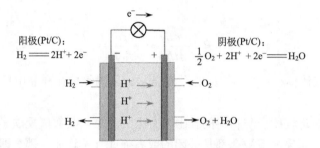

图 5.7　磷酸燃料电池工作原理图

磷酸燃料电池的电极反应为

阳极：
$$H_2 \longrightarrow 2H^+ + 2e^- \qquad \varphi^\ominus = 0$$

阴极：
$$2H^+ + \frac{1}{2}O_2 + 2e^- \longrightarrow H_2O \qquad \varphi^\ominus = 1.23\ V$$

电池总反应：
$$H_2 + \frac{1}{2}O_2 \longrightarrow H_2O \qquad E^\ominus = 1.23\ V$$

磷酸燃料电池工作时，阳极(负极)氢气在电催化剂(Pt/C)作用下，生成质子并释放电子，质子通过磷酸电解质溶液迁移到阴极(正极)，在阴极与氧气发生还原反应生成水；电子则通过外电路移动到阴极，将化学反应转化成外部电路的电流，并输出电功。

由于采用磷酸为电解质，空气中的 CO_2 不会与酸性电解质反应影响电导率，因此 CO_2 对电池性能的影响可以忽略不计。但是由于磷酸为中等强度的酸，在较低温度条件下，磷酸的离子电导率比较低，且阳极催化剂易受到 CO 的毒化；温度超过 200℃时，磷酸易发生失水反应，生成相应的焦磷酸($H_4P_2O_7$)等，因此磷酸燃料电池的工作温度通常为 160～200℃。

1. 磷酸燃料电池的结构及材料组成

磷酸燃料电池由电极、电解质、双极板及电流收集外电路等组成。

1) 电极

从结构上讲，电极主要分为扩散层、承托层与催化层。扩散层通常为多孔结构，其作用是使外部供应的反应气体能够顺利地扩散进入电极系统，并且均匀地分布在催化剂上，以提供最大的电化学反应面积；同时将反应产生的电子导出(阳极)进入外电路，然后导入(阴极)

完成闭合反应。电极通常由疏水处理后的碳纸或碳布等多孔材料制成，且应为电子导体。

承托层是由碳粉与疏水剂组成的混合物，是扩散层与催化层之间的过渡层，其作用是改善界面性能，一方面保障催化层能够均匀地涂敷在电极上；另一方面防止催化剂进入多孔的扩散层内部，影响催化剂的利用率。

催化层是电化学反应的场所，是复杂的多相体系汇集的地方。为了使电催化反应能够不间断地进行，并及时完成各类物质的传输，催化层需满足以下要求：

(1) 具有良好的透气性(气体透过率)，以保障反应气体的供应。

(2) 具有较大的比表面积，且能均匀地分布在电极表面，与反应气体分子充分接触，以保障催化效率。

(3) 其承载基体应为良好的电子导体，以完成电子转移成电子流。

(4) 其间应有离子传输通道并与电解质连通，保障离子在催化层和电解质之间的传质，因此催化剂应兼具电子和离子的双重传导功能。

(5) 具有良好的稳定性，一方面对微量共存组分具有良好的耐受性，不易发生催化剂中毒；另一方面能够保持良好的尺寸稳定性，在比表面积较大的情况下，不容易发生团聚等，保障催化活性和催化效率。

2) 电解质

由于磷酸为液态，为了分隔正、负极，磷酸一般封装在具有微孔结构的隔膜内，隔膜材料一般为由 SiC 和聚四氟乙烯组成的多孔材料[12,13]。磷酸在常温下的导电性较小，在高温即使无水条件下，仍具有良好的离子导电性，且为腐蚀性较低的非挥发性酸，为了保障一定的质子电导率，且防止产生较多水蒸气降低反应气体分压，一般采用浓度在 85% 以上的浓磷酸或纯磷酸为电解质。

3) 双极板

双极板是电堆中同时分别输送正、负两极反应需要的燃料气(氢气)和氧化剂(氧气或空气)并传导电流的组件，所传输的两极反应气通常分布在两个侧面，是燃料电池电堆不可或缺的组成部分。要求双极板材料具有足够的气密性、良好的导电导热能力、较好的机械强度和耐腐蚀性。其代表性材料为复合碳板，也有采用金属及其复合材料加工而成的。

2. 影响磷酸燃料电池性能的因素

1) 温度

从热力学角度分析，升高电池的工作温度会影响电极的可逆电位和降低电池的开路电压；此外电池温度过高，将会加快电池材料的腐蚀老化、催化剂的烧结团聚及磷酸的失水和降解。从动力学角度分析，提高电池的工作温度能增加传质速率和电极反应速率、降低电解质内阻、减少极化现象。因此，很难简单地判断温度高低对电池性能的影响。一般来说，温度升高对动力学过程的影响效果明显，然而对于具体的电池，还需结合电池的综合性能以及长期运行的稳定可靠性进行全面评价。

2) 气体压力

根据能斯特方程，反应气体压力的增加不仅可以提高可逆电池的电压，还可以减缓电极在大电流密度下的浓差极化，提高交换电流密度，降低活化极化。一般来说，增大气体压力有利于提高磷酸燃料电池的能效。

3）反应气体纯度

反应气体不纯，除了影响气体分压和可逆电池的电压，进而影响电池的能效外，更主要的是微量杂质可能会造成催化剂中毒。例如，CO 和硫化物均影响催化剂铂的活性，毒化电极并导致电极的极化。当燃料气是由醇类或蒸气重整反应而来并非纯氢气时，需要严格控制燃料气中的 CO 和 H_2S 等的含量（燃料净化与脱硫）。由于 CO 在催化剂 Pt 表面的吸附受温度影响很大，提高温度可以有效提高催化剂的耐受性，缓解 CO 的影响[14]。

5.5.2　碱性燃料电池

碱性燃料电池是最早得到应用的一种燃料电池，其早在 1960 年就被用于农用拖拉机的动力。20 世纪 60 年代，美国阿波罗登月宇宙飞船及航天飞机上的动力电源使用的也是碱性燃料电池[14]。图 5.8 为用于航天器的碱性燃料电池。该电池直径大约 57 cm，高 112 cm，质量 112 kg，反应气为压力 4 atm 的纯氢和纯氧，使用 85% KOH 作为电解质（高压下需用高浓碱液），在电压约为 30 V 下的最大输出功率为 1.42 kW[15]。

(a)　　　　　　　　　　　　　　　(b)

图 5.8　碱性燃料电池(a)用于阿波罗航天器(b)[16]

碱性燃料电池是以强碱（KOH 或 NaOH）为电解质、氢气为燃料、氧气为氧化剂的燃料电池。碱性燃料电池电解质传导的是氢氧根离子(OH^-)，其迁移离不开水，所用碱性电解质为水溶液；与磷酸燃料电池类似，碱电解质溶液通常固定在多孔石棉膜中。碱性燃料电池的工作原理如图 5.9 所示。

碱性燃料电池的反应为

阳极：　　　　　$H_2 + 2OH^- \longrightarrow 2H_2O + 2e^-$　　　　　$\varphi^{\ominus} = -0.83\ V$

阴极：　　　　　$H_2O + \dfrac{1}{2}O_2 + 2e^- \longrightarrow 2OH^-$　　　　　$\varphi^{\ominus} = 0.40\ V$

电池总反应：　　　　$H_2 + \dfrac{1}{2}O_2 \longrightarrow H_2O$　　　　　$E = 1.23\ V$

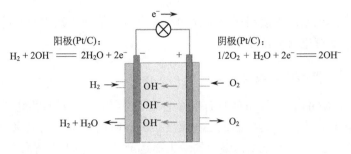

图 5.9 碱性燃料电池的工作原理图

1. 电催化剂与电极

碱性燃料电池的催化剂与磷酸燃料电池的类似，均需要对氢气的电化学氧化和氧气的电化学还原具有催化活性。所不同的是，碱性燃料电池的电催化剂是在碱性条件下工作，不仅可以采用贵金属铂为催化剂，也可以选择非贵金属催化剂，从贵金属铂的自然储量和价格等因素考虑，可使用非贵金属为催化剂是碱性燃料电池发展的重要优势。对于贵金属催化剂，铂和铂合金等以颗粒状形式沉积于碳载体上或作为镍基金属电极的一部分；对于非贵金属催化剂，常采用 Ni 粉末作阳极催化剂，而阴极催化剂为 Ag 基催化剂粉末[12]。

与磷酸燃料电池类似，碱性燃料电池的电极需同时具有较好的电子和离子传导特性，以减少欧姆损失；从电池组装过程和工作中的需要考虑，电极还需有足够的机械强度，以及完成气体传质应具有的合适的孔隙率；在碱性介质中具有稳定的催化活性。根据电极表面性质的不同，可分为亲水电极和疏水电极，如金属电极属于亲水电极，含有疏水性聚四氟乙烯的碳基电极为疏水性电极。

2. 电解质

碱性燃料电池使用的电解质通常是 KOH 水溶液，浓度一般为 30%～45%（相当于 6.85～11.6 mol·L^{-1}）。依照电解质存在方式可分为动态和静态两种类型。

动态电解质的存在方式是使 KOH 水溶液在电池内部进行循环流动。其特点在于电解质可以随时更新，有利于去除空气中的 CO_2，避免与碱反应生成碳酸盐（$2KOH + CO_2 \longrightarrow K_2CO_3 + H_2O$），因此保持电解质浓度不变；并且可以利用电解质的更新循环起到冷却剂的作用，防止因反应过程放热引起电池温度升高，有助于水、热管理。但循环电解质需要一些附加系统，如泵和管路等，由此增加了碱性燃料电池系统的复杂性，降低了单位体积/质量的电池的能效。

静态电解质的管理方式是将 KOH 溶液固定在两个电极之间的隔膜材料中，如石棉膜。隔膜材料需要具有很好的孔隙率、强度和抗腐蚀性能。浸泡了碱液的石棉膜可以起到分隔氧化剂和燃料、提供 OH$^-$ 传递通道的作用。静态电解质管理方式使电池系统组装较为简单，但静态电解质无法随时更换电解质，难以避免 CO_2 对电池性能的影响，因此采用静态电解质系统的碱性燃料电池必须使用纯氧作为氧化剂。另外，电池工作中会生成水和放出热量，不仅会影响电解质的浓度和系统的温度，还会使电池系统的水、热管理问题变得较为突出。例如，一方面要考虑如何使工作中的电池阳极产生的水及时排出，避免过量的水进入气体通道导致电极被淹；另一方面还要确保阴极区有足够的水补充以缓解电极反应对水的消耗以及氧气流引起的水分流失，保持电解质浓度的稳定。

3. 影响碱性燃料电池性能的因素

(1)温度。由于 KOH 在室温下就具有良好的离子电导率，因此碱性电堆在常温下工作时的输出功率相对较高，大约能达到额定工作温度(70℃)时的一半。当电池工作温度由室温升至 50~60℃时，电池输出功率随工作温度的增大而逐渐增大。由于电解质电导率对水的依赖，温度较高时溶剂水挥发，不利于电解质的离子传导及系统气体压力的管理。

(2)压力。一般来说，提高系统工作压力有利于提高燃料电池性能。工作压力由反应气体压力与碱腔压力确定。在电池运行过程中，应使反应气体室(阳、阴极室)与碱腔保持一定的压差以利于气体的传输。但是压差不能过大，否则会导致反应气进入碱腔引发电池性能的不稳定。

(3)电解质浓度。对于浓度较稀的 KOH 溶液，其电导率随 KOH 浓度的增加而增加，当 KOH 浓度超过约 8 mol·L^{-1}(约 35%)时，电解质的黏度与离子迁移阻力增加，电导率随 KOH 浓度的增加开始呈下降趋势，因此在碱性燃料电池中，KOH 的浓度不宜过高。

(4)CO_2 的影响。为了防止碱性电解质与空气中的酸性 CO_2 反应，氧化剂(包括氧气、空气)必须除去 CO_2，或者采用纯氧气。否则，反应生成的碳酸盐会降低电解质的电导率，导致电池性能的严重下降。

4. 碱性燃料电池的优点和不足

碱性燃料电池的优点：常温下，碱性电解质 KOH 的电导率比磷酸的高；在碱性介质中，阳极氧化比酸性条件下更容易进行，可以使用非铂催化剂；由于工作温度低和碱性介质，可以采用镍板作双极板。

碱性燃料电池的缺点：碱性电解质容易与 CO_2 生成 K_2CO_3、Na_2CO_3，降低了电解质的电导率，碳酸盐还易从水中析出，造成系统的孔隙堵塞，削弱了燃料电池性能，影响输出功率；此外，由于碱性燃料电池的工作温度在水沸点以下，且离子电导率对水依赖程度高，因此系统的水平衡及热管理问题较为复杂。

5.5.3 质子交换膜燃料电池

以质子导体聚合物膜为电解质的燃料电池，称为质子交换膜燃料电池，其早期又称为聚合物膜燃料电池。随着离子导体聚合物电解质的发展，先后分化为质子和氢氧根离子导体膜，再加上各类离子导体聚合物膜在各类新型化学电池、分析仪器器件、水净化处理等更广泛领域的应用，为便于区分，目前传导质子的聚合物膜一般称为质子交换膜。与前面两节介绍的磷酸燃料电池和碱性燃料电池相比，质子交换膜燃料电池最大的特点是以厚度在微米级的固相聚合物质子导体薄膜代替了液态电解质，因此很大程度上减弱了酸碱对系统组件的腐蚀，解决了液体电解质的封装和泄漏等问题，使系统组装更简便；膜电解质可做成几十微米的薄膜，减小了电池系统的质量和体积，提高了电池的能量密度。因此，这类燃料电池又称为便携式燃料电池。

质子交换膜燃料电池一般采用铂作为催化剂。与其他几种类型燃料电池相比，质子交换膜燃料电池的工作温度一般低于 200℃(视电解质情况有所不同)，具有启动速度快、模块式安装和操作方便等优点，被认为是电动车、潜艇、各种可移动电源、供电电网和固定电源等的替代电源[6,14]。美国通用电气公司于 20 世纪 60 年代首次开发出该类燃料电池并用在第一批载人航天器上[16]。

质子交换膜燃料电池工作原理与磷酸燃料电池类似，所不同的是，质子交换膜燃料电池由膜电极和有气体流动通道的双极板组成。其核心部件膜电极是采用一片聚合物电解质膜和位于其两侧的两片电极热压而成，因而又称为具有"三明治"结构的膜电极三合一组件。中间的固态电解质膜起到了离子传递、分隔燃料与氧化剂的双重作用，而两侧的电极是燃料和氧化剂进行电化学反应的场所。质子交换膜燃料电池的工作原理如图 5.10 所示。

质子交换膜燃料电池的反应为

阳极：
$$H_2 \longrightarrow 2H^+ + 2e^- \qquad \varphi^\ominus = 0 \text{ V}$$

阴极：
$$2H^+ + \frac{1}{2}O_2 + 2e^- \longrightarrow H_2O \qquad \varphi^\ominus = 1.23 \text{ V}$$

电池总反应：
$$H_2 + \frac{1}{2}O_2 \longrightarrow H_2O \qquad E^\ominus = 1.23 \text{ V}$$

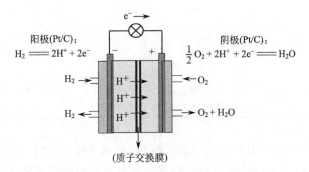

图 5.10 质子交换膜燃料电池的工作原理图

1. 质子交换膜燃料电池的主要组成部件

1) 质子交换膜

质子交换膜是质子交换膜燃料电池核心的关键元件之一，具有传导质子，分隔阴、阳两极区，阻止燃料向反方向透过等作用，有些膜电解质还具有承载催化剂的作用。因此，除了要求其对离子传输有选择性和高效性之外，还需具有足够的机械强度和较高的稳定可靠性。此外，质子交换膜必须为电子绝缘体，其只能传导目标离子，否则会导致电池内部短路而无法工作。总之，质子交换膜需要具有以下特点：①高离子电导率；②良好的化学稳定性(抗酸、抗氧化还原)；③耐高温；④机械性能好(强度、韧性及尺寸稳定性)；⑤透气率低。

20 世纪 60 年代末期，杜邦公司成功开发出系列 Nafion® 全氟磺酸质子交换膜，由 F 元素取代聚合物中 C—H 键上的所有氢元素，极大地提高了聚合物的化学稳定性，磺酸官能团使其在水存在下具有高质子电导率，其很快应用于质子交换膜燃料电池，并因此突破了因膜电解质寿命有限导致的该类燃料电池发展的低迷状态。

全氟磺酸膜的结构及主要信息如表 5.5 所示。由于 C—F 键键能(485 kJ·mol⁻¹)比 C—H

键键能高出 84 kJ·mol^{-1}，因此全氟磺酸质子交换膜具有良好的热稳定性和化学稳定性。带负电荷的氟原子紧密地包裹在—C—C—主链周围，使骨架免于发生因电化学产生自由基中间体导致的氧化，从而使其具有良好的电化学稳定性。

需要指出的是，质子在全氟磺酸膜中传导时，往往是以水合质子的形式进行的，因此该膜的电导率强烈地依赖水，随着膜中水含量的降低，电导率呈现明显下降的趋势，甚至丧失质子传导能力。一般来说，为了得到足够的质子导电能力，每个磺酸基团周围的水分子数（水合系数λ）至少要高达五六个，而要实现最高电导率，λ值往往要在 20 以上。

表 5.5　全氟磺酸膜的结构及其商品化膜信息[17]

$$—(CF_2—CF_2)_x—(CF_2—CF)_y—$$
$$|$$
$$(O—CF_2—CF)_m—O—(CF_2)_n—SO_3H$$
$$|$$
$$CF_3$$

商品膜名称	重复单元分子量	干态膜厚度/μm
Nafion®117	1100	175
Nafion®115	1100	125
Nafion®112	1100	50
Nafion®120	1200	260
Nafion®105	1000	125
Dow®	800～850	125
Femion®	1000	R 50；S 80；T 120
Aciplex®-s	1000～1200	25～100

对于聚合物离子导体膜电解质，目前普遍接受的离子传导机理为格罗特胡斯(Grotthuss)机理，即在水分子存在下，质子通过与水分子之间氢键的形成和断裂完成传递[18]。水分子在其间既充当质子的给体，又是质子的受体。水分子越少，质子传递的阻力越大。除了水分子外，某些含氧酸如磷酸和硫酸，通过与质子形成氢键网络在含氧酸与其酸根之间完成质子的传递。此外，离子液体以其在室温下呈现液态且几乎没有蒸气压等特点，被用作质子导体介质，以取代溶剂水的作用，从而实现高温质子交换膜在低湿度或无水条件下的质子传导功能[19]。目前，最具代表性的一类高温质子交换膜是掺杂有磷酸的聚苯并咪唑(PBI)膜电解质，其工作温度可高达 200℃，磷酸的低挥发性和在低湿度下的质子传导能力为高温质子交换膜的发展起到了关键的作用。

对全氟磺酸质子膜来说，其稳定性和使用寿命在膜电解质中可谓首屈一指，然而其质子电导率对水的强烈依赖，也严重限制了其使用温度不能超过水的沸点。另外，由于膜燃料渗透速率较大，特别是当用于直接甲醇燃料电池时，会使燃料电池的性能大大降低。从实际应用和商品化角度考虑，全氟磺酸膜的生产工艺复杂，其合成过程伴有对环境的严重污染，且价格较高，因此限制了其大规模使用。

针对上述全氟磺酸膜实际应用中存在的问题，近十几年对成本较低的部分氟化或非氟新型质子交换膜进行了广泛的探索与研究。非全氟磺酸膜与全氟磺酸膜的主要不同表现在微观结构、吸水性和电导率等方面。非全氟磺酸膜与全氟磺酸膜的微观结构有很大区别。全氟磺酸膜的碳氟主链是极端疏水的，而终端的磺酸基团是极端亲水的，微观结构研究表明，全氟磺酸膜的离子团簇亲水通道"通透性"好，只要有足够水分子存在，膜结构中的磺酸基团即可保持整个体系的质子导电性能，而疏水的碳氟主链则起到保持膜的机械强度和稳定性的作用。然而对于非全氟磺酸膜，碳氢主链的疏水性以及磺酸基团的酸性和极性相对较弱，形成的亲水质子传输通道有些是"闭合"的，不利于质子的传输[20]。此外，从化学稳定性来看，全氟磺酸膜的化学稳定性要比高分子碳氢膜高很多。在燃料电池运行时，阴极反应过程中产生的 H_2O_2 以及·OH 或·OOH 自由基会攻击膜结构中的碳氢键，导致膜的降解，影响膜的使用寿命。显然，非全氟磺酸膜要实现在燃料电池中的应用，稳定性和寿命是一个需要解决的问题。

2）电极与电催化剂

电极是质子交换膜燃料电池发生电化学氧化还原反应的场所，其传质和反应的效率决定了电池的能效。电极一般包括扩散层和催化层，扩散层通常是由碳纸制作并做疏水处理，主要用于为外电路输送电子、保证反应气体或燃料及反应产物等物质的传输。催化层由金属铂（Pt）与石墨（C）材料按一定比例配制而成。在质子交换膜燃料电池中，无论阳极的氧化反应还是阴极的还原反应，均是可自发进行的不可逆过程。因此，催化剂的利用率和对反应的催化活性、反应物的利用率和扩散传质的效果，均影响电池的能效。一般来说，铂催化剂催化效果好，但成本较高；通常将铂做成纳米级金属颗粒的形式，以增大催化剂的比表面积，提高催化效率并降低成本。

3）膜电极

膜电极是膜电解质与包含催化剂的电极的组合体，是质子交换膜燃料电池的核心组成单元，如图 5.11 所示。将多个膜电极按照需求以不同组合方式连成一体，便形成了电池电堆。质子交换膜燃料电池的膜电极性能实际上就是电池的性能，可从以下方面进行优化。

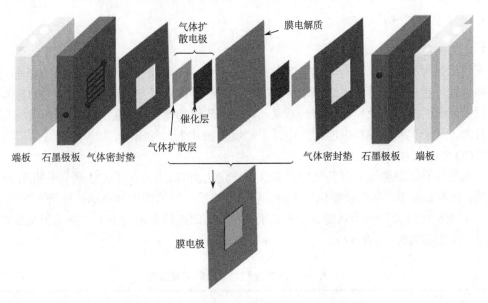

图 5.11 质子交换膜燃料电池和膜电极的构成

(1) 膜电极的结构优化。这种将正极-膜-负极压合在一起做成的膜电极"三合一"组件，其间的接触衔接状态影响反应的过程和效果。

(2) 膜电极的制作工艺优化。一般来说，电极催化层比表面积越大，催化剂利用率越高，催化层越薄与电解质的接触越好，越有利于进行离子的传输；一般膜电极厚度为 $10\sim20\ \mu m$。

(3) 膜电极材料的选择。膜电极所选材料要在满足结构和工艺要求的同时，考虑材料的价格、资源的供应及对环境的影响等因素。

4) 双极板

质子交换膜燃料电池的反应气体供应是通过双极板完成的，要求确保反应气体可以均匀地分布在整个电极板表面；对多个单电池组成的电堆来说，双极板还担负着将燃料电池的正、负极隔开的功能。实验室通常采用复合型双极板，它由石墨板和不锈钢压合而成，集成了石墨与不锈钢两者的特质，具有抗腐蚀性好、强度高、质量轻且易于加工等优点。

2. 质子交换膜燃料电池的特点

(1) 膜材料一般为聚合物基高分子薄膜固相材料，厚度在 $100\ \mu m$ 左右，具有良好的柔韧性，因此组装或密封等操作较其他电池简便。

(2) 质子交换膜为非液态固相膜电解质，消除了液态酸的易流失和腐蚀性缺点，使用和操作更加安全。

(3) 利用氢氧化合作用直接将化学能转化为电能和热能，能量转化效率高，不涉及机械能的转换，不受卡诺循环的限制。

(4) 质子交换膜燃料电池唯一的产物是水，运行噪声低，可实现零排放；其利用的燃料氢气是一种可再生的能源，且氢是世界上最丰富的元素，因此质子交换膜燃料电池是环保型能源。目前，氢气的生产、储存、运输和使用等技术均已成熟、安全、可靠。

3. 质子交换膜燃料电池的影响因素

1) 压力的影响

无论从热力学还是从动力学的角度考虑，提高反应物氢气、氧气的工作压力都有利于提高电池性能。在一定条件下，选取较高的压力有利于提高质子交换膜燃料电池单位面积的功率，然而系统的压力增大使电堆密封难度、额外的压缩功耗及管路系统的管理难度等都会增加。目前，质子交换膜燃料电池的工作压力一般都在几个大气压内。

2) CO 的影响

从天然气等制取氢气的重整气中大多含有一定比例的 CO，由于 CO 极易吸附在 Pt 的活性位置，且不易脱附，会引起催化剂中毒，从而导致质子交换膜燃料电池的性能大幅度下降。由于 CO 导致的 Pt 催化剂中毒随温度升高而减缓，因此在较高温度下工作的质子交换膜燃料电池受 CO 的影响较小(表 5.6)。

表 5.6　Pt 催化剂对 CO 的耐受情况[21]

温度/℃	80	125	150	175	200
对 CO 耐受量(体积分数)/%	0.001	0.1	0.5	1	3

目前，解决催化剂中毒的方法有：①阳极注入氧化剂，将 CO 氧化去除；②重整气预净化除 CO，如 $CO + H_2O \Longrightarrow CO_2 + H_2$；③采用抗 CO 电催化剂等。

需要指出的是，在氢气一侧加入一定比例的空气或双氧水等氧化剂消除 CO 的方法不仅存在安全隐患，还会增加系统的复杂性；而重整气预净化过程需要额外的装备，增加了系统的复杂程度，降低了系统的整体效率。与这两种方法相比，研究较多的是开发抗 CO 的催化剂，如利用 Pt 界面的吸附机理，在 Pt 中适当掺杂钌(Ru)或铑(Rh)等其他元素以增加 Pt 的抗 CO 毒化性能[22-24]。

为了解决低温质子交换膜燃料电池存在的功率密度低，催化剂受 CO 等微量杂质毒化的影响，以及水热管理困难等技术难题，人们发展并使用高温质子交换膜，通过提高燃料电池工作温度消除 CO。高温膜电解质的出现不仅解决了催化剂受 CO 影响的问题，还由于水热管理的简便使得电池系统大大简化，提高了电池的能效。此外，高温质子交换膜燃料电池中催化剂对 CO 等杂质耐受性的提高，还有望解决电池系统燃料单一的供应模式(一般直接供应氢气)，可使用重整系统利用液态燃料如醇等产生氢气作为间接燃料供应电池[25]。

4. 质子交换膜燃料电池的应用

质子交换膜燃料电池由于能量密度大，适合作为便携式能源使用，如可以应用于汽车、电池充电、通信设备的发电等。在质子交换膜燃料电池的应用中，最适合的是运输，因为燃料电池的发电堆中没有移动部件，较少需要维护，且以高效率和大功率密度提供连续的电能供应。

5.5.4 阴离子交换膜燃料电池

阴离子交换膜燃料电池以碱性聚合物薄膜材料作为电解质，阴离子(OH⁻)作为移动粒子在两极间传导电荷。与质子交换膜燃料电池相比，阴离子交换膜燃料电池具有以下优势：

(1)阳极的氧化过电位在碱性条件下明显低于在酸性条件下，电池的电极反应的活性更高、速率更快，有望获得更高的库仑效率。

(2)因为阴离子交换膜燃料电池的电极反应活性更高，CO 对催化剂的中毒现象可以忽略，此外电池反应催化剂可以选用 Ag、Ni 等非贵金属，这在很大程度上降低了电池的使用成本。

(3)水溶液中的离子迁移离不开水，是水合离子的迁移，阴离子交换膜燃料电池工作过程中，水合 OH⁻从电池的阴极透过膜传递到阳极，与燃料的扩散方向相反，一定程度上缓解了燃料如甲醇随溶剂的渗透，减小了因为燃料渗透而产生的电压损失。

与质子交换膜燃料电池类似，阴离子交换膜燃料电池由阳极、阴极和阴离子交换膜构成。气体扩散层为多孔材料，阳极和阴极扩散过来的气体分别在其对应的催化层发生氧化和还原反应，外部电路传导电子，形成闭环电流通道[26]。

阴离子交换膜燃料电池的工作原理如图 5.12 所示。

阴离子交换膜燃料电池的电极反应为

阳极： $H_2 + 2OH^- \longrightarrow 2H_2O + 2e^- \qquad \varphi^\ominus = -0.83\ V$

阴极： $H_2O + \frac{1}{2}O_2 + 2e^- \longrightarrow 2OH^- \qquad \varphi^\ominus = 0.40\ V$

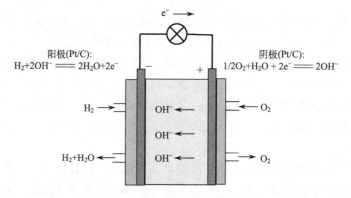

图 5.12　阴离子交换膜燃料电池的工作原理示意图

电池总反应：　　　　　　$H_2 + \dfrac{1}{2}O_2 \longrightarrow H_2O$　　　　　　$E^{\ominus} = 1.23\ \text{V}$

由此可见，与质子交换膜燃料电池不同的是，阴离子交换膜燃料电池的水是在阳极一侧生成。

　　阴离子交换膜具有分隔阴、阳两电极和传导 OH^- 的作用。阴离子交换膜通常为带正电荷的聚电解质（如季铵盐）。作为膜电解质使用时阴离子交换膜需满足以下条件：

　　(1)由于 OH^- 离子尺寸比质子大，OH^- 的离子迁移速率低于氢离子，因此阴离子交换膜需要通过结构设计等保障其较高的离子电导率。

　　(2)较高的机械强度和稳定性，能承受膜两侧的压力（或压力差），起到隔绝燃料和氧化剂的作用。由于季碱型膜亲水性强，易溶胀变形导致机械性能下降，因此阴离子交换膜需要平衡离子电导率和机械性能对膜结构的不同需求。

　　(3)具有高化学稳定性，由于阴离子交换膜燃料电池在强碱性环境中运行，因此需要阴离子交换膜在电池运行的高 pH 下保持稳定不发生降解，这是电池的输出功率和运行寿命的保障。然而目前所报道的阴离子交换膜的耐碱稳定性依然十分有限，这也是碱性阴离子交换膜发展中面临的挑战。

　　第一代商品化的阴离子交换膜是日本生产的季铵化的二烯基苯交联的聚氯丙烯[27]。由于季铵盐易受 OH^- 攻击发生降解，人们陆续报道了各类阳离子型阴离子交换膜聚合物膜材料，如季鏻盐、季锍盐及基于氮杂环的咪唑盐等[27,28]。迄今，人们在聚合物基体和功能阳离子的结构设计优化方面进行了大量的工作以改善阴离子交换膜的稳定可靠性。例如，研究表明咪唑盐的共轭结构有利于缓解亲核试剂的攻击，加之咪唑盐良好的离子电导率，受到了人们的广泛关注。然而进一步研究表明，C2 位未取代的咪唑不稳定并且在强碱性环境中易开环降解。为此，人们在该位置引入取代基，通过相邻较大基团的引入增加亲核试剂对 C2 位置攻击的空间位阻，在一定程度上提高了基于咪唑盐的阴离子交换膜的耐碱稳定性，并推广应用到基于苯并咪唑的离子导体膜[29]；此外苯并咪唑鎓类型的阴离子交换膜在尺寸、机械和热稳定性方面的优势也受到了人们的关注[30]。

　　近年来，人们通过聚合物主链结构设计合成高性能阴离子交换膜的研究日益增多。例如，设计合成具有不同侧链型结构的阴离子交换膜，通过优化膜的微相结构分布提高阴离子交换膜的电导率和稳定性[31,32]。

　　除了 OH^- 的亲核攻击外，研究表明在强碱性热溶液中，自由基对阴离子交换膜的攻击也是其降解的主要途径之一[33]，如图 5.13 所示。在阴离子交换膜结构中引入某些自由基抑制剂，或在碱性介质中加入自由基抑制剂，均可有效缓解阴离子交换膜的降解，提升其耐碱稳定性[34]。

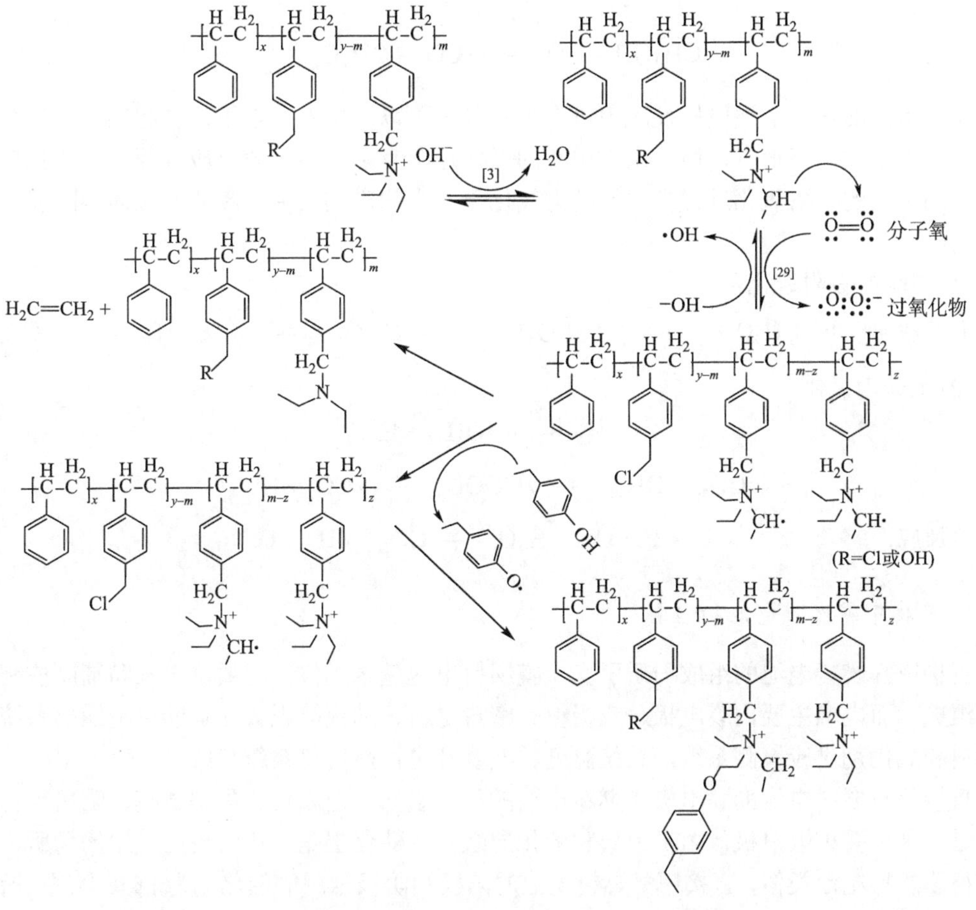

图 5.13　自由基参与的阴离子交换膜的降解过程[34]

与质子交换膜燃料电池不同，阴离子交换膜燃料电池的催化剂可以使用非贵金属，如镍和银等。近年来，在材料、形貌结构、载体改性等方面的研究取得了一定进展。对于合金催化剂，可以通过调控催化剂表面组成、金属的原子比，改变其形貌结构和尺寸等，改变燃料在催化剂金属表面上的吸附性质，降低反应活化能，从而改善催化剂的活性和提高催化效率。此外，催化剂的载体可以为附载的催化剂提供大的比表面积，提高催化剂活性组分的分散度，使金属暴露更多活性位点，从而改变催化剂电子结构和能级密度分布，进而增强催化剂的活性和稳定性[35]。

5.5.5　直接醇燃料电池

直接醇燃料电池是以醇类为燃料，将其氧化的化学能转化为电能的一种能量转化装置，由阳极、阴极和电解质膜组成。因为甲醇比乙醇等其他醇类物质更容易发生电极反应，因此通常称为直接甲醇燃料电池。直接醇燃料电池所用膜电解质可以是质子交换膜，也可以是阴离子交换膜。以质子交换膜电解质为例，阐述其电池工作原理：

阳极
$$CH_3OH + H_2O \longrightarrow CO_2 + 6H^+ + 6e^-$$

阴极
$$6H^+ + \frac{3}{2}O_2 + 6e^- \longrightarrow 3H_2O$$

电池总反应
$$CH_3OH + \frac{3}{2}O_2 \longrightarrow CO_2 + 2H_2O$$

需要指出的是，上述电极反应中每个甲醇分子可以产生 6 个电子，看起来比氢气氧化过程的两个电子效率高很多，但是由于甲醇的氧化是个复杂的多步骤反应过程，主要包括甲醇在催化剂表面的吸附氧化过程及水的助力氧化等，中间产物较多，因此反应的实际能效反而并不高。

(1)甲醇的吸附氧化：

$$CH_3OH \longrightarrow CH_3OH_{ad} \longrightarrow CH_2OH_{ad} \longrightarrow CHOH_{ad} \longrightarrow COH_{ad} \longrightarrow CO_{ad}$$

(2)水助力氧化：

$$H_2O \longrightarrow OH_{ad} + H^+$$

(3)
$$CO_{ad} + OH_{ad} \longrightarrow COOH_{ad} \longrightarrow CO_2 + H^+$$

总反应：
$$CH_3OH + H_2O \longrightarrow CO_2 + 6H^+ + 6e^-$$

1. 直接甲醇燃料电池的组成

直接甲醇燃料电池的组成与质子交换膜燃料电池基本类似，主要由电堆和辅助控制输出系统组成，而电堆主要由膜电极、双极板、密封材料、端板等组成；辅助控制输出系统主要由燃料和氧化剂供应检测系统，系统温度、湿度及电性能检测系统组成。

直接甲醇燃料电池的膜电极是燃料电池的重要组件，由阳极、电解质膜、阴极等构成。电极是一种多孔扩散电极，由扩散层和催化层组成。催化层是电化学反应发生的场所，与质子交换膜燃料电池类似，直接甲醇燃料电池的阳极和阴极常用的催化剂为 Pt 贵金属；所不同的是，与以氢气为燃料的电池相比，甲醇氧化为二氧化碳的反应是多步骤氧化的结果，反应过程复杂，速率较慢，因此其电极反应所需电极催化剂的载量更大，而其输出功率往往还低于质子交换膜燃料电池。

Pt 对甲醇氧化具有较高的电催化活性，并且在酸中有较高的化学稳定性，一般用作直接甲醇燃料电池的阳极催化剂。如上所示，甲醇反应过程中有能使催化剂中毒的 CO 产生，因此阳极通常采用 Pt-Ru/C 催化剂，Pt-Ru/C 催化剂对甲醇氧化有很好的电催化活性和抗 CO 毒化作用。Ru 的加入会减弱 Pt 与 CO 之间的相互作用。另外，Ru 易与水形成活性含氧物种，它会促使甲醇解离吸附中间体在 Pt 表面的氧化，从而提高 Pt 对甲醇氧化的电催化活性和抗中毒性能。直接甲醇燃料电池所用的阴极催化剂一般是 Pt/C，其主要问题是对氧还原的电催化活性低及透过隔膜的甲醇燃料会使阴极催化剂中毒，导致性能降低并产生混合电位。目前研究的重点是如何提高氧还原的电催化活性，同时解决电催化剂对甲醇氧化的中间产物的耐受性问题，进而提高电化学反应效率。从降低成本考虑，研究非贵金属催化剂也是其发展方向。

2. 影响直接甲醇燃料电池性能的因素

1) 电极过电位

一般来说，催化甲醇阳极反应的起始电位约为 0.4 V，商业化使用的是 Pt-Ru/C 催化剂，存在 0.2～0.4 V 的过电位；在高电流情况下，过电位会更高。阴极氧还原催化剂 Pt/C 的起始电位约为 0.9 V，存在 0.3～0.6 V 的过电位。催化活性尚有待提高。

2) 膜电解质

直接甲醇燃料电池最常见的全氟离子交换聚合物膜是商品化的 Nafion®。这类膜具有疏水性—C—F—骨架结构和较好的机械强度。但是由于磺酸化膜的质子的水合系数(λ)较高，甲醇燃料在膜中的透过率较高，从而导致电池的性能不高。此外，阴离子交换膜也可用于直接甲醇燃料电池，工作介质则由酸性变为碱性，但目前阴离子交换膜在其工作的碱性介质中的稳定可靠性限制了其发展和应用。

3. 直接甲醇燃料电池的应用

由于采用液体甲醇为燃料，与使用氢气的燃料电池相比，其燃料的供应和携带方便了很多，因此在便携式电子设备、军工、交通运输等领域具有十分广阔的应用前景。但是目前仍存在诸多问题，如电池阴极水管理、Pt 催化剂中毒、性能衰减、甲醇渗透、成本过高等，因此直接甲醇燃料电池的商业化仍然有很长的路要走。在直接甲醇燃料电池研究中，提高电池性能和寿命、优化工作条件、降低电池成本成为实现该类燃料电池商业化的关键。

5.6 高温燃料电池

根据燃料电池的工作温度，将工作温度在 500℃ 以上的燃料电池称为高温燃料电池。以电解质来分类，包括熔融碳酸盐燃料电池和固体氧化物燃料电池。

5.6.1 熔融碳酸盐燃料电池

熔融碳酸盐燃料电池是一种工作温度约为 650℃、采用熔融的碳酸盐为电解质的高温燃料电池。较高的操作温度使熔融碳酸盐燃料电池能够直接使用天然气作为燃料，且不需要对燃料进行预处理；由于工作温度较高，可以使用来自工业过程的低热值高温气体。熔融碳酸盐燃料电池在 20 世纪 60 年代中期被开发出来，发展到今天，在制备方法、性能和寿命方面都有了很大改进。

熔融碳酸盐燃料电池发电时，由外部向阳极供给燃料气体(如 H_2)，向阴极供给空气和 CO_2 的混合气。在阴极，氧气在外电路接受电子，与 CO_2 作用生成碳酸根离子，碳酸根离子经过电解质向阳极移动。在阳极，H_2 与碳酸根离子反应生成 CO_2 和水蒸气，同时向外电路放出电子，其电池工作原理为

阳极 $$CO_3^{2-} + H_2 \longrightarrow H_2O + CO_2 + 2e^-$$

阴极 $$CO_2 + \frac{1}{2}O_2 + 2e^- \longrightarrow CO_3^{2-}$$

电池总反应 $$H_2 + \frac{1}{2}O_2 \longrightarrow H_2O$$

从上述反应方程式可以看出,熔融碳酸盐燃料电池与其他燃料电池有所不同,阴极反应需要消耗二氧化碳,而在阳极,碳酸根离子又转换为 CO_2,可以实现从阴极到阳极的 CO_2 循环。

1. 熔融碳酸盐燃料电池材料

熔融碳酸盐燃料电池由阴极(空气极)、阳极(燃料极)、电解质基体和隔板组成。目前存在的最大问题是阴极材料 NiO 的不断溶解和金属 Ni 的不断沉积(金属枝晶),最终导致 Ni 短路,此外高温下电解质的降解和隔板腐蚀也有待进一步改善。

熔融碳酸盐燃料电池的电极是 H_2 和 O_2 反应的场所,由于中间连接的电解质为熔融碳酸盐,因此电极除了加速电化学反应外,还需要耐受高温熔融盐的腐蚀。熔融碳酸盐燃料电池的阳极催化剂最早采用银和铂。为降低成本,后来改用导电性与电催化性能良好的镍。但后续发现镍在熔融碳酸盐燃料电池的工作条件下会发生烧结和蠕变现象,进而改用了 Ni-Cr 或 Ni-Al 合金等作阳极的电催化剂。加入 2%~10% Cr 的目的是防止烧结,但 Ni 发生蠕变产生枝晶的现象依然没有彻底解决,且 Cr 还会因溶解进入电解质而导致电解质碳酸盐的损失;相比较而言,Ni-Al 阳极蠕变小,电解质损失少。熔融碳酸盐燃料电池的阴极催化剂材料有 NiO、$LiCoO_2$、$LiMnO_2$、CuO 和 CeO_2 等,由于镍电极在熔融碳酸盐燃料电池工作过程中会缓慢溶解,同时还会被从隔膜渗透过来的氢还原而导致电路短路,因此 $LiMnO_2$ 等新型阴极材料正逐渐取代 NiO。

电解质是熔融碳酸盐燃料电池的重要组成部件,它的使用也是熔融碳酸盐燃料电池的特征之一。电解质基底由载体和碳酸盐构成,其中电解质被固定在载体内。基底既是离子导体,又是阴、阳极隔板,因此其必须具备强度高、耐高温熔融盐腐蚀、浸入熔融盐电解质后能够阻挡气体通过,而又具有良好的离子导电性能。其塑性可用于电池的气体密封,防止气体外泄,即所谓的"湿封"。

熔融碳酸盐燃料电池的双极板具有隔开氧化剂(O_2 或空气)与还原剂(天然气、重整气)、提供气体流动通道和集流导电等作用。

2. 影响熔融碳酸盐燃料电池系统性能的主要因素

(1) CO_2 分压。CO_2 是熔融碳酸盐燃料电池阴极活性物质,又是阳极反应的产物。在阴极区和阳极区与电解质呈平衡的 CO_2 分压是不同的,根据能斯特方程计算电池的电动势也是有差别的。增加阴极区 CO_2 分压,可使电池电动势增加,因此若要使电池正常工作,必须提供足够量的 CO_2。

(2) 温度。虽然熔融碳酸盐燃料电池的开路电压随温度上升而下降,但由于温度升高,熔融盐电阻下降,特别是阴极反应电阻大大下降,因而电池的工作电压随温度上升而增大。

(3) 压力。提高熔融碳酸盐燃料电池的运行压力使气体分压增大,电池的可逆电动势升高。当压力增大后,电极表面的气体浓度升高,交换电流密度也会增大。同时,压力的增大对气体的溶解度和质量传输率都有促进作用,有利于提高电池性能。

3. 熔融碳酸盐燃料电池的优缺点

熔融碳酸盐燃料电池的优点：①利用自身的高温可以自发进行内部燃料重整；②产生的热在高温下利用率高；③反应速率也因为高温工作条件而加快，因而效率高；④与低温燃料电池不同，熔融碳酸盐燃料电池不需要使用贵金属催化剂。

熔融碳酸盐燃料电池的缺点：①需要使用耐腐蚀、尺寸稳定且耐用的材料组件；②氧化镍阴极的催化剂容易溶解在电解质中，引起故障；③电池系统对硫敏感，因此燃料重整气需要脱硫处理；④电解质在工作温度呈熔融态，但由于与环境温差大，且常温下电解质呈固态电导率低下，因此工作前需要预热。

4. 燃料的重整

高温燃料电池可以采用天然气或石油气为燃料的来源，经过重整后，供给燃料电池。燃料的重整如图 5.14 所示。

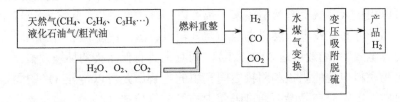

图 5.14 燃料重整流程图

其中，有水参与的气体重整称为湿法重整，需要在 Ni 催化作用下于 500℃ 的高温下进行。燃料湿法重整包括的主要反应为

$$CH_4 + H_2O = CO + 3H_2$$
$$C_nH_m + nH_2O = nCO + (m/2 + n)H_2$$
$$CO + H_2O = CO_2 + H_2$$

其中，水将 CO 转换为二氧化碳和氢气的反应称为水煤气变换反应。若原始燃料为甲醇，则反应为

$$CH_3OH + H_2O = 3H_2 + CO_2$$

燃料的干法重整反应为

$$CH_4 + CO_2 = 2CO + 2H_2$$

高温下，难免发生下述生成碳的副反应，

$$CH_4 = C + 2H_2$$
$$2CO = C + CO_2$$

产生的 C 容易使金属催化剂被污染粉化，此外还会阻塞气体通道，影响电池能效。为了消除 C 的生成和影响，可以采用水蒸气去除：

$$C + H_2O = CO + H_2$$

此外，天然气或石油气中常含有较高浓度的硫，需要脱硫后才能供给燃料电池系统，否则会导致催化剂中毒、气体通道堵塞等，影响电池的性能。燃料常见脱硫方式为加氢脱硫。

$$(C_2H_5)_2S + 2H_2 \xrightarrow{Ni(Mo)O_x \ 或 \ Co(Mo)O_x} 2C_2H_6 + H_2S$$

产生的 H_2S 再用氧化锌吸收去除：

$$H_2S + ZnO \Longrightarrow ZnS + H_2O$$

5. 熔融碳酸盐燃料电池的应用与发展

熔融碳酸盐燃料电池可用煤、天然气作燃料，是大型发电厂的首选模式。随着熔融碳酸盐燃料电池发电系统的一些关键性基础问题的解决，该类燃料电池的优越性能正在越来越为人们所瞩目，是未来很有前景的燃料电池发电系统。

5.6.2　固体氧化物燃料电池

固体氧化物燃料电池属于高温燃料电池，在所有的燃料电池中，固体氧化物燃料电池的工作温度最高，可达 800℃乃至上千摄氏度。由于固体氧化物燃料电池装置排出的气体有很高的温度，可以提供天然气重整所需热量，也可以用来生产蒸气，或者和燃气轮机组成联合循环，非常适用于分布式发电。燃料电池和燃气轮机、蒸汽汽轮机等组成的联合发电系统不但具有较高的发电效率(能效可达 80%以上)，同时也具有低污染的环境效益。

固体氧化物燃料电池的阴极和阳极之间充填的电解质是可以传导 O^{2-}的固体氧化物。固体氧化物燃料电池电解质在高温下通过隔膜中的氧空位传递 O^{2-}，并起着分隔氧化剂和燃料的作用。电池反应为

阳极：
$$H_2 + O^{2-} \longrightarrow H_2O + 2e^-$$

阴极：
$$\frac{1}{2}O_2 + 2e^- \longrightarrow O^{2-}$$

电池总反应：
$$H_2 + \frac{1}{2}O_2 \longrightarrow H_2O$$

固体氧化物燃料电池的电解质属于陶瓷材料，其在有氢气或水存在下成为质子导体，如600℃时其质子电导率在 10^{-3} S·cm^{-1} 以上；1000℃时，电导率至少为 10^{-2} S·cm^{-1}。其质子的形成与传导如下所示：

$$V_O^{\bullet\bullet} + \frac{1}{2}O_2 \xrightarrow{K_1} O_O^x + 2h^\bullet$$

$$H_2O + 2h^\bullet \xrightarrow{K_2} 2H^+ + \frac{1}{2}O_2$$

总反应为
$$H_2O + V_O^{\bullet\bullet} \xrightarrow{K_3} 2H^+ + O_O^x$$

其中，$V_O^{\bullet\bullet}$ 为氧空穴；O_O^x 为正常晶格中的氧；H^+ 为质子；$h^\bullet$为电子空穴；K为反应速率常数。

固体氧化物燃料电池的操作温度通常为 700～1000℃。高温使固体氧化物燃料电池不需要复杂而昂贵的外部燃料气体的重整过程，可以直接输入碳氢燃料至固体氧化物燃料电池的阳极。一般情况下，碳氢燃料在固体氧化物燃料电池电堆内部催化重整为 CO 和 H_2，这些CO 和 H_2 在固体氧化物燃料电池的阳极上发生电化学反应被氧化为 CO_2 和水，同时产生大量的电能和热。然而，近千摄氏度的高温对连接材料、密封材料的性能提出了很高的要求，同

时也对各组件的热导率要求较高，否则电池从室温组装到高温运行的升温过程中，会因各组件热膨胀系数不同产生衔接和接触不良、密封困难、燃料气泄漏等问题。也正因为高温对材料的要求比较苛刻，固体氧化物燃料电池的造价居高不下。

1. 固体氧化物燃料电池的结构

由于组件全为固态结构，固体氧化物燃料电池的结构也具有多样性，包括管式、平板式、套管型、单块叠层结构及热交换一体化的结构等，以满足不同需求(图 5.15)。不同结构类型的固体氧化物燃料电池在结构、性能及制备等方面各具优缺点。

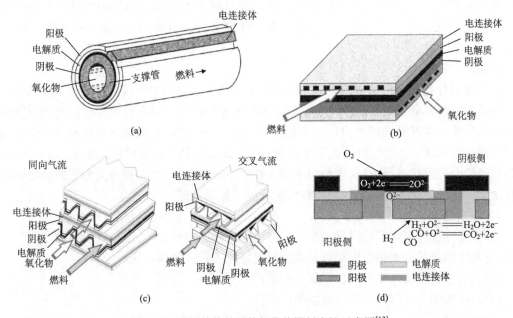

图 5.15 不同结构的固体氧化物燃料电池示意图[13]

管式固体氧化物燃料电池是较早发展的一种形式，也是目前较为成熟的一种形式，单电池由一端封闭、一端开口的圆柱形管构成[图 5.15(a)]。最内层是多孔支撑管，由里向外依次是阴极、电解质和阳极。氧气从管芯输入，燃料气通过管外壁供给。管式固体氧化物燃料电池的单电池间的连接体设在还原气氛一侧，这样可使用廉价的金属材料作电流收集体。单电池采用串联、并联方式组合到一起，可以避免当某一单电池损坏时，电池组完全失效。用镍毡将单电池的连接体联结起来，可以减小单电池间的应力。管式固体氧化物燃料电池电池组相对简单，容易通过电池单元之间并联和串联组成大功率的电池组。不足之处是电流通过的路径较长，限制了固体氧化物燃料电池的性能。

平板式固体氧化物燃料电池的几何形状简单，其设计形状使制作工艺大为简化[图 5.15(b)]。阳极、电解质、阴极薄膜组成单体电池，两边带槽的连接体连接相邻阴极和阳极，并在两侧提供气体通道，同时隔开两种气体。平板式固体氧化物燃料电池具有制备工艺简单、造价低的特点，由于电流收集均匀，流经路径短，平板式电池的输出功率密度较管式电池高。缺点是密封困难、抗热循环性能差及难以组装成大功率电池组等。

图 5.15(c)、(d)的固体氧化物燃料电池的结构是在平板式结构的基础上改良而成的，从

一定程度上解决了平板式结构的密封和接触问题,但在制作工艺上也较平板式结构复杂一些。

2. 固体氧化物燃料电池的材料

1)固体电解质材料

20 世纪 60 年代,有关固体氧化物燃料电池的大量研究工作主要集中在固体电解质材料离子电导率的优化上,典型的例子是 Y_2O_3 的使用,它具有较好的离子电导率,但其昂贵的价格阻碍了它在固体氧化物燃料电池上的推广应用。现在几乎所有的固体氧化物燃料电池都使用氧化钇稳定的氧化锆(yttria stabilized zirconia,YSZ)。YSZ 不仅有很好的阳离子电导率,还能在氧化和还原气氛中保持很好的稳定性,在高温下也不和固体氧化物燃料电池中的其他组件发生反应。此外,氧化锆在地球上含量比较丰富,价格相对低廉,强度高,而且容易加工。

2)阳极材料

在固体氧化物燃料电池中,燃料在阳极发生氧化反应,由于阳极燃料往往有很强的还原性,因此阳极材料必须是在还原气氛中稳定存在的金属材料,且在高的工作温度下不发生金属的氧化作用,尤其是在燃料出口处。此处已经有一部分燃料被氧化为多种具有氧化性的氧化物。在高温环境下,这些阳极氧化性物质的存在大大限制了阳极材料的选择,仅有 Ni、Co 和其他惰性金属可供选择。绝大多数固体氧化物燃料电池用 Ni 作阳极是因为它的价格比其他金属便宜。固体氧化物燃料电池阳极材料需要满足如下条件:

(1)较高的电子电导率,同时具有一定的离子电导率,以扩大电极反应面积;

(2)在还原性气氛中可长时间工作,保持尺寸及微结构稳定,无破坏性相变;

(3)与电解质热膨胀系数匹配以保障接触良好,不发生化学反应;

(4)具有多孔结构,保障反应气体的输运;

(5)对阳极的电化学反应有良好的催化活性。

3)阴极材料

在固体氧化物燃料电池中,阴极材料必须具有强还原能力以确保氧离子的迁移,较高的电子电导率及离子电导率,良好的热化学稳定性及与电解质材料的化学相容性等。当前使用最广泛的阴极材料是 $La_{1-x}Sr_xMnO_3$(LSM)或 LSM 与 YSZ 的复合材料。但随着工作温度的降低,阴极极化电阻大幅度增加,电导率大大降低,虽可采用构建 LSM-YSZ 双层复合电极、改善电极微结构等方法来提高阴极材料的性能,但还是难以满足在中低温下使用的要求。因此,研制高性能的新型阴极材料是发展中低温固体氧化物燃料电池的重要前提和基础。

3. 固体氧化物燃料电池的优点与缺点

固体氧化物燃料电池的优点:①因为氧化物离子穿过电解质,所以燃料电池可用于氧化任何可燃气体,不需要对燃料气进行重整;②产热快、效率高;③在较高电流密度下工作;④使用固体电解质,避免了液态电解质对材料的腐蚀;⑤不需要贵金属催化剂。

固体氧化物燃料电池的缺点:①对不同材料的热膨胀系数的匹配要求高;②系统气密性差;③对硫敏感容易硫中毒,故需要脱硫处理。

4. 固体氧化物燃料电池的应用与发展

固体氧化物燃料电池的特点使其特别适合于小型的、独立工作的、在偏远地区供电的应用需求。偏远地区的天然气燃料供应不便,可将固体氧化物燃料电池的燃料改为丙烷或丁烷等瓶装燃料。

固体氧化物燃料电池的启动和关机时间较长,启动时系统需要慢慢加热,系统关机时则需要很缓慢地降温。固体氧化物燃料电池系统的温度不能很快地变化,限制了固体氧化物燃料电池在快速反应场合的应用,如军用和运输。

上述各种燃料电池的性能见表 5.7。

表 5.7 几种燃料电池的性能[7]

燃料电池类型	电能效率 /%	功率密度/ $(mW \cdot cm^{-2})$	输出功率 /kW	气体重整	CO 耐受量	系统复杂性
磷酸燃料电池	40	150～300	50～1000	否	<1%	中等
质子交换膜燃料电池	40～50	500～2500	0.001～1000	否	<50 ppm	低～中等
碱性燃料电池	50	150～400	1～100	否	<50 ppm	中等
熔融碳酸盐燃料电池	45～55	100～300	100～100000	是	燃料	复杂
固体氧化物燃料电池	50～60	250～500	10～100000	是	燃料	中等

5.7 其他燃料电池

根据燃料电池电解质的不同,燃料电池可分为酸性、碱性、熔融碳酸盐及固体氧化物燃料电池;这些电池也可以依据工作温度的高低分为中低温燃料电池(300℃以下)和高温燃料电池(500℃以上);还可以根据电池尺寸的大小分类出微型燃料电池。本节主要介绍继上述燃料电池之后,发展起来的生物燃料电池、质子陶瓷燃料电池(proton ceramic fuel cell,PCFC)及氧化还原液流电池等。

5.7.1 生物燃料电池

生物燃料电池(biofuel cell,BFC)是利用天然酶、微生物组织或纳米材料作为催化剂,将燃料的化学能转化为电能的一类特殊的电池装置。与其他形式的燃料电池相比,生物燃料电池具有反应条件温和、结构简单、原料来源广泛、发电效率高、生物相容性好、对环境污染小等优点,是一种新型绿色能源技术。生物燃料电池在便携式、可植入式医疗设备供电和生物传感器系统中具有很大的应用潜力。

1. 生物燃料电池的发展历史

1911 年,英国植物学家波特(Potter)把酵母或大肠杆菌放入含有葡萄糖的培养基中进行厌氧培养试验,其产物能在铂电极上显示 0.3～0.5 V 的开路电压和 0.2 mA 的电流,生物燃料电池的研究从此开启[35]。20 世纪 50 年代以后,随着航天研究领域迅速发展,对生物燃料电池的研究兴趣也随之提高。例如，美国空间科学研究需要考虑人类在太空飞行时，如何处理飞行中所产生的生活垃圾，以及如何将飞行中所产生的生活垃圾转化为电能，变废为宝，因此亟待开发一种以飞行中生活垃圾为原料的生物燃料电池。20 世纪 60 年代末到 70 年代初，研究的热点扩张到可植入人体的心脏起搏器或人工心脏等人造器官电源的生物电池，然而由于电池产生电量小而没有实现市场化。1984 年，美国科学家设计出一种用于太空飞船的细菌电池，其电极的活性物质来自宇航员的尿液和活细菌，解决了航天器中的垃圾重复利用问题，但当时的细菌电池发电效率较低，难以推广开来。20 世纪 80 年代后期，随着电子传媒的广泛应用，以及生物燃料电池能效的提高，越来越多的科研人员投入到该领域的研究中[36]。

近年来，随着可直接将电子传递给固态电子导体的纯培养菌种的发现，科学家发明了无须使用电子传递中介体的生物电池，其中所使用的菌种可以将电子直接传递给电极而产生持续高效稳定的电流。此外，单室或无隔膜生物燃料电池的设计发明使生物燃料电池的体积能量密度得到提升，而制作成本及电池的内阻都得到了降低。特别是美国科学家罗根（Logan）的同步废水处理和微生物发电的研究[37,38]，给生物燃料电池的发展注入了新的活力，引起了世界各国科学家的高度关注。例如，索尼公司在 2007 年使用生化酶作为催化剂，成功地将碳水化合物转换为电能并输出，开发了一种新型的酶生物燃料电池。

2. 生物燃料电池的工作原理

生物燃料电池的工作原理如图 5.16 所示。传统的生物燃料电池将微生物作为反应主体，微生物代谢的产物作为电极的活性物质，由此产生电极电势的偏移，产生电位差，从而实现将燃料的化学能直接转变为电能[39]。以单糖（$C_6H_{12}O_6$）作反应主体的燃料电池为例，$C_6H_{12}O_6$ 在阳极失去电子被氧化，O_2 在阴极得到电子被还原，这样便在阴、阳两极之间形成了电流通路。

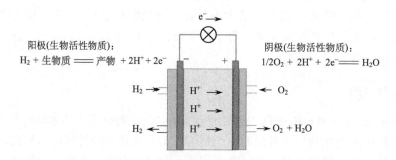

图 5.16　生物燃料电池工作原理示意图

生物燃料电池的电池反应为

阳极：$$C_6H_{12}O_6 + 6H_2O \longrightarrow 6CO_2 + 24H^+ + 24e^-$$

阴极：$$24H^+ + 6O_2 + 24e^- \longrightarrow 12H_2O$$

电池总反应：$$C_6H_{12}O_6 + 6O_2 \longrightarrow 6CO_2 + 6H_2O$$

需要指出的是，上式只是单糖彻底氧化的表达式，实际情况中其氧化过程和产物取决于生物活性物质的工作情况，因此过程和产物都很复杂，这里不再详述。

3. 生物燃料电池的分类

生物燃料电池有多种分类方法。依据电化学催化剂类型的不同，其可以分为微生物燃料电池(microbial biofuel cell，MBFC)、酶生物燃料电池(enzyme biofuel cell，EBFC)、模拟酶生物燃料电池(mimic-enzyme biofuel cell，MEBFC)[40,41]，如表 5.8 所示。

表 5.8 生物燃料电池的分类

分类方式	名称	特点	缺点
催化剂类型	微生物燃料电池	微生物氧化糖类提供燃料	微生物膜传质受限
	酶生物燃料电池	酶催化燃料，条件温和	易受外界条件干扰，可操作性差
	模拟酶生物燃料电池	人工模拟天然酶合成类酶催化剂催化燃料	成本较高，生物相容性差
电子传递方式[42]	直接生物燃料电池	电子在反应底物和电极间传递	能效较低
	间接生物燃料电池	电子由中介体的迁移传递或通过纳米导线传递	反应复杂

微生物燃料电池是利用微生物活动中的催化作用为电池提供燃料，燃料的催化效率较高，能够完全把单糖氧化成二氧化碳；微生物燃料电池的电池寿命某种程度上取决于微生物的生长周期和更替，寿命较长者可以达到 5 年，且相对稳定。但是由于在传质过程中受到生物膜的阻碍导致电能转换效率较低，进而影响电池的输出功率，因此其在应用上受到很大的限制。

酶生物燃料电池是直接使用酶作为生物燃料电池的催化剂催化燃料的氧化，其需先将酶从生物体系中提取出来，然后利用其活性在阳极催化燃料分子氧化，同时加速阴极氧的还原。酶生物燃料电池中由于酶催化剂浓度较高并且没有传质壁垒，因此有可能产生更高的电流或输出功率。该类生物燃料电池在室温和中性溶液中工作，其应用领域为一些微型电子设备或生物传感器等。但酶在生物体外保持催化活性比较困难，其生物过程需在较温和的条件下进行，外界条件对其催化生物过程和催化作用影响较大，因此导致电池稳定性差，寿命比较短；此外酶的氧化也不彻底，只能部分地氧化燃料。

模拟酶燃料电池是利用纳米材料(如无机纳米材料)为催化剂(非生物催化剂)的特殊的生物燃料电池。与天然生物催化剂相比，非生物催化剂具有对温度和 pH 的要求相对较低、热稳定性高、适应化学环境性强及组成结构可控的特点。早期主要采用贵金属铂为催化剂。近年来，研究者们将目光转向 Fe、Ni、Mn、C 及 N 等元素构成的非贵金属纳米材料，主要为具有模拟酶活性的金属氧化物[43]。

根据电子传递方式的不同，生物燃料电池又可分为直接生物燃料电池和间接生物燃料电池，直接生物燃料电池是反应底物和电极间直接进行电子转移，而间接生物燃料电池需要通过氧化还原反应的循环产生电子中介体，通过电子中介体将电子由反应场所传递到电极。按照电池构造的不同，生物燃料电池又可分为双室和单室生物燃料电池。双室生物燃料电池有阴、阳两个极室，两极室间利用质子交换膜等隔膜隔开。单室生物燃料电池只有一个阳极室，构造简单，分为有隔膜和无隔膜单室生物燃料电池。无隔膜的单室生物燃料电池去掉了质子交换膜，具有质子传递速率快、电池体积小、电池内阻和制作成本低等优点；但单室生物燃料电池的库仑效率较低。

4. 存在的问题与应用前景

生物燃料电池的主要问题是输出功率低。因此，阴、阳极材料的选择与修饰，高活性生物催化剂的筛选与培育，以及包括反应器、菌群筛选培育等相关技术在内的问题亟待研究解决。

生物燃料电池作为一种可再生的绿色能源，可为微型电子装置提供电能。在疾病的诊断和治疗、环境保护及航空航天等领域，生物燃料电池具有诱人的应用前景[42]。

(1)发展小型灵活性发电设备，如利用生物燃料电池良好的生物相容性，可为人工器官提供电能；其体积小的优势在驱动人工器官、驱动测量血液糖分水平和传输数据等的小型器件上应用前景较广，特别是在诸如深海底部和国土安全的军事"特殊区域"具有潜在用途。

(2)微生物燃料可以进行生物制氢，产生清洁能源氢气。

(3)微生物降解废水中有机物的同时获取直接的电能输出，是一种新概念的废水生物处理技术，也是微生物燃料电池最有发展前景的方向。

(4)发展利用其生物传感功能做成生物传感器用于污水连续在线测定和检测控制。

(5)利用生物催化反应实现有毒污染物的生物降解，起到对环境污染或生态的生物修复作用。

5.7.2 质子陶瓷燃料电池

质子陶瓷燃料电池的工作原理类似于高温固体氧化物燃料电池，可以直接使用氢气和烃作为燃料产生电能，燃料使用效率可大于 50%[44]。由于质子导体电解质电导率的提升，可以将原来的固体氧化物燃料电池的工作温度由 800~1000℃降低到 400~600℃。极大地解决了高温固体氧化物燃料电池存在的如启动关停慢、材料成本高、系统复杂等弊端。其工作原理如图 5.17 所示。

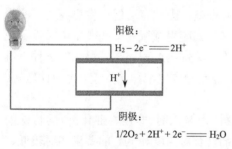

阳极：
$$H_2 - 2e^- = 2H^+$$

$$H^+ \downarrow$$

阴极：
$$1/2O_2 + 2H^+ + 2e^- = H_2O$$

图 5.17　质子陶瓷燃料电池工作原理示意图

质子陶瓷燃料电池使用的质子导体电解质通常为钇掺杂的钡蜡膏 [$BaCe_{1-x}Y_xO_{3-\delta}$(BCY)] 或锆酸盐 [$BaZr_{1-x}Y_xO_{3-\delta}$(BZY)]，其组分可表示为 $Ba(Ce,Zr)_{1-y}Y_yO_{3-\delta}$(BCZY)[45]。质子的传导在氧化物电解质的氧空穴之间完成，其传递过程可涉及水蒸气的参与。

$$H_2O + V_O^{\cdot\cdot} + O^{2-} = 2OH^-$$

2018 年，科罗拉多州矿业大学的杜安(Duan)和奥黑尔(O'Hayre)等采用 11 种燃料对质子陶瓷燃料电池进行了测试，研究表明使用 NH_3 和 CH_3OH 燃料的性能几乎接近于纯氢的性能，对燃料中含有的 H_2S 耐受能力强；且质子陶瓷燃料电池材料具有高度稳定的、固有的热循环能力[46]。

尽管质子陶瓷燃料电池的工作温度与固体氧化物燃料电池相比已大大降低，但是质子导体膜电解质的烧结温度依然高达上千摄氏度。

5.7.3 氧化还原液流电池

严格地说,氧化还原液流电池(redox flow batteries)不属于燃料电池,它是一种新型的、大容量电化学储能装置,通过反应活性物质的价态变化实现电能与化学能相互转换与能量存储。液流电池不同于通常使用固体材料电极的电池,其活性物质是流动的电解质溶液,可以实现电化学反应场所(电极)与储能活性物质在空间上的分离,电池功率与容量设计相对独立,具有可规模化蓄电、容量高、使用领域广、循环使用寿命长等特点,适合大规模蓄电储能。液流电池的核心是氧化还原活性物质,作为液流电池能源转化的载体,电解质价态的转化使化学能转化为电能。

1. 发展历程

19 世纪 60 年代初期,氧化还原液流电池被首次提出。1974 年,美国国家航空航天局路易斯研究中心的泰勒(Thaller)将其作为一种电化学储能技术进行了研究并申请了专利。此后,世界各国的研究者纷纷对液流电池进行了大量研究,提出了多种液流电池体系,其中包括铁/铬液流电池、多硫化钠/溴液流电池、锌/溴液流电池、锌/镍液流电池等,这些液流电池体系的电对均为无机材料。近年来,液流电池由无机活性成分发展到了有机活性物质[47]。

2. 工作原理

图 5.18 是氧化还原液流电池工作原理图[48]。其正极和负极电解液分别装在两个储罐中,利用送液泵使电解液通过电池循环。在电池内部,正、负极电解液用离子交换膜(或离子隔膜)分隔开,电池外接负载和电源。电堆和电解液储罐可以分别放置,因此为因地制宜的放置提供了方便。

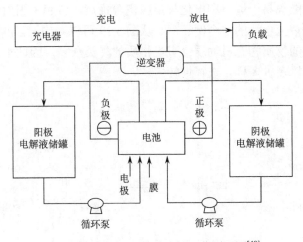

图 5.18 氧化还原液流电池工作原理图[48]

3. 氧化还原液流电池的举例

1) 全钒氧化还原液流电池

氧化还原电对是液流电池实现储能的活性物质，近年来，为了不断提升电池性能，许多氧化还原体系被尝试应用于液流电池系统。在众多的液流电池体系中，全钒体系是目前技术相对成熟的体系。

全钒氧化还原液流电池中，在正的半电池中使用含五价和四价钒离子的氧化还原体系，而负的半电池中则使用含二价和三价钒离子的氧化还原体系，当电池放电时将发生如下反应：

正极　　　　　　$VO_2^+ + 2H^+ + e^- \rule[0.5ex]{2em}{0.4pt} VO^{2+} + H_2O$　　　　　$\varphi^\ominus = 1.00 \text{ V}$

负极　　　　　　　　　$V^{2+} \rule[0.5ex]{2em}{0.4pt} V^{3+} + e^-$　　　　　　　　$\varphi^\ominus = -0.26 \text{ V}$

总反应　　　$VO_2^+ + V^{2+} + 2H^+ \rule[0.5ex]{2em}{0.4pt} VO^{2+} + V^{3+} + H_2O$　　$E^\ominus = 1.26 \text{ V}$

电池充电时，反应向相反方向进行。上述反应引用的热力学参数值都是在较高氧化态钒的离子浓度与较低氧化态钒的离子浓度相等时的参考值。

尽管对全钒氧化还原液流电池的改进研究仍然在进行中，但全钒氧化还原液流电池早在20世纪末就已经实现了商业化。1996年，日本住友电工将24个20 kW的电池组通过模块化方式串、并联组成了450 kW的全钒氧化还原液流电池组，随后将这个电池组并入电网中，作为子变压电站进行了530次充放电循环实验，电池的平均能量效率值均高达82%[49]。1997年，澳大利亚新南威尔士大学在泰国建造了一个电压48 V、1 kW/12 kW的全钒氧化还原液流电堆，并将其应用在屋顶太阳能储能系统中，同年又在日本鹿岛发电厂建造了200 kW/800 kW的全钒氧化还原液流电堆，也用于太阳能储能系统，能量效率达到80%，这标志着全钒氧化还原液流电池已经开始走向商业化。

2) 水系有机液流电池

无机材料成本高、对环境影响大、资源有限、形成枝晶和电化学活性低等缺点限制了液流电池的大规模应用。各种形态的有机物被用来发展新型液流电池，有机活性物质具有成本低、资源丰富、分子能级易于调节和电化学反应快等优点，引起了国内外的广泛关注。

下面是水系有机液流电池的一个例子[48]。从图5.19可以看出，有机液流电池中至少有一对参与氧化还原反应的物质为有机物质。有机物质的种类众多，因此水系有机液流电池中参与电极反应的物质可以多种多样，选择性较广。

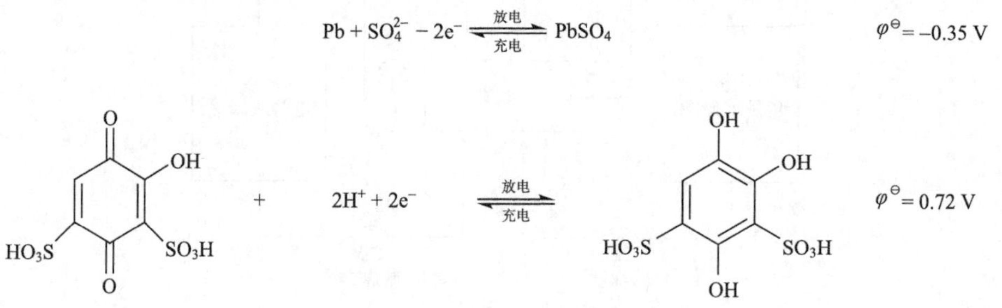

$$Pb + SO_4^{2-} - 2e^- \underset{充电}{\overset{放电}{\rightleftharpoons}} PbSO_4 \qquad\qquad \varphi^\ominus = -0.35 \text{ V}$$

图 5.19　水系有机液流电池相关反应

4. 前景展望

　　高效率、低成本、长寿命、高稳定性是一切能源装置的发展目标。对于液流电池，在其关键材料（如电解液、离子交换膜、电极材料等）及电池结构的优化等方面的研究尚需加强，以提高电池运行的可靠性和耐久性。同时，从商品化角度考虑，还应进行关键材料的规模化生产技术开发，以显著降低成本，为液流电池的产业化和大规模应用奠定基础。

　　液流电池利用流动的电解液作为电化学储能介质，适合于进行大容量电能与化学能的转化与储存。液流电池通常具有寿命长、效率高等技术特征，对于人力难以控制的风能、太阳能等振荡变化较大的可再生能源，可以起到平滑补充的作用，因此液流电池在微型电网、智能电网建设等方面有广阔的应用前景。

参 考 文 献

[1] Aurbach D, Lu Z, Schechter A, et al. Prototype systems for rechargeable magnesium batteries[J]. Nature, 2000, 407(6805): 724-727.

[2] Bagotsky V S. 燃料电池——问题与对策[M]. 孙公权, 王素力, 姜鲁华, 译. 北京: 人民邮电出版社, 2011.

[3] 黄镇江. 燃料电池及其应用[M]. 北京: 电子工业出版社, 2005.

[4] Dell R M, Rand D A J. Understanding Batteries[M]. Berlin: Royal Society of Chemistry, 2001.

[5] 衣宝廉. 燃料电池——原理·技术·应用[M]. 北京: 化学工业出版社, 2003.

[6] 詹姆斯·拉米尼, 安德鲁·迪克斯. 燃料电池系统——原理·设计·应用[M]. 2 版. 朱红, 译. 北京: 科学出版社, 2006.

[7] O'Hayer R, Cha S W, Colella W G, et al. Fuel Cell Fundamentals[M]. 3rd ed. New Jersey: John Wiley & Sons, 2016.

[8] Broers G H J, Ketelaar J A A. Fuel Cells[M]. New York: Reinhold, 1960.

[9] Brad A J, Faulkner L R. Electrochemical Methods: Fundamentals and Applications[M]. New Jersey: John Wiley & Sons, 2000.

[10] He R H, Li Q F, Bach A, et al. Physicochemical properties of phosphoric acid doped polybenzimidazole membranes for fuel cells[J]. Journal of Membrane Science, 2006, 277(1): 38-45.

[11] Andújar J M, Segura F. Fuel cells: History and updating. A walk along two centuries[J]. Renewable and Sustainable Energy Reviews, 2009, 13(9): 2309-2322.

[12] 肖钢. 燃料电池技术[M]. 北京: 电子工业出版社, 2010.

[13] Larminie J, Dicks A. Fuel Cell Systems Explained[M]. 2nd ed. New Jersey: John Wiley & Sons, 2003.

[14] Mekhilef S, Saidur R, Safari A. Comparative study of different fuel cell technologies[J]. Renewable and Sustainable Energy Reviews, 2012, 16(1): 981-989.

[15] EG&G Services Parsons, Inc., Science Applications International Corporation. Fuel Cell Handbook[M]. 6th ed. Morgentown: DOE/NETL-2002/1179, 2002.

[16] Wolf V, Arnold L, Hubert A G. Handbook of Fuel Cells: Fundamentals Technology and Applications[M]. New Jersey: John Wiley & Sons, 2003.

[17] Li Q F, He R H, Jensen J O, et al. Approaches and recent development of polymer electrolyte membranes for fuel cells operating above 100℃[J]. Chemistry of Materials, 2003, 15(26): 4896-4915.

[18] Knauth P, Di Vona M L. Solid State Proton Conductors: Properties and Applications in Fuel Cells[M]. New Jersey: John Wiley & Sons, 2012.

[19] Li Q F, Aili D, Hjuler H A, et al. High Temperature Polymer Electrolyte Membrane Fuel Cells: Approaches, Status, and Perspectives[M]. Cham: Springer International Publishing, 2016.

[20] Kreuer K D. On the development of proton conducting polymer membranes for hydrogen and methanol fuel cells[J]. Journal of Membrane Science, 2001, 185(1): 29-39.

[21] Li Q F, He R H, Gao J A, et al. The CO poisoning effect in PEMFCs operational at temperatures up to 200℃[J]. Journal of the Electrochemical Society, 2003, 150 (12): 1599-1605.

[22] Springer T, Zawodzinski T, Gottesfeld S. In Electrode Materials and Processes for Energy Conversion and Storage IV[C]. New Jersey: Pennington, 1997.

[23] McKee D W, Pak M S. Electrocatalysts for hydrogen/carbon monoxide fuel cell anodes[J]. Journal of the Electrochemical Society, 1969, 116 (4): 516-520.

[24] Holleck G L, Pasquariello D M, Clauson S L, et al. In Proton Conducting Membrane Fuel Cells II [C]. New Jersey: Pennington, 1998.

[25] Guaitolini S V M, Yahyaoui I, Fardin J F, et al. A Review of Fuel Cell and Energy Cogeneration Technologies[C]. 2018.

[26] Pan Z F, An L, Zhao T S, et al. Advances and challenges in alkaline anion exchange membrane fuel cells[J]. Progress in Energy and Combustion Science, 2018, 66: 141-175.

[27] Couture G, Alaaeddine A, Boschet F, et al. Polymeric materials as anion-exchange membranes for alkaline fuel cells[J]. Progress in Polymer Science, 2011, 36(11): 1521-1557.

[28] Varcoe J R, Atanassov P, Dekel D R, et al. Anion-exchange membranes in electrochemical energy systems[J]. Energy and Environmental Science, 2014, 7(10): 3135-3191.

[29] Ran J, Wu L, He Y B, et al. Ion exchange membranes: New developments and applications[J]. Journal of Membrane Science, 2017, 522: 267-291.

[30] Wright A G, Holdcroft S. Hydroxide-stable ionenes[J]. ACS Macro Letters, 2014, 3: 444-447.

[31] Dekel D R. Review of cell performance in anion exchange membrane fuel cells[J]. Journal of Power Sources, 2018, 375: 158-169.

[32] 赵世怀, 张蕾, 张翠翠, 等. 阴离子交换膜燃料电池阳极催化剂的研究进展[J]. 材料导报, 2018, 32(z2): 30-34.

[33] Ye N Y, Xu Y X, Zhang D J, et al. Inhibition mechanism of the radical inhibitors to alkaline degradation of anion exchange membranes[J]. Polymer Degradation and Stability, 2018, 153: 298-306.

[34] Ye N Y, Xu Y X, Zhang D J, et al. High alkaline resistance of benzyl-triethylammonium functionalized anion exchange membranes with different pendants[J]. European Polymer Journal, 2018, 101: 83-89.

[35] Potter M C. Electrical effects accompanying the decomposition of organic compounds[J]. Proceedings of the Royal Society B, 1911, 84: 260-276.

[36] 洪义国, 郭俊, 孙国萍. 产电微生物及微生物燃料电池最新研究进展[J]. 微生物学报, 2007, 47(1): 173-177.

[37] Logan B E. Simultaneous wastewater treatment and biological electricity generation[J]. Water Science and Technology, 2005, 52: 31-37.

[38] 刘瑾, 邬建国. 生物燃料的发展现状与前景[J]. 生态学报, 2008, 28(4): 1339-1353.

[39] 崔爱玉, 付颖. 燃料电池——新的绿色能源[J]. 应用能源技术, 2006, (7): 14-15+48.

[40] 布鲁斯·洛根. 微生物燃料电池[M]. 冯玉杰, 王鑫, 等译. 北京: 化学工业出版社, 2009.

[41] 许凯歌, 张笛, 晋晓勇, 等. 生物燃料电池及其研究进展介绍[J]. 化学传感器, 2017, 37(3): 1-7.

[42] 黄丽萍, 成少安. 微生物燃料电池生物质能利用现状与展望[J]. 生物工程学报, 2010, 26(7): 942-949.

[43] Javed M M, Nisar M A, Ahmad M U, et al. Microbial fuel cells as an alternative energy source: current status[J]. Biotechnology and Genetic Engineering Reviews, 2018, 34(5): 1-27.

[44] Kim J, Sengodan S, Kim S, et al. Proton conducting oxides: A review of materials and applications for renewable energy conversion and storage[J]. Renewable and Sustainable Energy Reviews, 2019, 109: 606-618.

[45] Loureiro F J A, Nasani N, Reddy G S, et al. A review on sintering technology of proton conducting $BaCeO_3$-$BaZrO_3$ perovskite oxide materials for protonic ceramic fuel cells[J]. Journal of Power Sources, 2019, 438: 226991.

[46] Duan C C, Kee R J, Zhu H Y, et al. Highly durable, coking and sulfur tolerant, fuel-flexible protonic ceramic fuel cells[J]. Nature, 2018, 557(7704): 217-222.

[47] 夏力行, 刘昊, 刘琳, 等. 有机氧化还原液流电池的研究进展[J]. 电化学, 2018, 24(5): 466-487.

[48] 张华民, 周汉涛, 赵平, 等. 储能技术的研究开发现状及展望[J]. 能源工程, 2005, (3): 1-7.

[49] Rychcik M, Skyllas-Kazacos M. Evaluation of electrode materials for vanadium redox cell[J]. Journal of Power Sources, 1987, 19(1): 45-54.

第 6 章 超级电容器

对平行板电容器充电后，带相反符号的电荷分别分布在两个极板上，储存电荷。在电极系统中，作为电极材料的电子导体和作为电解质溶液的离子导体之间形成界面，带相反符号的电荷也可分别分布在该界面的两侧，构成双电层。在双电层中，带相反符号电荷之间的距离为原子数量级，且电解液可充分渗入多孔电极材料中，形成大面积双电层，因而储能容量远高于平行板电容器。通过在电极材料与电解质溶液界面形成双电层进行电荷存储的历史，可以追溯到 18 世纪中叶在荷兰莱顿首次尝试的莱顿瓶。19 世纪开始，在电极材料与电解质溶液界面存储电荷的机理逐渐明晰。1853 年，亥姆霍兹提出紧密双电层模型[图 2.13(a)]。此后，在古依、查普曼、斯特恩等科学家的不断探索下，到 20 世纪初，逐渐建立了现代双电层模型[图 2.13(c)]。1957 年，美国通用电气公司的 Becker 报道了第一个电化学电容器专利，提出将多孔碳电极置于装有水系电解液的容器中，利用在碳电极与电解质溶液界面形成的双电层储存能量。这个专利提出的电容器实用性不够强，没有商业化。1962 年，Rightmire 在俄亥俄标准石油公司申请了关于电化学储能装置的专利，该专利 1966 年获批，与 Boost 在 1970 年获批的专利一起为电化学电容器的发展奠定了基础，专利提出的装置至今仍被广泛采用。这个专利首次采用了非水电解液体系，电容器的工作电压大大提升，达到 3.4~4.0 V，因而能量密度远高于 Becker 的电容器[1,2]。1978 年，日本 NEC 公司获得俄亥俄标准石油公司许可，首次实现了电化学电容器的商业化，并命名为超级电容器。

1971 年，出现了以 RuO_2 为电极材料，基于法拉第过程储能的电化学电容器，也称为赝电容器。赝电容器储能时，在电极材料表面或近表面发生快速可逆的氧化还原反应，可大大提高超级电容器的储能容量。此后，多种无机化合物和导电聚合物电极材料陆续引入超级电容器，超级电容器的性能不断提升。随着超级电容器的发展，其应用领域从初期的计算机存储器备用电源逐渐扩展到电磁开关、小型电器、移动通信、应急电源等。随着储能容量的不断提高，超级电容器在电力系统、轨道交通、重型设备、军事和航天等领域也得到重要应用。超级电容器具有充放电功率高、循环充放电寿命长、使用温度范围宽等优势，随着性能的不断提升，超级电容器日益受到重视，在太阳能、风能等绿色能源存储利用、环保型电动汽车动力系统等领域显示出巨大的应用潜力。太阳能、风能等绿色能源具有间歇式供能特性，超级电容器可为其快速存储提供有效支持。电动汽车启动时需要大电流快速释放动力，刹车时需要大电流快速回收动力，超级电容器可单独用于电动汽车动力系统，也可与电池组合构成混合电力系统，充分发挥超级电容器的高功率和电池的高能量密度优势。

6.1 超级电容器分类

超级电容器主要由正极、负极、隔膜、电解液、封装材料等构成。超级电容器大致可分为三类：双电层电容器、赝电容器、非对称超级电容器。在非对称超级电容器中，正极和负极可以分别采用两个不同的双电层电极系统，或者两个不同的赝电容电极系统，或者一个采用双电层电极系统,另一个采用赝电容电极系统。

6.1.1　双电层电容器

　　将电极材料置于电解质溶液中,可构成电极系统。与电池类似,超级电容器由两个电极系统构成。充电时,两个电极系统的电极材料表面分别形成电荷,在静电作用下,电解质溶液中带相反符号的电荷分别吸附于两个电极材料表面[图 6.1(a)]。充电电压不超过溶剂分解电压时,电子不会越过电极材料与电解质溶液之间的界面,界面上带相反符号的电荷构成双电层[2]。双电层电容器利用在两个电极系统形成的双电层储存能量,相当于每个电极系统各形成一个电容器,两个电容器由电解质溶液串联。通常采用相同的电极系统构建对称型双电层电容器,电容器的电容是电极系统电容的一半[式(6.1)]。电容器与充电电源断开后,双电层继续保持在两个电极系统的界面,充入的能量存储在电容器中[图 6.1(b)]。

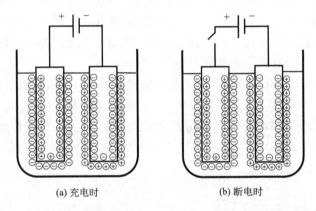

(a) 充电时　　　　　　　　　　　(b) 断电时

图 6.1　将电极材料置于电解质溶液中构成双电层电容器储能原理示意图

$$\frac{1}{C} = \frac{1}{C_+} + \frac{1}{C_-} \tag{6.1}$$

式中,C 为电容器的电容;C_+ 为正极系统的电容;C_- 为负极系统的电容。图 6.1 主要用来说明双电层电容器的储能原理,在实际器件中,采用浸润电解液的隔膜分隔两个电极。

　　在水系电解液中构成双电层时,一般情况下,水合离子吸附于电极材料表面的水偶极层外,构成的双电层厚度 d 约为 1 nm(图 6.2),水偶极层的介电常数约为 6,远低于常态下的水(约 80)[2]。极薄的厚度使双电层电容器具有远高于静电电容器的电容。采用多孔碳等表面积较大的电极材料构成电极系统时,可大大扩展碳电极和电解质溶液之间的界面,形成具有更大储能容量的双电层。电解质溶液的稳定电压窗口制约着双电层电容器的工作电压。水系电解液的热力学稳定电压窗口仅为 1.23 V,限制了双电层电容器能量密度的提升($E = 1/2\, C_s U^2$,E 为能量密度,C_s 为比电容,U 为工作电压)。采用适当的有机电解液可提高双电层电容器的工作电压,进而提升能量密度。但双电层电容器的能量密度仍低于电池,

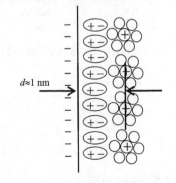

$d \approx 1\ \text{nm}$

图 6.2　电极材料与水系电解质溶液界面形成的双电层示意图

双电层电容器与电池主要性能对比见表 6.1。

表 6.1 双电层电容器与电池主要性能对比

性能	双电层电容器	电池
能量存储机理	静电力	电极反应
功率限制因素	电解质溶液电导	电子转移动力学，物质传递速率
能量存储区域	电极表面	电极材料内部
充电速度	快	受限于电极反应动力学
循环寿命限制因素	副反应	电极材料的机械稳定性，电极反应的可逆性

由表 6.1 可见，电池的优势主要在于高能量密度，其体积能量密度可达到双电层电容器的 30 倍。而双电层电容器的功率密度可达到同体积电池的几百倍，甚至数千倍。电池利用电极反应储能，常引起电极活性组分体积变化，进而影响电池的循环充放电寿命，电池一般只能进行几百至几千次循环充放电。双电层电容器利用高度可逆的静电过程储存能量，不引起电极系统体积变化，可进行数百万次充放电[3]。

图 6.3(a) 和 (b) 分别为双电层电容器的循环伏安曲线和恒电流充放电曲线。双电层电容器的电容 C 基本恒定，与电压无关，因此充电电流和放电电流基本恒定[式(6.2)]，循环伏安曲线近似为矩形。根据式(6.3)，电压 U 与充放电时间呈线性关系，恒电流充电曲线和放电曲线形成近似的对称三角形。

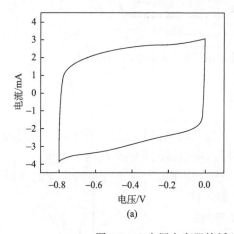
(a)

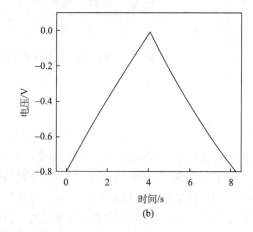
(b)

图 6.3 双电层电容器的循环伏安曲线(a)和恒电流充放电曲线(b)

$$I = C \times v \tag{6.2}$$

$$U = \frac{I}{C} \times t \tag{6.3}$$

式中，I 为电流；v 为循环伏安扫描速率；t 为充放电时间。

6.1.2 赝电容器

赝电容器利用电极上发生的快速可逆法拉第过程储能，与电池相似，储能过程也发生氧化还原反应，但反应速率与双电层电容器储能速率相当，电化学响应具有电容特性。电池的储能过程主要发生在电极材料体相，具有较高的能量密度，储能反应主要受较慢的扩散过程控制，充放电速率较小。赝电容器的储能过程主要发生在电极材料表面或近表面，能量密度低于电池。赝电容器储能过程快速可逆，具有较高的充放电速率。与电池电极材料类似，赝电容材料也可分为转化式储能材料和嵌入式储能材料。转化式赝电容材料利用氧化还原反应储存和释放能量时，电子在电极表面或近表面的活性材料与外电路之间传递，活性材料被氧化或还原，通常伴随电解液中离子在电极上吸附和脱附[图 6.4(a)]。由于氧化还原反应发生于电极材料表面或近表面，离子扩散距离短，反应快。嵌入式赝电容材料的储能过程中离子在活性材料主体的通道或层间嵌入和迁出，充放电过程中主体结构保持不变[图 6.4(b)][4]。

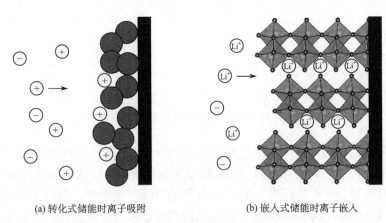

(a) 转化式储能时离子吸附　　　　　　　　(b) 嵌入式储能时离子嵌入

图 6.4　电解液离子参与电极材料储能过程示意图

电池主要在恒定电压储能，能量密度 $E = QU$，Q 为储存的电量。而赝电容器储存的电量 Q 随电压线性变化，其能量密度服从 $E = 1/2\, C_s U^2 = 1/2\, QU$ 的关系式。电池电极材料的储能反应发生在特定电势，在其循环伏安曲线上，于特定电势出现氧化还原峰，氧化还原峰电流与循环伏安扫描速率的平方根成正比，恒电流充放电曲线出现电势平台(图 6.5)。

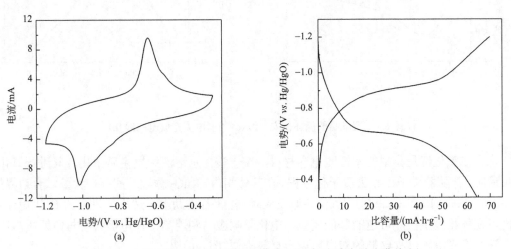

(a)　　　　　　　　　　　　　　　　　(b)

图 6.5　电池电极材料的循环伏安曲线(a)和恒电流充放电曲线(b)

　　赝电容电极材料在其工作电势范围内均发生储能过程，RuO_2、MnO_2 等本征赝电容材料的电化学响应与双电层电容材料相似，其循环伏安曲线近似为矩形，恒电流充放电时，电势随时间线性变化，充放电曲线构成近似对称的三角形(图 6.6)。

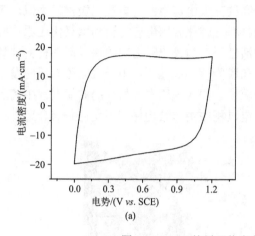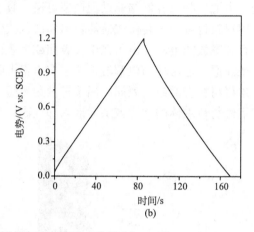

(a)　　　　　　　　　　　　　　　　　(b)

图 6.6　MnO_2 的循环伏安曲线(a)和恒电流充放电曲线(b)

　　$LiCoO_2$、聚苯胺、聚吡咯等非本征赝电容材料的循环伏安曲线常由在近似矩形的基础上叠加宽氧化还原峰构成，氧化峰电势和还原峰电势相差很小，说明储能过程极化程度很弱，充放电过程高度可逆[图 6.7(a)][4]。在对应氧化还原峰的电势处，充放电曲线斜率变小[图 6.7(b)]。非本征赝电容材料的循环伏安曲线上的氧化还原峰电流与扫描速率成正比。

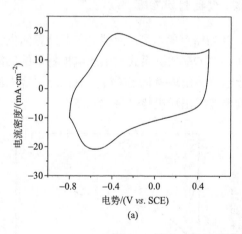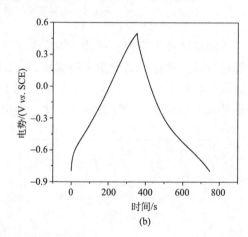

(a)　　　　　　　　　　　　　　　　　(b)

图 6.7　聚吡咯的循环伏安曲线(a)和恒电流充放电曲线(b)

　　水合二氧化钌是典型的本征赝电容材料，在弱酸性水溶液中发生质子化。其进行氧化还原反应时，伴随着质子化和去质子化过程。在其体相内，RuO_2 颗粒之间存在大量水合边界层，发生 $Ru^{(II)} \rightleftharpoons Ru^{(III)} \rightleftharpoons Ru^{(IV)}$ 氧化还原反应时，伴随着借助水合边界层进行的 H^+ 快速迁移，因此可在体相发生快速可逆的储能反应，电化学响应与利用离子在电极材料与电解质溶液界面快速可逆吸脱附过程储能的双电层电容材料类似(图 6.6)[4]。

$$RuO_x(OH)_z + \delta H^+ + \delta e^- \rightleftharpoons RuO_{x-\delta}(OH)_{z+\delta}$$

某些电池电极材料，如典型的锂电池正极材料 $LiCoO_2$，当其颗粒尺寸减小至纳米数量级时，电化学响应发生明显变化，进行恒电流放电时，随着电量的不断释放，电势不再基本恒定，而是线性降低，表现出赝电容材料特征。这与减小颗粒尺寸引起表面活性位点增加、离子和电子扩散距离减小等有关。纳米化是构建非本征赝电容材料的有效途径。电池电极材料和非本征赝电容材料易于混淆，应根据其电化学响应特征而非材料种类，分辨特定情况下采用某种材料组装的储能器件是电池或赝电容器。仍以 $LiCoO_2$ 为例，颗粒尺寸较大时，其恒电流放电曲线上出现电势平台。减小颗粒尺寸至小于 10 nm 后，电势随时间近乎线性下降(图 6.8)[4]。

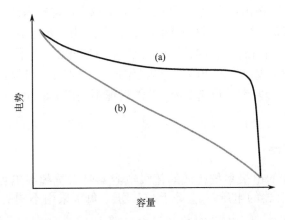

图 6.8　大颗粒(a)和纳米颗粒(b)非本征赝电容材料的放电曲线

循环伏安技术提供了分辨电池储能行为和赝电容储能行为的有效方法。电池材料和赝电容材料储能时均发生法拉第反应，但电池材料储能反应受扩散控制，而赝电容材料储能反应受表面过程控制。循环伏安曲线上氧化还原峰电流与扫描速率的关系与电化学储能机理有关，服从幂法则[式(6.4)][4]。

$$I_p = av^b \tag{6.4}$$

式中，I_p 为特定扫描速率下测试的循环伏安曲线上的峰电流；v 为扫描速率；a 为常数；b 为幂法则指数。在不同扫描速率下对电极材料进行循环伏安扫描，以峰电流对数 $\lg I_p$ 为纵坐标，扫描速率对数 $\lg v$ 为横坐标作图，根据斜率求 b 值，可判断储能机理。

对受半无限扩散控制的电极过程来说，循环伏安曲线上的氧化还原峰电流 I_p 与扫描速率 v 之间的关系服从 Randles-Sevcik 等式[式(6.5)][4]：

$$I_p = 0.4463zFAcD^{1/2}v^{1/2}\left(\frac{\alpha zF}{RT}\right)^{1/2} \tag{6.5}$$

式中，z 为反应转移电子数；F 为法拉第常量；A 为电极面积；c 为活性物质在电极表面的浓度；D 为扩散系数；α 为传递系数；R 为摩尔气体常量；T 为温度。根据式(6.5)，对于受扩散控制的电池储能过程，氧化还原峰电流与扫描速率的平方根成正比，幂法则指数 $b=0.5$。对于受表面过程控制的电容储能过程(如双电层电容)，循环伏安曲线上的氧化还原峰电流 I_p 与扫描速率 v 之间的关系服从式(6.6)[4]，氧化还原峰电流与扫描速率成正比，幂法则指数 $b=1$。赝电容材料也通过氧化还原反应储能，储能反应受表面过程控制时，幂法则指数也为 1。

$$I_p = vCA \tag{6.6}$$

式中，C 为电容；A 为电极面积。

典型的电池材料如 $LiFePO_4$，通过法拉第过程储能，实验测试的幂法则指数 b 为 0.5。对于非本征赝电容材料来说，如 Nb_2O_5，扫描速率不是很高时，实验测试的幂法则指数 b 为 1，表现出电容储能行为。扫描速率过大时，充放电过程过快，活性物质难以及时传递，扩散控制起一定作用，导致 b 值小于 1。b 值开始小于 1 的扫描速率，对应非本征赝电容材料电容储能放电速率的极限。

幂法则可扩展应用于循环伏安曲线上其他电势对应的电流，用来分析非本征赝电容材料在不同电势的储能机理。在出现氧化还原峰的电势范围内，电极系统发生氧化还原反应，扫描速率提高到一定程度后，扩散控制对储能反应起一定作用，b 值小于 1，对应法拉第储能过程。在无氧化还原峰的电势范围内，电极系统发生双电层充放电过程，b 值等于 1。扫描速率减小到一定程度后，在出现氧化还原峰的电势范围内，虽然非本征赝电容材料的幂法则指数 b 值也等于 1，但储能过程发生法拉第反应，储能机理不同于无氧化还原峰电势范围的双电层储能过程。

6.1.3 非对称超级电容器

正、负极采用同样的电极系统构成的超级电容器是对称超级电容器，正、负极的储能电势范围均为 ΔU，电容器的电压 $U_{对称}$ 等于 ΔU。正、负极采用不同的电极系统构成的超级电容器是非对称超级电容器。在非对称超级电容器中，两个电极系统储能电势范围不同，分别为 ΔU_+ 和 ΔU_-，电容器的电压 $U_{非对称}$ 等于 ΔU_+ 的上限减 ΔU_- 的下限（图 6.9），高于对称超级电容器的电压，因此一般具有较高的能量密度（能量密度 E 与电压 U 的平方成正比，$E = 1/2\, C_s U^2$）。

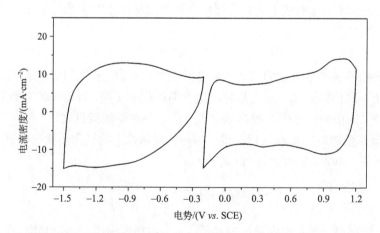

图 6.9　用于组装非对称超级电容器的正极和负极的循环伏安曲线

非对称超级电容器有多种电极匹配形式，正极和负极可以均利用双电层储能，也可以均利用赝电容储能，也可以一个电极利用双电层储能，一个电极利用赝电容储能。非对称超级电容器的两个电极的比电容一般也不同，为了更好地发挥电容器的储能作用，应根据电荷匹配原则合理设计正极和负极上的储能活性物质质量。为了计算正极和负极上储存的电荷量，首先应分别测试正极和负极的稳定储能电势范围和比电容。在三电极系统，分别对正极和负极进行循环伏安扫描，判断两个电极的稳定储能电势范围ΔU_+和ΔU_-(图 6.9)。根据循环伏安扫描或恒电流充放电实验结果，计算两个电极的比电容 C_{+s} 和 C_{-s}。正极和负极存储的电荷量 Q_+ 和 Q_- 由两个电极的比电容、储能电势范围及活性物质质量 m_+ 和 m_- 决定，可利用式(6.7)和式(6.8)估算：

$$Q_+ = C_{+s} \times m_+ \times \Delta U_+ \tag{6.7}$$

$$Q_- = C_{-s} \times m_- \times \Delta U_- \tag{6.8}$$

实际储能工作时，正极和负极存储相等的电荷量，即 $Q_+ = Q_-$，因此一般应根据以下关系式确定正极和负极上的储能活性物质质量：

$$\frac{m_+}{m_-} = \frac{C_{-s} \times \Delta U_-}{C_{+s} \times \Delta U_+} \tag{6.9}$$

但是如果其中一个电极的循环充放电稳定性不够好，那么经过一段时间的循环充放电后，稳定性较差的电极的比电容将降低。在电容器工作时，为了与另一个电极储存的电荷匹配，比电容降低的电极将扩展储能电势范围。这可能引起该电极的稳定性快速下降，进而电容器性能快速衰减。例如，聚吡咯可在$-0.8\sim 0$ V($vs.$ Hg/HgO)的电势范围内稳定储能，可用作非对称超级电容器负极。但随着循环充放电的进行，其比电容易出现一定程度的下降。如果组装的非对称超级电容器循环充放电一定时间后，聚吡咯的比电容出现下降，为了与正极存储相等的电荷量，聚吡咯负极将扩展储能电势范围。聚吡咯在低于-0.8 V($vs.$ Hg/HgO)的电势范围基本没有电化学活性，而在高于 0 V($vs.$ Hg/HgO)的电势范围仍具有较高的电化学活性，因此将通过正移电势上限扩展储能电势范围[图 6.10(a)][5]。聚吡咯储能电势上限正移扩展后，易引起降解，导致比电容进一步衰减，从而继续正移电势上限，最终引起比电容快速下降，严重破坏电容器的稳定性。为了避免出现这个问题，可在最初设计正、负极活性物质质量时，适当提高稳定性较差的电极上的活性物质比例，以保证电容器工作时在安全电势范围内储能。例如，以钴镍双氢氧化物 Co-Ni DH 为正极，与聚吡咯负极 PPy 组装非对称超级

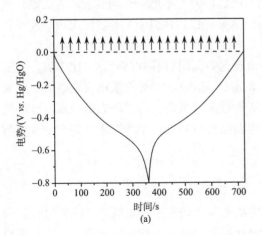
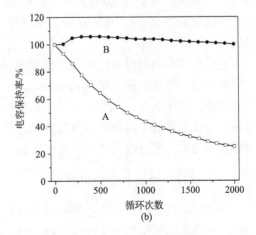

图 6.10　(a)电容器储能过程中聚吡咯负极储能电势上限正移示意图；(b)$Q_+:Q_-=1:1$(A)和 $1:1.3$(B)的 Co-Ni DH//PPy 电容器在充放电过程中的电容保持率

电容器 Co-Ni DH//PPy 时，按照 $Q_+ : Q_- = 1 : 1.3$ 的比例设计正、负极活性物质质量，可确保聚吡咯在安全电势范围内储能，避免其出现比电容快速衰减问题，进而保证电容器的稳定性［图 6.10(b)］[5]。

6.2　超级电容器及其电极材料电化学性能测试方法

电极材料对超级电容器的储能性能有重要影响，电极材料和组装的超级电容器的性能测试是研究超级电容器的重要环节。

6.2.1　超级电容器电极材料电化学性能测试方法

电极材料的电化学性能测试采用三电极系统进行(图 6.11)，待研究的超级电容器电极为工作电极，另需设置对电极和参比电极。进行电化学测试时，电流流过工作电极和对电极，对电极通常选用惰性电极材料，如铂电极、金电极、碳电极等。工作电极的电势需要借助参

图 6.11　三电极系统示意图

比电极确定，因此要求参比电极具有恒定的电极电势。在测试时，应选择理想不极化电极作参比电极，同时利用电化学工作站等测试仪器保证参比电极上的电流可小到忽略不计，以确保参比电极的电势基本恒定。饱和甘汞电极、Ag/AgCl、Hg/HgO等电极系统均可用作参比电极，应根据实验体系特点选择参比电极，如在中性和弱酸性电解液中进行电化学测试时，可选用饱和甘汞电极、Ag/AgCl 作参比电极；在碱性电解液中进行电化学测试时，可选用 Hg/HgO 作参比电极；在有机电解液中进行电化学测试时，可选用 Ag/Ag$^+$电极系统作参比电极。将银丝置于含 AgNO$_3$ 和四丁基六氟磷酸胺(Bu$_4$NPF$_6$，Bu=丁基)的乙腈电解液中，可构建 Ag/Ag$^+$参比电极，其中四丁基六氟磷酸胺为支持电解质，在电解液中电离为四丁基胺阳离子(Bu$_4$N$^+$)和六氟磷酸根阴离子(PF$_6^-$)。因为不适合长期放置，需在进行电化学测试前制作 Ag/Ag$^+$参比电极。饱和甘汞电极、Ag/AgCl、Hg/HgO 等参比电极有商业化供应。

超级电容器电极材料的电化学性能主要包括储能电势范围(也称电势窗)、比电容、充放电倍率性能、等效串联电阻(equivalent series resistance，ESR)、循环充放电稳定性等。宽储能电势窗、高比电容、优秀的充放电倍率性能、低等效串联电阻、高循环充放电稳定性等是高性能超级电容器电极材料的重要特性。超级电容器电极材料电化学性能测试方法主要包括循环伏安扫描、恒电流充放电、交流阻抗。

1. 电极材料储能电势窗测定

利用循环伏安扫描可初步测试电极材料的储能电势窗。研究正极材料时，应先进行正向扫描，电势增加到预先设定的终点电势后，开始进行反向扫描，回到起始电势。研究负极材料时，应先进行负向扫描，电势减小到预先设定的终点电势后，开始进行反向扫描，回到起始电势。测试电极材料储能电势窗时，需设定不同的终点电势，在不同电势范围内进行循环伏安扫描，根据出现溶剂分解电流的电势确定稳定的储能电势窗。双电层电极材料和本征赝

电容材料在稳定储能电势范围的循环伏安曲线近似为矩形,可根据这一特点确定储能电势窗。随着循环伏安扫描电势范围的逐渐扩展,开始出现溶剂分解电流[参见图 6.12(a) 黑色圆圈],在此之前的电势范围为储能电势窗。非本征赝电容材料的循环伏安曲线在近似矩形的基础上叠加有宽氧化还原峰,也可通过逐渐扩展电势范围的多次循环伏安扫描,根据出现溶剂分解电流前的电势范围确定电极的储能电势窗[参见图 6.12(b) 黑色圆圈]。

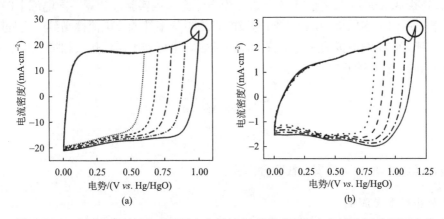

图 6.12　双电层电极材料和本征赝电容材料(a)及非本征赝电容材料(b)在不同电势范围内的循环伏安曲线

　　此外,可在不同电势范围内进行恒电流充放电实验,记录电势随时间的变化曲线,根据充电曲线和放电曲线上电势随时间的线性变化,以及充电曲线和放电曲线的对称情况,进一步确定稳定储能电势窗(图 6.13)。

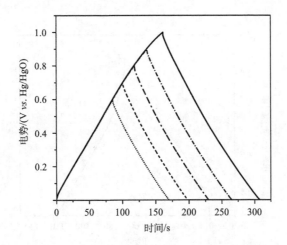

图 6.13　不同电势范围内的恒电流充放电曲线

2. 电极材料比电容测试

　　对电极进行恒电流充放电实验,根据实验结果[图 6.6(b)],利用式(6.10)计算电极材料的质量比电容 $C_{es}(F \cdot g^{-1})$,利用式(6.11)计算电极的面积比电容 $C_{ea}(mF \cdot cm^{-2})$:

$$C_{es} = \frac{I \times t}{\Delta U \times m} \tag{6.10}$$

$$C_{ea} = \frac{I \times t}{\Delta U \times S} \tag{6.11}$$

式中，I 为放电电流(mA)；ΔU 为电极电势窗口(V)；t 为放电时间(s)；m 为活性材料质量(mg)；S 为电极投影面积(cm^2)。在不同电流下进行恒电流充放电实验，计算不同电流下的比电容，根据电流增加后比电容保持率，可判断电极的充放电倍率性能。电流提高到一定程度后，比电容保持率越高，说明电极的大功率放电性能越好。也可利用循环伏安扫描实验结果计算电极材料的比电容[参考图 6.6(a)]：

$$C_{es} = \frac{s}{v \times \Delta U \times m} \tag{6.12}$$

$$C_{ea} = \frac{s}{v \times \Delta U \times S} \tag{6.13}$$

式中，s 为放电过程的循环伏安曲线积分面积。

3. 等效串联电阻测试

电极的 ESR 对电极的功率特性有重要影响，主要与以下因素有关：电极活性材料和集流体的电阻、电极活性材料和集流体之间的接触电阻、电解质溶液电阻。可利用恒电流充放电和交流阻抗两种方法测试电极的 ESR。

电极充电后开始放电时，出现电压小回落，称为电压降(IR_{drop}，图 6.14)。在不同电流下进行恒电流充放电，对电压降与电流之间的关系曲线进行线性拟合[式(6.14)]，根据斜率可计算 ESR。

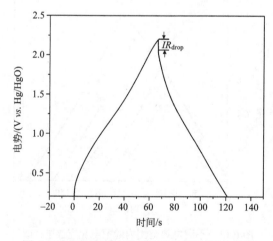

图 6.14　根据充放电曲线读取电极材料电压降

$$IR_{drop} = a + bI \tag{6.14}$$

式中，a、b 为常数，其中 b 值为 ESR 值的 2 倍[1]。

在特定电势下对超级电容器电极材料施加小振幅电势正弦波，进行交流阻抗测试，典型的奈奎斯特图如图 6.15 所示。图 6.15 中的奈奎斯特图由高频区的半圆、中频区与横轴成 45°

的直线、低频区与横轴近乎垂直的直线构成。进行交流阻抗测试时对电极系统施加微小扰动，可以借助与电极系统具有相似电学响应的电路分析实验结果，这样的电路称为等效电路。图 6.15(b) 所示的等效电路常用于解释超级电容器电极系统的奈奎斯特图，其中 R_s 为串联电阻、R_{ct} 为电荷转移电阻、C_{dl} 为双电层电容、C_1 为低频电容(常与赝电容有关)、W 为瓦博格阻抗(与扩散过程有关的阻抗)、R_{leak} 为低频漏电阻。可借助拟合程序进行等效电路拟合，获取以上参数，也可通过分析奈奎斯特图获取部分以上参数。利用奈奎斯特图高频部分与横轴的交点，可读取 R_s 数值；奈奎斯特图高频区半圆的直径对应 R_{ct}。ESR 为 R_s 和 R_{ct} 之和[1]。在奈奎斯特图低频区出现与横轴近乎垂直的直线，是超级电容器电极材料的特征，该直线与中频区与横轴成 45°、对应瓦博格阻抗的直线的交点对应转折频率，代表了电极主要表现出电容特征的最大频率，与电极的高功率储能能力有关。

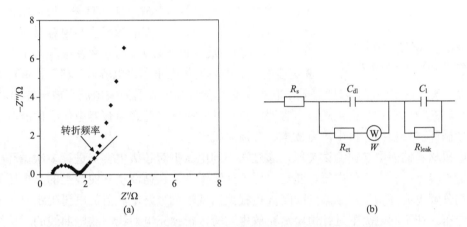

图 6.15　常见超级电容器电极材料的奈奎斯特图(a)和等效电路(b)

4. 循环充放电稳定性测试

对电极系统进行多次恒电流充放电，利用式(6.10)和式(6.11)计算每次的放电比电容。根据最后一次的放电比电容与第一次的放电比电容的比值，计算电容保持率η：

$$\eta = C_{en}/C_{e1} \times 100\% \tag{6.15}$$

式中，C_{e1} 为第一次放电比电容；C_{en} 为最后的第 n 次放电比电容。也可进行多次循环伏安扫描，利用式(6.12)和式(6.13)分别计算第一次扫描和最后的第 n 次扫描时的比电容 C_{e1} 和 C_{en}，然后利用式(6.15)计算多次循环后的电容保持率。对超级电容器电极材料来说，经常进行上万次测试，以判断其长期循环稳定性。通常也利用多次恒电流充放电实验数据，计算循环充放电过程中每一次充放电时电极的库仑效率(coulombic efficiency，CE)，进一步分析充放电过程：

$$CE = C_{e\,discharge}/C_{e\,charge} \times 100\% \tag{6.16}$$

式中，$C_{e\,discharge}$ 为每次的放电比电容；$C_{e\,charge}$ 为每次的充电比电容。

6.2.2　超级电容器电化学性能测试方法

超级电容器的电化学性能测试采用二电极系统进行(图 6.16)，正极与电化学工作站的工作电极接线柱连接，负极同时接电化学工作站的辅助电极接线柱和参比电极接线柱，测试的两个电极之间的电势为电容器的电压。

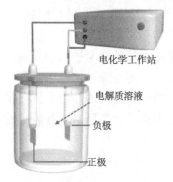

图 6.16　采用二电极系统测试超级电容器电化学性能示意图

超级电容器的电化学性能主要包括工作电压、比电容、充放电倍率性能、等效串联电阻、循环充放电稳定性、能量密度、功率密度等。能量密度和功率密度是超级电容器的重要性能指标，能量密度与电容器可以储存及释放的电量有关，功率密度与电容器的充放电速率有关，如果以超级电容器为电动汽车的动力系统，则能量密度与电容器充一次电后汽车可以行驶的最大距离有关，而功率密度与汽车的最大行驶速度有关。提高工作电压和比电容，有利于提高电容器的能量密度。改善倍率性能、降低等效串联电阻有利于提高电容器的大电流充放电能力。此外，长周期循环充放电稳定性也是超级电容器的重要性能指标。超级电容器电化学性能测试方法主要包括循环伏安扫描、恒电流充放电、交流阻抗。

与电极材料储能电势窗测试类似，通过在不同电压下对超级电容器进行多次循环伏安扫描，确定电容器的稳定工作电压。随着电压的逐渐增加，在循环伏安曲线上的高电压处开始出现溶剂分解电流[图 6.17(a)黑色圆圈]，可根据出现溶剂分解电流前的电压确定电容器的稳定工作电压。在不同电流下进行恒电流充放电实验，根据充电曲线与放电曲线的对称性，进一步确定稳定工作电压[图 6.17(b)]。

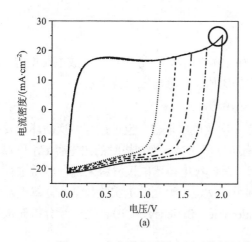

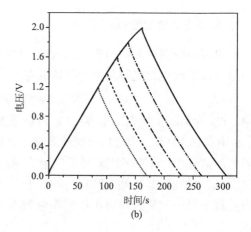

图 6.17　电容器在不同电压下的循环伏安曲线(a)和不同电流下的充放电曲线(b)

电容器的比电容测试也可通过恒电流充放电和循环伏安扫描测试。通过恒电流充放电实验测试电容器的比电容时，利用式(6.17)计算电容器的质量比电容 C_s(F·g^{-1})，利用式(6.18)计算电容器的体积比电容 C_v(F·cm^{-3})：

$$C_{s} = \frac{I \times t}{U \times (m_{+} + m_{-})} \tag{6.17}$$

$$C_{v} = \frac{I \times t}{U \times V} \tag{6.18}$$

式中，I 为放电电流 (mA)；U 为电容器电压 (V)；t 为放电时间 (s)；m_{+} 为正极活性材料质量 (mg)；m_{-} 为负极活性材料质量 (mg)；V 为电容器体积 (cm^{3})。电容器的充放电倍率性能也可通过在不同电流下进行恒电流充放电实验测试，根据实验结果计算不同电流下的比电容和电流增加后的比电容保持率。

通过循环伏安扫描测试电容器的比电容时，利用式 (6.19) 计算电容器的质量比电容 C_{s} (F·g^{-1})，利用式 (6.20) 计算电容器的体积比电容 C_{v} (F·cm^{-3})：

$$C_{s} = \frac{s}{v \times U \times (m_{+} + m_{-})} \tag{6.19}$$

$$C_{v} = \frac{s}{v \times U \times V} \tag{6.20}$$

式中，s 为放电过程的循环伏安曲线积分面积。

通过恒电流充放电实验或循环伏安扫描对电容器进行多次充放电，根据最后一次的放电比电容与第一次的放电比电容的比值，计算电容保持率 η［式 (6.21)］，分析电容器循环稳定性。

$$\eta = C_{n}/C_{1} \times 100\% \tag{6.21}$$

式中，C_{1} 为电容器的第一次放电比电容；C_{n} 为电容器最后的第 n 次放电比电容。

利用每一次充放电过程中的放电比电容和充电比电容的比值，计算电容器的库仑效率：

$$\mathrm{CE} = C_{\mathrm{discharge}}/C_{\mathrm{charge}} \times 100\% \tag{6.22}$$

式中，$C_{\mathrm{discharge}}$ 为电容器的放电比电容；C_{charge} 为电容器的充电比电容。

电容器的质量能量密度 W_{m} (W·h·kg^{-1}) 和质量功率密度 P_{m} (W·kg^{-1}) 利用以下公式计算：

$$W_{\mathrm{m}} = \frac{1}{2 \times 3.6} C_{s} U^{2} \tag{6.23}$$

$$P_{\mathrm{m}} = \frac{3600 \times E_{\mathrm{m}}}{t} \tag{6.24}$$

电容器的体积能量密度 W_{v} (W·h·cm^{-3}) 和体积功率密度 P_{v} (W·cm^{-3}) 利用如下公式计算：

$$W_{\mathrm{v}} = \frac{1}{2 \times 3600} C_{\mathrm{v}} U^{2} \tag{6.25}$$

$$P_{\mathrm{v}} = \frac{3600 \times E_{\mathrm{v}}}{t} \tag{6.26}$$

6.3　超级电容器电极材料

超级电容器电极材料主要包括双电层电极材料、赝电容电极材料、复合电极材料等。

6.3.1　双电层电极材料

双电层电容器主要利用在电极材料和电解质溶液界面形成双电层储存能量，电极材料主要包括各类碳材料，如活性炭、有序多孔碳、石墨烯等，其中活性炭表面积大、价格适中，因而备受关注。

1. 活性炭

活性炭表面积大(可达 3000 m²·g⁻¹)，导电性好，价格适中，是常用的电极材料。对木材、煤、坚果壳等天然富碳有机物或聚合物等人工合成有机物进行高温碳化(温度通常为 700～1200℃)，然后进行活化处理，是制备活性炭的常用方法。活化处理一般在 400～700℃的较低温度下进行，采用的活化剂包括磷酸、氢氧化钾、氢氧化钠、氯化锌等。前驱体种类、活化处理方法等对活性炭的物理化学性能有重要影响。活性炭具有多孔结构，小于 2 nm 的微孔、孔径为 2～50 nm 的介孔和孔径大于 50 nm 的大孔，在其内部构成了网络孔结构。通过合理控制活化温度和活化时间，可调控活性炭孔径和表面积。根据电解液中离子尺寸精确调控活性炭孔径分布，可充分利用活性炭表面积构建双电层，提高比电容。水合离子无法进入孔径小于 0.5 nm 的小孔，有机电解液中的溶剂化离子无法进入孔径小于 1 nm 的小孔，因此一般来说，具有可以容纳两个溶剂化离子的 2～5 nm 孔的活性炭具有较高能量密度和功率密度。此外，材料内部存在的介孔有利于促进电解液离子在电极上的传输，合理的孔径搭配有助于提高比电容。一般情况下，在有机电解液中，活性炭的比电容可达 100～120 F·g⁻¹；在水系电解液中，活性炭的比电容可达到 150～300 F·g⁻¹。受限于水的分解电压，水系双电层电容器一般电压不高。利用有机电解液组装双电层电容器有利于提高工作电压，进而提高能量密度，目前的商业化超级电容器主要采用有机电解液。

随着研究工作的不断深入，科研工作者逐渐发现微孔对活性炭比电容有重要贡献。2000年，研究人员发现，孔径小于 1.5 nm 的活性炭在有机电解液中表现出高比电容。在以沥青煤为前驱体制备活性炭开展研究时，研究人员进一步发现，孔径为 0.7 nm 的活性炭在水系电解液中具有高比电容，孔径为 0.8 nm 的活性炭在有机电解液中具有高比电容[6]。以碳化硅、碳化钛等碳化物为前驱体，经高温氯化去除晶格中的硅、钛后，进行碳化处理，可获得具有 50%～80%开放孔体积、比表面积高达 2000 m²·g⁻¹ 的多孔碳，其孔径在 0.6～1.1 nm 精确可调，这为研究孔径对碳材料电容性能的影响奠定了重要基础[7]。当孔径可以容纳两个溶剂化离子时，离子与两侧的孔壁之间均可形成紧密双电层，可贡献较大的电容。孔径减小到不能容纳两个溶剂化离子后，孔壁只有一侧可以参与形成双电层，减小了用于储能的活性面积，引起比电容下降。孔径继续减小到小于 1 nm 后，孔内不能容纳溶剂化离子，比电容反而上升。当孔径减小到接近脱溶剂化离子的半径时，比电容可提高接近一倍，这应与脱溶剂化离子参与形成的双电层厚度更小有关，说明微孔可贡献很大的比电容[8]。

2. 有序多孔碳

利用模板法可制备具有有序孔道结构和孔道连接网络的有序多孔碳，提高储能容量。可采用具有三维孔道结构的多种模板(如分子筛)为硬模板，将糠醇、酚醛树脂、蔗糖等碳材料前驱体填充到模板孔道内，进行碳化处理后，脱除分子筛模板，得到反向复制硬模板结构的有序多孔碳。也可采用软模板法，利用有机-有机自组装，引导有序多孔碳生长。例如，将低分子量水溶性酚醛树脂与三嵌段共聚物溶于乙醇，溶剂挥发时引发有机-有机自组装，酚醛树脂与嵌段共聚物之间形成氢键相互作用，构成有序介孔结构。经有序模板剂去除和碳化处理，可获得高度有序的介孔碳材料。合理设计三嵌段共聚物，可制备具有不同孔径和不同孔结构的有序多孔碳[9]。

有序多孔碳是很有潜力的超级电容器电极材料。例如，以 13X 型分子筛为硬模板制备的有序多孔碳，在 H_2SO_4 电解液中的比电容达到 300 $F·g^{-1}$。增加孔道有序性、建立孔道之间的连接通道、提高比表面积、引入杂原子进行适当活化以促进电解液进入微孔等，有助于提高电极材料的比电容和功率特性[9]。再如，以 Y 型分子筛为硬模板制备的氮掺杂有序多孔碳，在水系电解液中的比电容达到 340 $F·g^{-1}$，在 10000 次的充放电循环测试中表现出良好的稳定性。但是，电解液离子在孔内传输阻力较大，其从溶液到孔内的传输距离较远，制约了多孔碳材料的储能倍率性能。在碳材料中构建由大孔、介孔、微孔组成的多级孔结构，并建立孔道之间的互通，可有效解决这一问题，提高电极材料的储能容量和功率性能。在具有多级孔结构的碳材料中，大孔可为电解液离子提供缓冲存储，互通的介孔有助于促进电解液离子在电极上的传输，微孔则可贡献高比电容。可利用软硬双模板构建具有多级孔结构的碳电极材料。例如，利用直径分别为 240 nm、320 nm 和 450 nm 的二氧化硅胶体晶体搭建大孔硬模板，在二氧化硅表面和硬模板孔隙中引入酚醛树脂和三嵌段共聚物 F127 的组装体，然后进行碳化处理和二氧化硅模板去除，可制备由 11 nm 介孔、230～430 nm 大孔、30～65 nm 三维互联窗口组成的具有多级孔结构的碳材料。采用直径为 8 nm 的二氧化硅小微球胶体，并减小二氧化硅的比例，借助二氧化硅纳米颗粒和酚醛树脂的亲水性，可使二氧化硅参与酚醛树脂与三嵌段共聚物 F127 的组装，进而参与构成介孔墙壁。由于二氧化硅的直径大于介孔墙壁厚度，碳化及去除二氧化硅模板后，可打通相邻的介孔孔道，获得由约 3.4 nm 和约 7.6 nm 孔构成的双孔碳[9]。这种双孔结构可增加离子传输通道，有利于提高储能倍率性能。

3. 石墨烯

石墨烯是以 sp^2 杂化碳原子按蜂巢状排列构成的单层二维晶体，碳原子排列模式与石墨的单原子层相同，具有特殊的电学性质和优异的机械性能。一般情况下制备的石墨烯由几层碳原子构成，晶格位错可增大层间距，因此少层石墨烯可保留单层石墨烯的某些性能。石墨烯的制备方法包括机械剥离、外延生长、化学气相沉积、电弧放电等。Hummers 法可大批量制备石墨烯。在 Hummers 法中，首先氧化天然石墨，制备氧化石墨，增大石墨层间距，减弱层间范德华力，然后进行超声剥离制备少层氧化石墨烯，最后进行还原处理制备少层石墨烯。

电化学技术方便快捷，借助电场力剥落石墨片层的实验条件温和，可避免采用大量化学试剂，有利于简化产品提纯过程。通过合理设计电化学实验参数，可有效保留六方 sp^2 杂化碳原子晶格。利用对石墨进行阳极处理剥落石墨烯时，还可根据需要适量引入官能团，调控样品性能。石墨烯的电化学剥落可在水系电解质溶液、有机电解质溶液、离子液体中，利用阳极过程或阴极过程进行。

利用阳极过程制备石墨烯时，以石墨为正极、金属铂为负极，H_2SO_4、HNO_3、H_3PO_4 等酸或 KNO_3、$(NH_4)_2SO_4$ 等盐为电解质，组装二电极电解池，通过施加较高电压(如 10 V)，可使单层或少层石墨烯从石墨正极上剥落进入电解液，经后续超声处理，可制备石墨烯。在较高电压作用下，溶剂水分解，在石墨正极上生成羟基自由基和氧自由基，优先氧化石墨的晶界和缺陷，破坏石墨层间的范德华力。在电场力的作用下，溶液中的阴离子和溶剂水插入电极上剥离的石墨边缘和膨胀的石墨层间，在水电解产生的氧气的冲击下，使石墨烯从电极上剥落，进入溶液(图 6.18)[10]。这种制备方法易导致石墨烯过度氧化，影响产品的导电性等性能。可通过对石墨烯进行后续还原处理，或在电解液中加入自由基捕获剂等添加剂，解决这一问题。例如，可在电解液中加入抗坏血酸、硼氢化钠、Co^{2+}等消耗部分自由基。其中加入 Co^{2+}具有双重作用，效果显著。电解液中加入 Co^{2+}后，其消耗部分自由基，被氧化生成Co^{4+}，Co^{4+}可催化水分解直接生成氧气，可避免生成过多自由基引起石墨烯过度氧化。

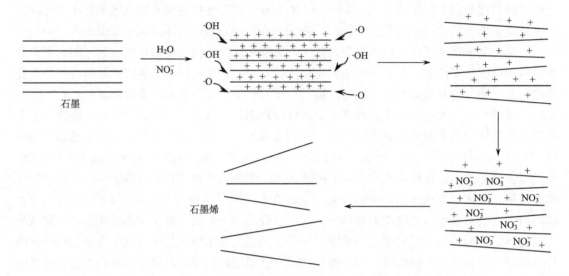

图 6.18　在 HNO_3 电解液中以石墨为阳极剥离石墨烯过程示意图

利用阴极过程剥离可避免石墨烯氧化，制备高质量石墨烯。在锂离子电池充放电时，Li^+在石墨负极中可逆嵌入/脱出。当采用碳酸丙烯酯电解液时，溶剂伴随 Li^+嵌入石墨负极后，生成三元插层化合物，在晶界处产生层间应力，造成电极损坏，影响 Li^+嵌入/脱出过程的可逆性。但可借鉴这一损害锂离子电池可逆储能容量的过程，设计石墨烯的阴极制备方法。以石墨为负极、$LiClO_4$的碳酸丙烯酯溶液为电解液，组装两电极电解池，施加较高电压(15 V ± 5 V)，促进碳酸丙烯酯伴随 Li^+插入石墨层间，增大层间距。在高电压作用下，碳酸丙烯酯分解产生丙烯气体，对膨胀的石墨产生冲击，导致石墨烯片层剥落进入溶液。在后续超声处理的作用下，石墨烯进一步剥离，经充分洗涤后，可获得高质量石墨烯[11]。这种制备方法不涉及氧化过程，制备的石墨烯缺陷很少。

单层石墨烯的理论比表面积可达到 $2630\ m^2 \cdot g^{-1}$，理论比电容可达到 $550\ F \cdot g^{-1}$。但是，在实际应用中，石墨烯片层易自发重新堆叠，用于电荷储存的表面积大大减小。在石墨烯片层之间引入碳纳米管、具有纳米结构的氧化物和导电聚合物等建立支撑，构建复合电极材料，可避免石墨烯片层重新堆叠引起的表面积减小问题，还可利用碳纳米管改善复合材料的导电性，利用具有赝电容性能的氧化物和导电聚合物贡献额外的电容。

构建具有三维结构的自支撑石墨烯电极，可避免石墨烯重新堆垛，有利于电解液离子在电极上快速传输。此外，还可简化电极构建流程，避免使用黏结剂引入非活性组分，提高储能性能。以天然膨胀石墨为原料制备的石墨箔电阻率低,价格低廉,是良好的电极基底材料[图 6.19(a)]。石墨箔由石墨薄片层叠构成,也是剥离石墨烯的良好原料。电化学技术具有丰富的实验方案选择和灵活的实验参数设计,通过合理调控电解液组成和电压,可从石墨箔上剥开但不剥落石墨烯片层,使石墨烯片层"站立"在石墨箔上,构建三维自支撑石墨烯电极[图 6.19(b)][12]。在这种三维自支撑石墨烯电极上,石墨烯片层连接于基底上,可建立快速电子传导通道。

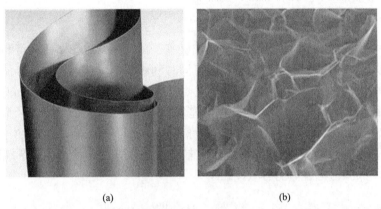

(a)　　　　　　　　　　　　　　　(b)

图 6.19　石墨箔(a)和在石墨箔表面剥开石墨烯构建的三维自支撑电极的扫描电子显微镜图片(b)

利用多步电化学处理,还可制备分层结构石墨箔电极。例如,以 K_2CO_3 为电解液,通过合理控制剥离电势,可适度氧化石墨箔阳极。水在阳极分解析出氧气后,阳极表面 pH 降低,导致产生大量 CO_2 气泡,在大量气体析出产生的冲击力的作用下,石墨烯片层与基体部分剥离,在电极表面翘起,"站立"在石墨箔基底上(图 6.20)。

图 6.20　利用 K_2CO_3 电解液中的电化学氧化过程在石墨箔表面剥开石墨烯片层示意图

表层翘起石墨烯片层后[图 6.21(a)],电极上引入缺陷,然后在 KNO_3 电解液中进行二次剥离,使 NO_3^- 在缺陷位点插入石墨箔层间[图 6.21(b)],形成插层化合物。插层化合物稳定性较低,可与水分子发生反应生成含氧官能团,减弱石墨层间范德华力,在析出气体的冲击下形成新的缺陷。随着新缺陷的不断形成和 NO_3^- 逐渐深入石墨箔内部,石墨箔部分基体的层间距得以扩展,进而改善电极与电解液的接触,扩大有效储能面积。通过合理设计阳极剥离电势和剥离时间等因素,可控制石墨箔上形成插层化合物的深度,制备由上层剥开的石墨烯、中层适度膨开石墨层和底层石墨箔基体组成的三层石墨箔电极[图 6.21(c)][13],利用底层完好的石墨结构保持电极的机械稳定性,利用上层和中层提供充足的储能空间。如果在以上阳极处理过程引入过多含氧官能团,影响电极导电性,可对石墨箔施加适当阴极电势,进行适当电化学还原处理,去除过多的含氧官能团。

(a) 表层翘起石墨烯片层的石墨箔   (b) NO_3^-插入石墨箔层间   (c) 三层石墨箔

图 6.21   利用在 KNO_3 电解液中进行二次剥离构建三层石墨箔电极示意图

4. 杂原子掺杂碳

在碳材料中引入 O、N、S 等杂原子，或氨基、硝基等杂原子基团，可利用杂原子的氧化还原反应引入赝电容。杂原子掺杂碳材料可同时利用双电层储能和赝电容储能，是很有潜力的高比电容电极材料。碳材料中的掺杂氧主要以四种模式存在(图 6.22)，包括在 XPS 谱图上出现在电子结合能为 $531.0 \sim 531.9$ eV 的醌基氧(a)，$532.3 \sim 532.8$ eV 的羟基氧、醚基氧及酯基和酸酐的双键氧(b)，$533.1 \sim 533.8$ eV 的酯基和酸酐的单键氧(c)，$534.3 \sim 535.4$ eV 的羧基氧(d)[14]。具有电化学活性的掺杂氧可以贡献赝电容，电化学惰性的掺杂氧可以帮助改善电极的润湿性，加强与电解液的有效接触。

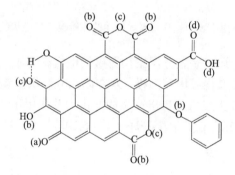

图 6.22   氧掺杂碳材料中含氧官能团示意图

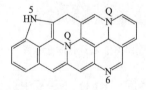

图 6.23   氮掺杂碳材料中不同种类氮示意图

氮与碳原子半径相近，氮原子较易置换碳材料晶格中的碳原子。碳材料中的掺杂氮可以多种模式存在(图 6.23)，包括在 XPS 谱图上出现在电子结合能约 399 eV 的类吡啶氮(N-6)、约 400 eV 的类吡咯氮(N-5)、约 401 eV 的石墨型氮(N-Q)等[15]。其中 N-5 和 N-6 具有电化学活性，可以通过氧化还原反应贡献赝电容。

对碳材料进行适度氧化处理，可进行氧掺杂，引入含氧官能团。在氨气气氛下热处理碳材料，可进行氮掺杂。热解处理高含氮量前驱体，如明胶/氨基葡萄糖等生物质材料、聚苯胺/聚吡咯/聚乙烯吡啶等聚合物，以及三聚氰胺、尿素等含氮有机物，可在制备碳材料时直接将氮元素引入结构中，这种方法为"原位"掺杂法。利用"原位"掺杂法制备氮掺杂碳，具有氮掺杂均匀、掺杂量高、可在碳晶格内部掺杂等优点，并方便调控氮存在形式，进而调控性能。

利用电化学技术可方便地对碳材料进行功能化处理。例如，在 0.5 mol·L^{-1} KNO$_3$ 电解液中，1.9 V（*vs.* SCE）的恒电势下，对由碳纤维编织而成的碳布进行电化学氧化时，电解液中的 NO$_3^-$ 可嵌入碳纤维内部，引入氧掺杂，并剥开外层碳，形成核壳结构（图 6.24）[16]。经在 0.1% 水合肼中还原后，可去除过多的含氧官能团，恢复电极的导电性。经过上述部分剥离处理后，碳布的氧含量增加了 9%，出现了 C—O 和 COO$^-$ 等含氧官能团。

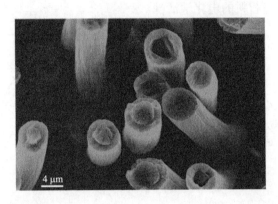

图 6.24　氧掺杂核壳结构碳纤维布的横截面扫描电子显微镜图片

引入适量氧掺杂的部分剥离碳布具有良好的电容性能，其循环伏安曲线为矩形，随着扫描速率的提高，循环伏安曲线上的电流逐渐增加 [图 6.25(a)]。在 2～100 mA·cm^{-2} 的电流密度下进行恒电流充放电时，电势随充放电的进行线性变化，充电曲线和放电曲线对称性良好 [图 6.25(b)]。在 2 mA·cm^{-2} 电流密度下，测试的比电容为 618 mF·cm^{-2}；在高达 100 mA·cm^{-2} 的电流密度下，其仍具有 365 mF·cm^{-2} 的比电容 [图 6.25(c)][16]。

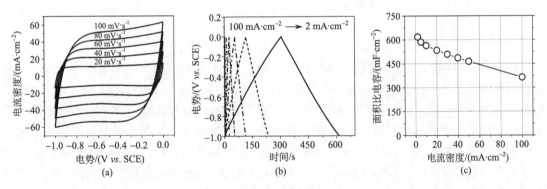

图 6.25　氧掺杂核壳结构碳纤维布在不同电流密度下的循环伏安曲线(a)、不同电流密度下的恒电流充放电曲线(b) 和在不同电流密度下测试的比电容(c)

在氨气气氛下对聚苯胺进行热处理，以及对预先在 (NH$_4$)$_2$SO$_4$ 溶液中浸泡处理吸附 (NH$_4$)$_2$SO$_4$ 的聚苯胺进行热处理，均有助于制备高氮含量的氮掺杂碳。聚苯胺吸附 (NH$_4$)$_2$SO$_4$ 后进行热处理时，(NH$_4$)$_2$SO$_4$ 分解释放出氨气：

$$(NH_4)_2SO_4 \longrightarrow NH_4HSO_4 + NH_3\uparrow$$

这可以促进产物碳进行氮掺杂。例如，在聚苯胺纳米棒阵列吸附 (NH$_4$)$_2$SO$_4$ 后进行热处理制备的氮掺杂碳中，氮含量可达到约 22%，高于热处理前的聚苯胺和对未吸附$(NH_4)_2SO_4$的聚苯胺纳米棒阵列进行热处理制备的样品(约 9%)。此外，吸附$(NH_4)_2SO_4$聚苯胺纳米棒阵列热处理制备的氮掺杂碳的氮元素中，N-6 含量达到了 56.7%[图 6.26(a)]，在 1 A·g^{-1} 的电流密度下其比电容高达 776 F·g^{-1}。而以未吸附$(NH_4)_2SO_4$的聚苯胺为原料制备的氮掺杂碳的 N-6 含量仅为 23.1%[图 6.26(b)]，在 1 A·g^{-1} 的电流密度下其比电容为 408 F·g^{-1} [15]。高氮掺杂量和高 N-6 含量有助于提高材料的电化学活性。

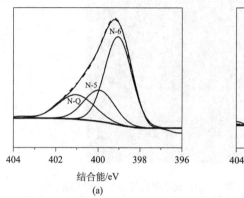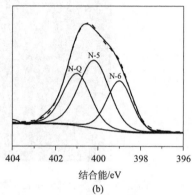

图 6.26　利用热处理吸附(a)和未吸附(b)$(NH_4)_2SO_4$的聚苯胺纳米棒阵列制备的
氮掺杂碳的 X 射线光电子能谱图

6.3.2　赝电容电极材料

赝电容材料主要利用发生氧化还原反应的法拉第过程储能，电极材料主要包括过渡金属氧化物和氢氧化物、导电聚合物等。

1. 过渡金属氧化物及氢氧化物

$RuO_2·H_2O$ 和 MnO_2 是本征赝电容材料，其循环伏安曲线和恒电流充放电曲线与双电层电极材料相似，分别表现为近似矩形和几乎对称的三角形(图 6.6)。$RuO_2·H_2O$ 和 MnO_2 的储能电势区间为 0～1 V($vs.$ SCE)，主要用作正极材料。$RuO_2·H_2O$ 理论比电容大，但价格昂贵，主要用于航空航天和军事领域。1999 年，Goodenough 发现 MnO_2 在水系电解液中表现出近似矩形的循环伏安曲线，表现出典型的赝电容特性。锰地球储量高，有明显的价格优势，引起了重要关注。MnO_2 主要利用 Mn(IV) 和 Mn(III) 之间的电化学转化储能，伴随溶液中的碱金属阳离子 M^+(如 K^+、Na^+、Li^+)或 H^+在氧化物中嵌入/脱出：

$$MnO_2 + \delta M^+ + \delta e^- \rightleftharpoons M_\delta MnO_2$$

当发生 1 电子转移的氧化还原反应时($\delta=1$)，在 0.9 V 储能电势窗下，MnO_2 的理论比电容可达 1233 F·g^{-1}。MnO_2 中的离子传输一般较快，因此 MnO_2 可以利用在体相发生的氧化还原反应储能，表现出本征赝电容特性。MnO_2 具有多种晶型(图 6.27)，增加结构中离子扩散通道，增大通道尺寸，均有助于促进离子在结构中的传输，进而提高储能性能。

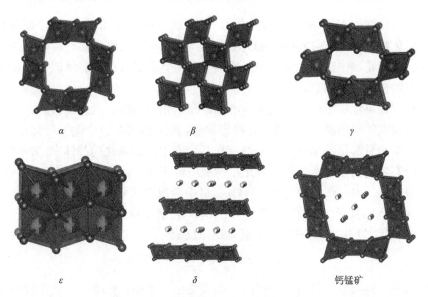

图 6.27　不同晶型 MnO_2 的结构示意图

但是 MnO_2 的电子导电性较差$(10^{-7} \sim 10^{-4}\ S\cdot cm^{-1}$，与晶体结构有关$)$，远低于 $RuO_2$$(RuO_2$ 单晶电导率约为 $10^4\ S\cdot cm^{-1})$，导致其储能区域局限于样品表面或近表面，超薄 MnO_2 样品的比电容可大于 $1000\ F\cdot g^{-1}$，但大颗粒 MnO_2 的比电容一般仅为 $200 \sim 250\ F\cdot g^{-1}$。构建纳米结构可有效利用 MnO_2 的储能位点，提高比电容。与具有高导电性的碳材料(如碳纳米管、石墨烯)复合，构建高导电复合电极，也可有效解决 MnO_2 导电性差的问题。

钴、镍等过渡金属的$+2$ 价氢氧化物 $Ni(OH)_2$、$Co(OH)_2$ 倾向于以层状结构存在，结构中的 MO_6 八面体还可容纳$+3$ 价过渡金属离子，形成层状双氢氧化物$(LDH$，$[M^{2+}_{1-x}M^{3+}_x(OH)_2]^{x+}[A^{n-}_{x/n}\cdot mH_2O]^{x-})$，如 Al-Ni LDH、Ni-Co LDH 等，结构中多出的正电荷由嵌入层间的阴离子 A^{n-} 平衡。在这类层状氢氧化物中，层间距为几纳米，离子可以在层间可逆嵌入/脱出，使其在电化学、催化、分离等领域有广泛的应用前景。其中钴、镍氢氧化物具有良好的电化学活性，在水系二次电池中极具商业化应用竞争力。钴、镍氢氧化物储能时涉及结构转化，氧化还原反应通常发生于特定电势，且倍率性能不佳，一般表现出电池材料储能特征。但以纳米结构存在时，活性表面积大大增加，离子扩散距离大大减小，储能反应可发生于电极材料表面或近表面，表现出赝电容特征，属于非本征赝电容材料。钴、镍二价过渡金属氢氧化物在碱性溶液中电化学活性较高，主要利用金属离子在$+2$ 价和$+3$ 价之间的氧化还原转化储能：

$$M(OH)_2 + OH^- \rightleftharpoons MOOH + H_2O + e^-$$

以非纳米结构存在时，$Ni(OH)_2$ 的氧化峰和还原峰分别出现在约 0.36 V$(vs.\ Ag/AgCl)$和约 0.26 V$(vs.\ Ag/AgCl)$。形成纳米结构后，氧化还原峰宽化，储能电势窗约 0.5 V，比电容可达 $1750\ F\cdot g^{-1}$，高于 RuO_2 和 MnO_2。但因储能电势窗较窄，不利于提高能量密度。

$Co(OH)_2$ 具有与 $Ni(OH)_2$ 相似的电化学行为，二者一般均用作超级电容器正极材料。一般情况下，$Ni(OH)_2$ 具有较高的比电容，$Co(OH)_2$ 具有较好的倍率性能和稳定性。形成二元氢氧化物 $Ni_xCo_{1-x}(OH)_2$ 后，可取长补短，并提高导电性，有利于构建高性能电极材料。

氧化镍和氧化钴如 NiO 和 Co_3O_4，以及二者的混合氧化物 $NiO\text{-}Co_3O_4$，或与其他氧化物形成的混合氧化物，如 $NiO\text{-}Co_3O_4\text{-}MnO_2$，也是典型的非本征赝电容材料，以纳米线、纳米棒、纳米片、纳米花、中空纳米结构等形式存在时，具有较好的电容性能。氧化镍和氧化钴也存在储能电势窗较小的局限。

氧化钨具有高电化学活性和较高的导电性，在电化学储能、电化学传感、电致变色、光催化等领域有很大的应用潜力。钨有多种稳定价态，既可形成 WO_3、WO_2 等化学计量氧化物，也可形成非化学计量氧化物 $WO_x (2 < x < 3)$。在钨价态不同的氧化钨晶体中，W—O 键长相近，钨可在多种价态之间快速可逆电化学转化，储能电势窗宽，涵盖正、负电势区间，既可作超级电容器正极材料，也可作负极材料。WO_3 晶格中形成少量氧缺陷后，导电性可大大提升。WO_3 晶格中可嵌入阳离子，形成导电性良好的钨青铜 $M_xWO_3 (x = 0\sim1；M = H、Li、Na 等)$。$WO_3$ 在电化学储能过程中主要发生如下氧化还原反应：

$$WO_3 + xe^- + xM^+ \rightleftharpoons M_xWO_3$$

氧化钼与氧化钨类似，在电化学储能、电致变色、催化、传感、光学器件等领域也备受关注。钼与钨同属第ⅥB 族，具有多种价态形式，储能电势窗宽，既可作超级电容器正极材料，也可作负极材料。MoO_3 晶格也可形成少量氧缺陷，或嵌入阳离子形成钼青铜 $M_xMoO_3 (x = 0\sim1；M = H、Li、Na 等)$，提高导电性和电化学活性。

钒是第ⅤB 族元素，价态丰富，可以形成多种氧化物，其中比较有代表性的 V_2O_5 和 V_2O_3 均具有良好的赝电容性能。氧化钒种类繁多，储能电势窗宽，既可作超级电容器正极材料，也可作负极材料。例如，V_2O_5 主要利用 V(Ⅳ) 和 V(Ⅴ) 之间的电化学转化储能，在正电势区间如 $0\sim0.8$ V (*vs.* SCE) 表现出电化学活性，可用作超级电容器正极材料。V_2O_3 与碳材料复合改善导电性后，储能电势窗可扩展至 $-0.4\sim0.6$ V (*vs.* Ag/AgCl)。在由 V(Ⅳ) 和 V(Ⅴ) 组成的氧化钒中引入 +3 价钒，可扩展储能电势下限，如硫掺杂的含氧缺陷的 V_6O_{13-x}，其在 $-1\sim0$ V (*vs.* SCE) 电势范围内具有良好的电化学活性，可用作超级电容器负极材料[17]。与碳材料复合改善导电性后，由 V(Ⅲ)、V(Ⅳ) 和 V(Ⅴ) 组成的混合价态氧化钒 VO_x 可进行 V(Ⅲ)、V(Ⅳ) 和 V(Ⅴ) 之间的电化学转化储能，电势窗扩展至 $-1\sim0.9$ V (*vs.* SCE)，以其为电极材料组装的对称超级电容器电压可达到 2 V[18]。

利用具有不同储能电势窗的正、负极材料组装非对称超级电容器，有利于提高电压和能量密度。一般情况下，赝电容电极材料具有高于双电层电极材料的比电容，因此正极和负极均采用赝电容电极材料有助于提高组装的非对称超级电容器的比电容[参见式(6.1)]。赝电容正极材料发展得比较早，也比较成熟。氧化钨、氧化钼、氧化钒在负电势区间有储能潜力，其电容性能的不断提升为非对称赝电容器的发展注入了活力。氧化钨、氧化钼、氧化钒主要在酸性和中性电解质溶液中具有高电化学活性，不适用于碱性溶液。

铁在地球上储量高，铁氧化物 Fe_2O_3、Fe_3O_4 和氢氧化物 FeOOH 在碱性电解液中，在负电势区间具有电化学活性，适用于作负极组装碱性电解液非对称赝电容器。铁化合物相互组合形成多组分赝电容材料，可以发挥各自的优势，并诱导协同效应，有利于提高储能性能。例如，Fe_2O_3 和 Fe_3O_4 组合形成二组分赝电容材料后，可以借助 Fe_3O_4 的高导电性保证电子在电极上的快速传输，解决 Fe_2O_3 导电性差的问题（Fe_3O_4 电导率约 10^2 S·cm^{-1}，Fe_2O_3 电导率约 10^{-14} S·cm^{-1}）；借助与 Fe_2O_3 共生，缓解 Fe_3O_4 易团聚的问题，提高离子在电极上的传输。快速的电子和离子传输有助于促进电荷传导，构建高性能赝电容电极。

2. 导电聚合物

导电聚合物又称导电高分子，分子链上含有交替的单键和双键，形成大的共轭π体系，为其良好的电子导电性奠定了基础。经过化学或电化学掺杂后，其主链失去电子(氧化掺杂)或得到电子(还原掺杂)，产生极化子、双极化子或孤子能级，电导率可提升几个数量级，达到 $10\sim10^5$ S·cm^{-1}，因此也称为"合成金属"。未经掺杂处理的导电聚合物电导率很低，属于绝缘体。聚苯胺(PANI)、聚吡咯(PPy)、聚噻吩(PTh)、聚 3,4-乙撑二氧噻吩(PEDOT)是常见的导电聚合物超级电容器电极材料。可通过电化学氧化使导电聚合物带正电荷，通过电化学还原使其带负电荷，氧化还原程度和带电荷情况与电势相关，具有很好的可逆性，因此导电聚合物具有赝电容特性。可通过对苯胺、吡咯、噻吩等单体进行化学或电化学氧化，引发聚合反应，制备导电聚合物。利用在导电基底(集流体)上进行电化学聚合，可直接制备导电聚合物电极，避免引入采用粉体聚合物制备电极时使用的黏结剂等添加剂。恒电势聚合、恒电流聚合、循环伏安聚合、脉冲电势聚合、脉冲电流聚合是常见的导电聚合物电化学制备方法。通过合理选择聚合方法和电流、电势、时间等聚合实验参数及聚合体系组成，可方便地调控聚合物厚度、载量、形貌，进而调控其性能。以纳米纤维等纳米结构形式存在有利于电子在聚合物上的传输，以及促进聚合物与电解液有效接触而发生充分的氧化还原反应，有利于提高储能容量。

PANI 的基本结构如图 6.28 所示，分子链由苯环和醌环以 3∶1 的比例构成。其中两个苯环构成还原单元，一个苯环和一个醌环构成氧化单元。

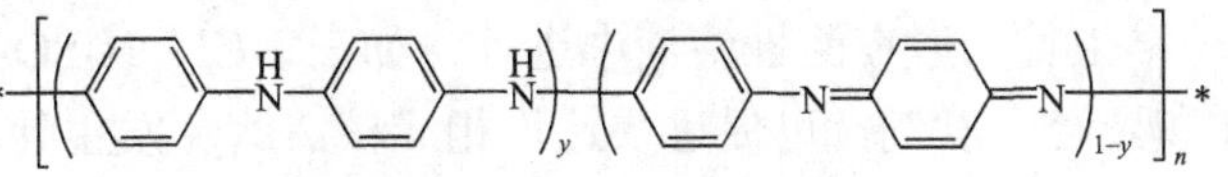

图 6.28　PANI 的基本结构

还原单元和氧化单元的比例决定了 PANI 的氧化还原状态，二者的比例可在 1∶0~0∶1 之间调控。PANI 典型的氧化还原状态包括还原单元和氧化单元的比例为 1∶0 的全还原态[$y=1$，(a)]，二者比例为 1∶1 的中间氧化还原态[$y=0.5$，(b)]，以及二者比例为 0∶1 的全氧化态[$y=0$，(c)](图 6.29)。

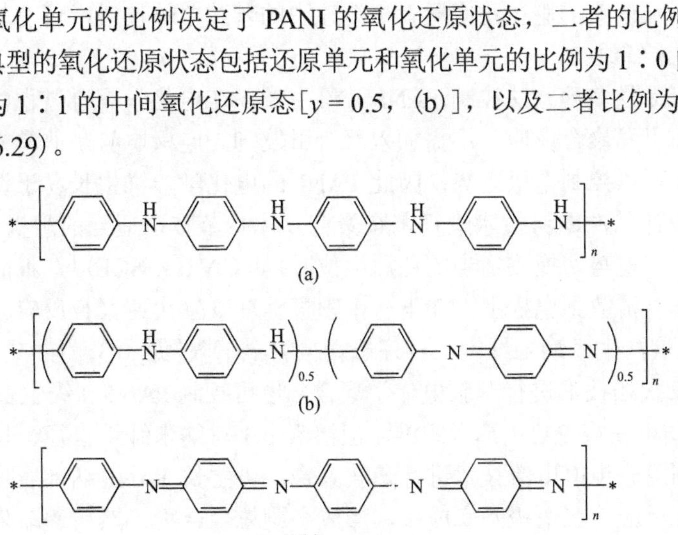

图 6.29　全还原态(a)、中间氧化还原态(b)、全氧化态(c)聚苯胺的结构式

PANI 分子链的氮原子上有孤对电子，可吸引溶液中的 H^+，H^+ 进入聚合物分子链上称为质子酸掺杂，发生质子酸掺杂使 PANI 分子链带正电荷后，溶液中的阴离子进入聚合物平衡电荷：

质子酸掺杂可使 PANI 的电导率提升十余个数量级，其中质子酸掺杂的中间氧化还原态 PANI 的电导率 $\geqslant 1\ S\cdot cm^{-1}$。合适的氧化还原状态和质子酸掺杂是 PANI 高导电性的基础，一般通过在酸性溶液中进行苯胺电化学聚合制备 PANI，PANI 也通常在酸性溶液中表现出高比电容。质子酸掺杂的 PANI 分子链上分布正电荷，有助于避免聚合物相互缠绕，纳米纤维是 PANI 的本征形貌，因此向苯胺单体的酸性溶液中缓慢加入聚合引发剂 $(NH_4)_2S_2O_8$，控制反应速率，可得到聚合初期均相成核形成的 PANI 纳米纤维[19]。但是，在继续聚合过程中，初期形成的 PANI 纳米纤维上出现活性位点，在活性位点继续聚合进行异相成核，则导致纳米纤维相互缠绕，这一过程也称为二次生长。异相成核导致最终产物的形貌不规则，一般以较大的颗粒形式存在，这不利于 PANI 与电解液接触，不利于提高电化学性能。避免异相成核有利于控制 PANI 一维生长，制备 PANI 纳米纤维。有多种方法可调控 PANI 一维生长，规模化合成 PANI 纳米纤维。PANI 的一维生长一般在酸性溶液中进行，如在 HCl、H_2SO_4、$HClO_4$ 等酸性溶液中快速混合苯胺单体和聚合引发剂，可促进快速均相成核，避免发生异相成核，获得高质量 PANI 纳米纤维产品。将苯胺单体溶于底层 CCl_4、CS_2、苯、甲苯等有机溶剂，$(NH_4)_2S_2O_8$ 溶于上层酸性水溶液时，聚合反应发生于界面，形成的质子化 PANI 纳米纤维具有亲水性，快速扩散进入上层水溶液，避免与底层有机溶液中的苯胺单体接触，可有效抑制二次生长，进而制备 PANI 纳米纤维。

电化学技术可提供多种方法控制 PANI 一维生长。在电化学聚合过程中，苯胺在阳极电势下被氧化，从而引发聚合反应，不需加入聚合引发剂。电极电势是非常方便调控的实验参数，且有多种方案可以控制电极电势，因此 PANI 的电化学一维生长易于调控，且有多种一维生长模式。可设计脉冲电势技术进行苯胺聚合，控制苯胺在适当的阳极电势快速聚合[如 0.9 V（vs. SCE）]。当电势切换到适当的还原电位时[如 0 V（vs. SCE）]，不能继续发生聚合反应，这时苯胺单体可扩散到电极上，在下一个阳极脉冲发生快速聚合反应。利用这种方法可控制 PANI 均相成核，生成纳米纤维。合理选择电势上下限[如–0.3～1.2 V（vs. SCE）]和溶液 pH，利用循环伏安扫描技术进行苯胺电化学聚合，也可控制 PANI 一维生长。例如，在 pH = 0～2 的溶液中，均可获得 PANI 纳米纤维，但溶液 pH 对纳米纤维直径、长度、形貌和产量均有一定影响。利用分步恒电流技术进行苯胺聚合，可生长 PANI 纳米线阵列。首先进行高电流密度下的聚合反应，在电极基底成核，形成小颗粒聚合物，然后逐渐降低电流密度，控制 PANI 在成核位点一维生长，可获得均匀取向的 PANI 纳米线。合理设计苯胺单体浓度和聚合电流，调控 PANI 在电极表面适量成核，经过足够时间的聚合反应，也可生长 PANI 纳米线阵列。例如，在苯胺浓度为 500 mmol·L^{-1}、HClO$_4$ 浓度为 1 mol·L^{-1} 的电解液中，以 0.5 mA·cm^{-2} 的电流密度，于石墨箔表面剥开石墨烯片层构建的三维自支撑石墨烯电极基底上进行苯胺聚合反应时，经过 1.5 h 的聚合反应后，在电极基底上的石墨烯表面出现了均匀分布的小颗粒聚合物。聚合时间延长到 3 h 后，石墨烯片层上生长了 PANI 纳米线阵列(图 6.30)[20]。纳米线阵列垂直于集流体生长，电子可从集流体上快速传导至聚合物，利用纳米线之间的孔隙可建立离子传导通道，为提高大载量聚合物电极的电容性能奠定基础。纳米线之间的孔隙还可为 PANI 循环充放电过程中因电解液离子嵌入/脱出引起的体积膨胀/收缩提供缓冲空间，提高稳定性。例如，载量为 5.89 mg·cm^{-2} 的 PANI 纳米线阵列电极，面积比电容可高达 3.57 F·cm^{-2}，经 5000 次充放电后，电容保持率超过 90%[图 6.31(a)]，其奈奎斯特图在低频区为接近垂直的直线 [图 6.31(b)]，表现出电容特性，根据在高频区与横轴的交点可判断具有较低的等效串联电阻[20]。

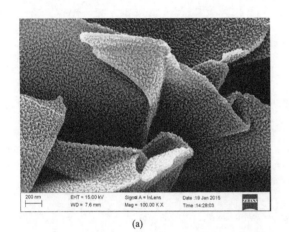
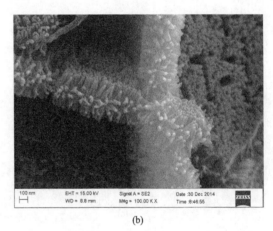

(a)　　　　　　　　　　　　　　　　　　　(b)

图 6.30　在石墨箔表面剥开石墨烯片层构建的三维自支撑石墨烯电极基底上，苯胺聚合 1.5 h(a) 和 3 h(b) 时制备的聚苯胺电极的扫描电子显微镜图

PANI 被化学或电化学氧化，形成中间氧化还原态和全氧化态时，分子链带正电荷，溶液中的阴离子 A$^-$ 进入聚合物平衡电荷，称为阴离子掺杂，掺杂进入聚合物用于平衡分子链正电荷的阴离子也称为对阴离子。PANI 被化学或电化学还原，分子链不带电荷时，掺杂阴离子离开聚合物，称为脱掺杂。PANI 的全还原态、中间氧化还原态和全氧化态之间的电化学转化主要发生在 $-0.3 \sim 1.0$ V(*vs.* SCE) 电势范围内，主要用作酸性电解液超级电容器正极材料。但是，PANI 被氧化到全氧化态后，在酸性电解质水溶液中易发生降解反应，生成小分子醌，并逐渐流失到电解液中，使聚合物电化学活性逐渐降低。为了避免降解反应，PANI 用作超级电容器正极材料时，一般其储能电势窗上限不超过 0.7 V(*vs.* SCE)，避免形成全氧化态 PANI。例如，在 $-0.2 \sim 0.6$ V(*vs.* SCE) 电势范围内，PANI 的循环伏安曲线上出现全还原态与中间氧化还原态相互转化的氧化还原峰，恒电流充放电曲线表现出典型的赝电容储能行为，充电曲线与放电曲线基本对称(图 6.32)。

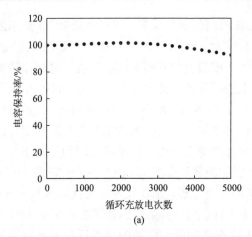

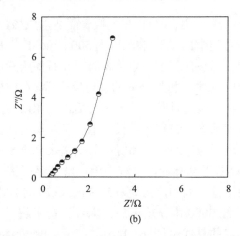

(a)　　　　　　　　　　　　　(b)

图 6.31　载量为 5.89 mg·cm^{-2} 的 PANI 纳米线阵列电极在 5000 次恒电流充放电过程中的电容保持率(a)和开路电势下的奈奎斯特图(b)

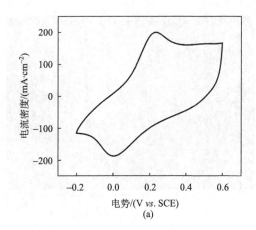

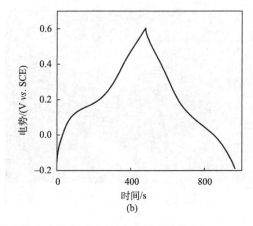

(a)　　　　　　　　　　　　　(b)

图 6.32　0.5 mol·L^{-1} H$_2$SO$_4$ 电解液中 PANI 的循环伏安曲线(a)和恒电流充放电曲线(b)

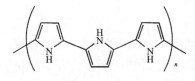

图 6.33　PPy 的结构

吡咯分子中的氮原子为 sp^2 杂化,未成键 p 轨道中的孤对电子参与构建芳环的 π 共轭体系,吡咯的碱性很弱。吡咯分子上的 α 位最活泼,聚吡咯(PPy)由吡咯分子之间通过 α 和 α′ 位相连接构成,吡咯单元可沿 C—C σ 键自由旋转,PPy 的结构如图 6.33 所示。

PPy 被化学或电化学氧化时,分子链带正电荷,溶液中的阴离子 A$^-$ 进入聚合物平衡电荷,进行阴离子掺杂,每三个吡咯单元最多可引入一个–1 价掺杂阴离子。PPy 被化学或电化学还原,分子链不带电荷时,掺杂阴离子离开聚合物,进行阴离子脱掺杂:

在含有大位阻及/或与 PPy 有相互作用的阴离子溶液中,如在含 1,5-萘二磺酸和吡咯的电解质溶液中，进行吡咯聚合反应时，在作为引发剂的氧化剂或阳极电势作用下，生成的 PPy 被氧化带正电荷，1,5-萘二磺酸根 NDS$^-$ 作为掺杂阴离子进入聚合物，形成[PPy$^+$NDS$^-$]。NDS$^-$ 具有较大位阻，其萘环与 PPy 的芳环之间有 π-π 相互作用，位于 1、5 位的磺酸根可分别与两个 PPy 分子链产生静电相互作用(图 6.34)[21]，因此 NDS$^-$ 与 PPy 之间的相互作用较强，当聚合物被化学或电化学还原使分子链失去正电荷时，NDS$^-$ 无法从聚合物中脱出。这种情况称为阴离子固定掺杂，难以从聚合物中脱出的阴离子都可以进行固定掺杂，如聚合物阴离子聚苯乙烯磺酸根。大位阻及/或与高分子链有较强相互作用的阴离子也可以在 PANI 中固定掺杂。

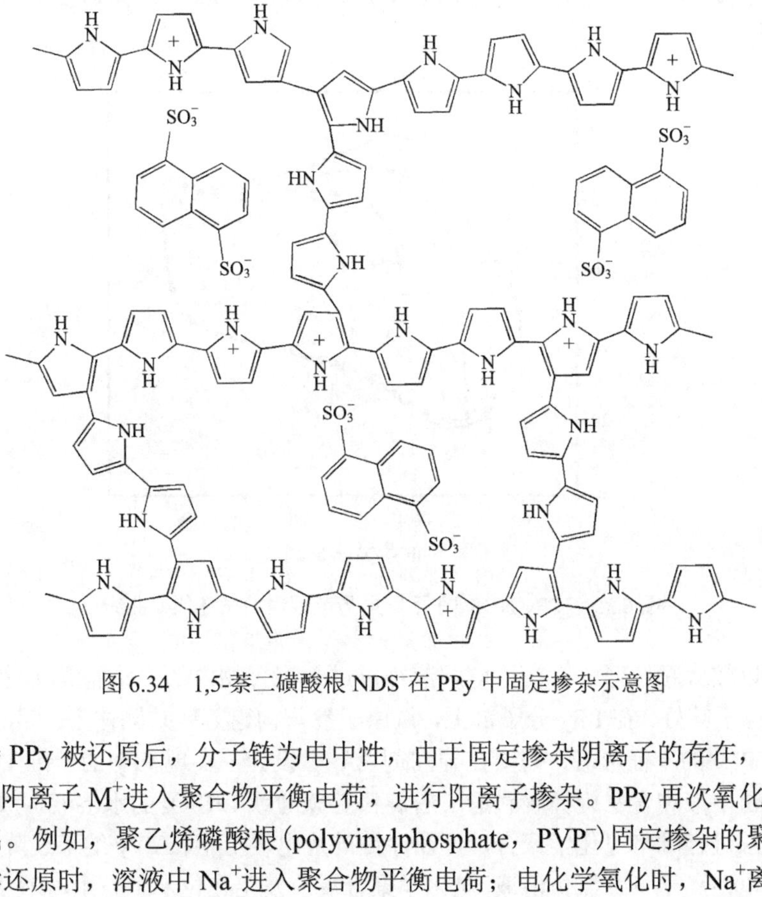

图 6.34　1,5-萘二磺酸根 NDS$^-$ 在 PPy 中固定掺杂示意图

固定掺杂 PPy 被还原后，分子链为电中性，由于固定掺杂阴离子的存在，聚合物带负电荷，溶液中的阳离子 M$^+$ 进入聚合物平衡电荷，进行阳离子掺杂。PPy 再次氧化时，阳离子从聚合物中脱出。例如，聚乙烯磷酸根(polyvinylphosphate，PVP$^-$)固定掺杂的聚吡咯在 NaCl 溶液中电化学还原时，溶液中 Na$^+$ 进入聚合物平衡电荷；电化学氧化时，Na$^+$ 离开聚合物：

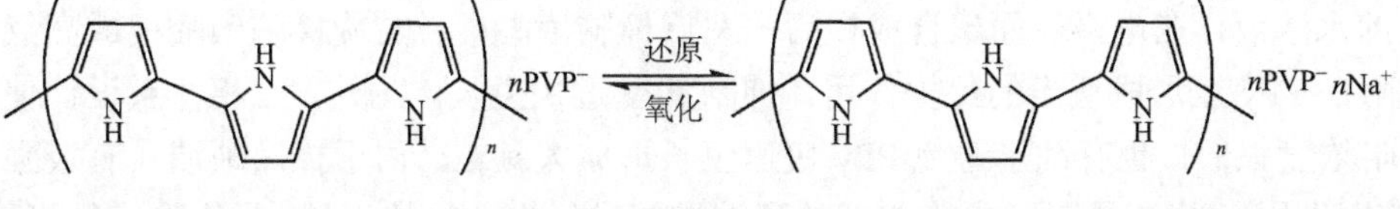

与阴离子掺脱杂有关的 PPy 电化学氧化还原一般发生在正电势区间，可用于超级电容器正极的储能过程。与阳离子掺脱杂有关的电化学氧化还原一般发生在负电势区间，可用于超级电容器负极的储能过程。PPy 分子链上，每三个吡咯单元可引入一个正电荷。一般情况下，通过吡咯氧化聚合生成的 PPy 分子链上带一部分正电荷，还可以继续被氧化。在含小位阻阴、阳离子的电解液中，固定掺杂 PPy 电化学氧化后，溶液中的小位阻阴离子可掺杂进入聚合物，

在正电势区间表现出电化学活性；电化学还原后，首先小位阻阴离子脱出聚合物，继续还原后，溶液中阳离子掺杂进入聚合物，在负电势区间表现出电化学活性。因此，在含小位阻阴、阳离子的电解液中，固定掺杂 PPy 可发生阴、阳离子双掺杂，在涵盖正负电势的区间表现出赝电容特性，具有较宽的储能电势窗。例如，在 3 mol·L^{-1} KCl 电解质水溶液中，1,5-萘二磺酸根 NDS$^-$ 固定掺杂的聚吡咯[PPy$^+$NDS$^-$]可在上限为 0.5 V(vs. SCE)的正电势区发生稳定的伴随 Cl$^-$掺杂的电化学氧化，在下限为−0.8 V(vs. SCE)的负电势区发生稳定的伴随 K$^+$掺杂的电化学还原，储能电势窗达到−0.8～0.5 V(vs. SCE)。在电势上限为 0.5 V(vs. SCE)的范围内对其进行循环伏安扫描，扫描电势下限由 0 V 逐渐负移至−0.8 V，其均表现出良好的储能行为(图 6.35)[21]。

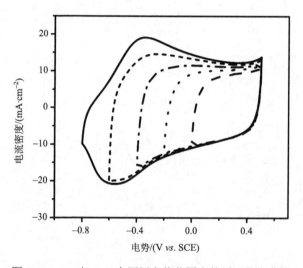

图 6.35　[PPy$^+$NDS$^-$]在不同电势范围内的循环伏安曲线

PPy 一般以较大颗粒形式存在，电解液难以进入聚合物内部，储能贡献受限，比电容较小，倍率性能也不够好。在 PPy 分子链上，氮原子参与构建芳环共轭体系，因此难以质子化，纳米纤维不是 PPy 的本征形貌，需要在导向剂诱导等设计下实现 PPy 的一维生长。例如，在由含吡咯的氯仿溶液和含左旋樟脑磺酸、右旋樟脑磺酸或 LiClO$_4$ 的水溶液构成的二相体系，利用循环伏安法进行吡咯电化学聚合，可在涂铂硅片电极上生长 PPy 纳米线阵列。由于上方水溶液离子导电性高于下方氯仿溶液，电化学聚合反应发生在位于上方水溶液中的电极表面。在聚合过程中，溶于下方氯仿中的吡咯缓慢扩散到上层含左旋樟脑磺酸、右旋樟脑磺酸或 LiClO$_4$ 的水溶液，在电极表面聚合成核后，左旋樟脑磺酸根、右旋樟脑磺酸根或高氯酸根阴离子吸附在 PPy 上形成适当的保护作用，抑制 PPy 过快生长。此外，二相体系设计使水溶液中的吡咯浓度很低，也有助于避免 PPy 快速生长形成大颗粒。由于样品顶端具有较强的电场(尖端放电作用)，将在早期形成的 PPy 的顶端继续进行聚合物的生长，最终形成纳米线阵列。在含右旋樟脑磺酸、吡咯和 NaCl，pH = 6 的电解液中，在铂电极表面，通过逐渐降低电流密度进行吡咯分段电化学聚合，可生长空心 PPy 纳米圆锥阵列。在初期的高电流密度下，吡咯在电极表面聚合，形成成核点；在后续低电流密度下，PPy 从成核点继续生长。电解质水溶液中的吡咯参与右旋樟脑磺酸形成的胶束，PPy 从胶束边缘向上生长，最终形成空心纳米圆锥阵列。电极的表面状态和溶液组成对 PPy 纳米结构阵列生长有重要影响。例如，在铂电极表面预先沉积金纳米颗粒，可为后续 PPy 纳米线阵列生长提供足够的成核位点。在由碳纤维编织的碳布上，碳纤维的 sp^2 杂化碳与吡咯芳环之间存在π-π相互作用，也有助于形成成核位点，为后续 PPy 有序电化学生长奠定基础。例如，在含对甲基苯磺酸和吡咯的电解质溶液中，在碳布上的碳纤维表面进行吡咯电化学聚合时，对甲基苯磺酸根（TsO⁻）掺杂进入聚合物，其具有疏水性，可抑制 PPy 快速无序生长，在尖端放电作用下，PPy 倾向一维生长，形成纳米线阵列（图 6.36）。

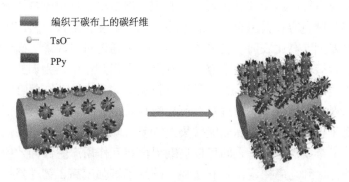

图 6.36 碳布上的碳纤维表面生长 PPy 纳米线阵列示意图

纳米线阵列有利于电子和电解液离子在聚合物中快速传输，有利于提高 PPy 的电容性能。例如，利用在碳纤维表面生长 PPy 纳米线阵列，可制备由编织于碳布上的碳纤维和生长于碳纤维上的 PPy 纳米线阵列构建的多级结构电极（图 6.37）。在 1 A·g^{-1} 电流密度下，其比电容可达 699 F·g^{-1}；电流增加 20 倍后，可保持 81.5% 的电容，具有优异的倍率性能，有利于高功率储能[22]。

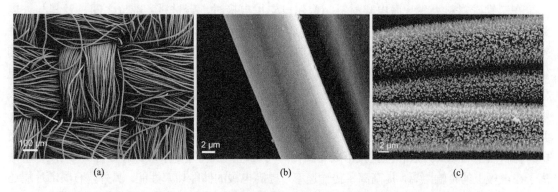

(a)   (b)   (c)

图 6.37 碳布(a)、编织于碳布上的碳纤维(b)及生长在碳纤维表面的 PPy 纳米线阵列(c)的扫描电子显微镜图

6.3.3 复合电极材料

以碳材料为主的双电层电极材料一般具有很好的导电性，充放电倍率性能好，循环稳定性高，但储能容量较低。以过渡金属氧化物、氢氧化物、氮化物等和导电聚合物为主的赝电

容电极材料一般储能容量较高，但易存在导电性差、充放电倍率性能不好、循环稳定性不高等问题，不同种类的赝电容材料也各具特色。将双电层电极材料与赝电容材料复合，或不同种类的赝电容材料复合，构建复合电极材料，可综合不同组分电极材料的优势，以及诱导不同组分之间的协同效应，有利于提高储能性能。

1. 碳材料与赝电容材料复合

碳材料与赝电容材料复合可结合各自的优点，取长补短。石墨烯、还原氧化石墨烯和碳纳米管具有优异的导电性，尽管其具有大比表面积，但是单独使用时易团聚导致储能容量受限。将这类碳材料与赝电容材料组合，有利于构建高性能复合电极材料：①复合可避免这类碳材料团聚，充分发挥其高比表面积优势的作用；②可通过对石墨烯、碳纳米管进行适度氧化处理引入适量的含氧官能团，与赝电容组分建立一定相互作用，为调控后者的形貌、结构等，进而调控性能建立基础；③可借助这类碳材料良好的导电性，在复合物中建立电子传递通道，提高电极材料的导电性；④通过复合可构建疏松多孔结构，有利于活性组分与电解液充分接触，缩短离子传输距离，提高储能效果；⑤复合除了可实现双电层储能与法拉第赝电容储能的叠加外，更重要的是二者之间可以借助界面相互作用产生协同效应，大幅度提高储能效果，提高能量密度和功率密度；⑥石墨烯、碳纳米管强度高、韧性好，可为复合的法拉第赝电容材料提供体积变化缓冲空间，进而有效缓解其在充放电过程中体积变化等引起的电极材料开裂、脱落等问题，有效提高使用寿命。可通过在分散有石墨烯、还原氧化石墨烯、碳纳米管等碳材料的悬浮液中直接合成赝电容材料，或在悬浮液中合成赝电容材料前驱体后经后续热处理转化，进行碳材料与赝电容材料复合。这种复合方法易造成赝电容材料阻断碳材料之间的连接，不利于获得高导电性电极材料。此外，产品通常为粉体材料，需经后续操作制备电极，易增加复杂影响因素，有时还需加入适量黏结剂，因而会降低活性组分比例，对导电性也有影响。

在三维碳材料上生长赝电容材料，构建自支撑电极时，碳材料各部位之间，及其与外电路之间的连通可继续保持，同时还可为赝电容材料提供电子传导通道，缓解赝电容材料导电性差的问题。此外，利用碳材料与赝电容材料前驱体之间的相互作用，可导向在三维碳电极上均匀生长纳米结构赝电容材料，提高储能性能。例如，在石墨箔上剥开石墨烯片层构建三维自支撑电极时，可适量引入含氧官能团，借助氧原子上的孤对电子与过渡金属离子和过渡金属氧化物、氢氧化物之间的配位相互作用，导向过渡金属氧化物、氢氧化物在石墨烯片层上均匀成核，并生长为纳米片等结构(图 6.38)。在这种结构的电极上，除了可以建立电子传导通道外，生长赝电容材料后的石墨烯片层相互搭接形成孔结构，可在电极上构建电解液"存储池"，缩短电解液离子在电极上的传输距离，提高离子传输速率，提高电极的储能功率性能。另外，石墨烯片层还可缓冲赝电容材料循环充放电时体积膨胀、收缩引起的应力，进而提高电极的循环稳定性。例如，在 $1 \ \text{A·g}^{-1}$ 电流密度下，三维碳电极上生长的 MnO_2 纳米片组成的纳米花[图 6.38(a)]比电容可达到 $1061 \ \text{F·g}^{-1}$，接近其理论值($1 \ \text{V}$ 电势窗时理论比电容为 $1110 \ \text{F·g}^{-1}$)[12]；三维碳电极上生长的钴镍混合氢氧化物纳米片[图 6.38(b)]比电容可达到 $2442 \ \text{F·g}^{-1}$，电流密度增加 50 倍达到 $50 \ \text{A·g}^{-1}$ 时，比电容为 $2039 \ \text{F·g}^{-1}$，电容保持率高达 83.5%[23]。

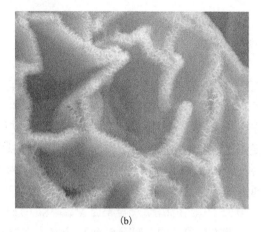

(a)　　　　　　　　　　　　　　　　　(b)

图 6.38　在三维碳电极上的石墨烯片层表面生长 MnO$_2$ 纳米片组成的纳米花(a)和钴镍混合氢氧化物
纳米片(b)构建的自支撑电极的扫描电子显微镜图

在 H$_2$SO$_4$ 电解液中,0～2.0 V(*vs. SCE*)电势范围内,利用循环伏安扫描对碳布电极进行适度电化学功能化,引入适量含氧官能团,也可导向 MnO$_2$ 纳米结构在碳布上的碳纤维表面生长(图 6.39)[24],构建高性能超级电容器电极材料。

也可在三维碳基底上生长导电聚合物,构建自支撑电极。例如,碳纳米管膜上的碳纳米管与吡咯及聚吡咯的芳环之间存在 π-π 相互作用,聚吡咯围绕碳纳米管生长具有很好的基础。但是,碳纳米管膜润湿性较差,与电解液接触不够好。对其进行适度电化学功能化后可解决这一问题,并可适当增加碳纳米管之间的距离,为聚吡咯围绕碳纳米管生长创造条件。在经过电化学功能化的碳纳米管膜上,磷钨酸根掺杂的聚吡咯围绕碳纳米管生长,形成核壳结构(图 6.40)。

图 6.39　生长在编织于碳布上的碳纤维
表面的纳米结构 MnO$_2$ 的扫描
电子显微镜图

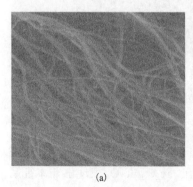
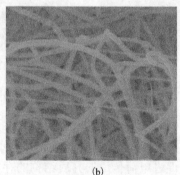
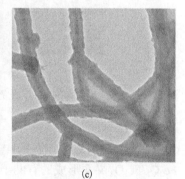

(a)　　　　　　　　　　　　(b)　　　　　　　　　　　　(c)

图 6.40　电化学功能化的碳纳米管膜(a)、围绕碳纳米管生长的磷钨酸根掺杂聚吡咯的扫描电子显微镜图(b)
和透射电子显微镜图(c)

2. 无机赝电容材料之间的复合

　　无机赝电容材料种类很多，各有优缺点，组合不同的无机赝电容材料，构建复合电极，有助于综合各组分优势。此外，通过建立各组分之间的相互作用，还可诱导协同效应，加强电子和离子在材料中的传输，提高电化学活性。构建纳米复合体系，可抑制单一组分电极材料在充放电过程中易出现的团聚等问题，提高稳定性。合理复合不同组分的无机赝电容材料，是提高比电容、倍率性能、充放电稳定性，以及扩展储能电势窗的有效途径。例如，在钒以 +4 和 +5 价态存在的混合价态氧化钒 VO_x 纳米棒表面包覆 MoO_3 薄层，构建异质纳米结构，可通过形成 V—O—Mo 键在二者之间建立相互作用，促进 VO_x 发生氧化还原储能反应。当电势由 -0.3 V（*vs.* SCE）负移至 -1.2 V（*vs.* SCE）时，较之无表面包覆 MoO_3 薄层的 VO_x，包覆后的氧化钒的 V（V）向 V（IV）转化反应发生率提高了近 3 倍。在 5 mol·L^{-1} LiCl 电解液中，$-0.3\sim$ -1.2 V（*vs.* SCE）电势范围内，100 mA·cm^{-2} 的高电流密度下，表面包覆 MoO_3 薄层的 VO_x 构建的复合电极材料的比电容达到 1.1 F·cm^{-2}，是未包覆 MoO_3 的 VO_x 和薄层 MoO_3 比电容之和的 1.9 倍。表面包覆 MoO_3 薄层的 VO_x 还具有高功率储能特性和优异的稳定性，经过 10000 次循环充放电后，其可保持 94% 的电容，是优异的中性电解液赝电容负极材料[25]。

　　在 NaOH 溶液中，70℃温度下，电化学沉积 FeOOH 经过适当时间的化学转化后，可形成 Fe_2O_3/Fe_3O_4 异质赝电容材料［图 6.41（a）］。Fe_2O_3/Fe_3O_4 由相互交叉形成介孔结构的纳米片和纳米片上的纳米颗粒组成［图 6.41（b）］[26]，为电解液在电极材料中的渗透提供了充分的空间。

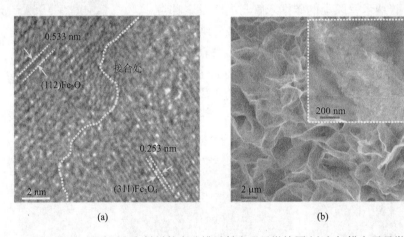

图 6.41　Fe_2O_3/Fe_3O_4 异质赝电容材料的高分辨透射电子显微镜图（a）和扫描电子显微镜图（b）

图（b）中的插图为放大图

　　尽管氧化铁是典型的电池材料，得益于电极材料可与电解液充分接触，以及在 Fe_2O_3/Fe_3O_4 界面形成的有助于促进电荷传递的异质结构的存在，Fe_2O_3/Fe_3O_4 表现出非本征赝电容材料储能特性，如由近似矩形和宽氧化还原峰叠加构成的循环伏安曲线［图 6.42（a）］，以及电势随时间近似线性变化的充放电曲线［图 6.42（b）］。在 1 mol·L^{-1} KOH 电解液中，$0\sim-1.2$ V（*vs.* Hg/HgO）的电势范围内，Fe_2O_3/Fe_3O_4 在 1 A·g^{-1} 电流密度下的比电容达到 1530 F·g^{-1}，经过 30000 次充放电循环后，其可保持 88% 的电容，是优异的碱性电解液赝电容负极材料。

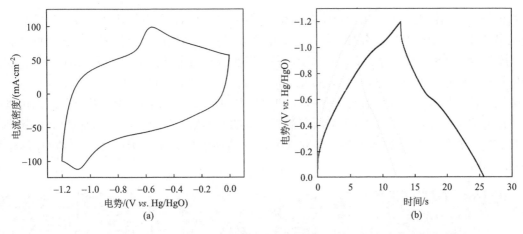

图 6.42 Fe₂O₃/Fe₃O₄ 异质赝电容材料的循环伏安曲线(a)和恒电流充放电曲线(b)

化学组成相同，晶型不同的氧化物具有不同的物理化学特性，利用不同晶型的同组成氧化物也可构建赝电容异质结构。例如，合理控制实验条件，可制备环绕碳纤维、由二维 ε-MnO₂ 纳米片和垂直生长在纳米片表面的一维 α-MnO₂ 纳米棒构成的异质赝电容材料 α-MnO₂ 纳米棒@ε-MnO₂ 纳米片[图 6.43(a)][27]。在这种异质结构中存在大量两相交叉点，易形成晶格缺陷和额外的活性位点，提高电化学性能。此外，生长在纳米片上的纳米棒将纳米片分隔开，形成的层层交错多级结构使材料内部疏松多孔[图 6.43(b)]。这有利于在材料内部建立快速离子传导通道，因此可突破一般赝电容材料存在的仅利用表面和近表面氧化还原反应储能的局限。例如，载量达到 10 mg·cm⁻² 的 α-MnO₂ 纳米棒@ε-MnO₂ 纳米片异质结构电极，由于可充分利用材料内部储能，在 3 mA·cm⁻² 电流密度下的比电容高达 3.04 F·cm⁻²[电势范围：0～0.9 V(vs. SCE)；电解液：1 mol·L⁻¹ Na₂SO₄]。大量两相交叉点和疏松多孔结构也有助于缓冲电极充放电循环过程中产生的应力，因而有助于提高电极材料的稳定性。

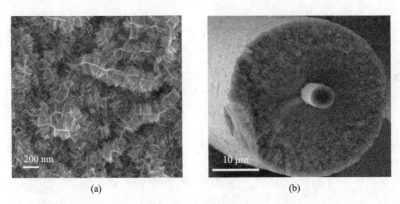

图 6.43 α-MnO₂ 纳米棒@ε-MnO₂ 纳米片异质赝电容材料的表面扫描电子显微镜图(a)和截面扫描电子显微镜图(b)
中间圆棒为碳纤维

3. 无机-有机赝电容材料复合

过渡金属氧化物和导电聚合物有良好的赝电容性能，二者组合形成复合电极材料可综合二者优势，提高性能，如利用导电聚合物良好的导电性可弥补部分氧化物电导率低的缺陷。无机组分和有机组分原位复合时，可相互影响生长过程，调控产物形貌等物理化学性能。例如，虽然纳米纤维是聚苯胺 PANI 的本征形貌，但在苯胺聚合过程中，一般会出现 PANI 的二次生长，导致最终产物的不规则形貌。PANI 一般以不规则的颗粒形式存在[图 6.44(a)]，在苯胺聚合体系加入 MnO_2 纳米颗粒后，因为 PANI 中的氮原子与 MnO_2 中的锰原子之间可以产生一定的配位相互作用，MnO_2 可吸附在初期形成的一维聚合物上。MnO_2 颗粒可阻碍聚合物相互缠绕，在继续聚合过程中起到导向 PANI 一维生长的作用，形成 PANI/MnO_2 纳米棒[图 6.44(b)]。

(a)　　　　　　　　　　　　　(b)　　　　　　　　　　　　　(c)

图 6.44　PANI(a)、PANI/MnO_2(b)和 PANI/ND42-MnO_2(c)的扫描电子显微镜图

利用硅烷偶联剂苯胺甲基三乙氧基硅烷(ND42，图 6.45)修饰 MnO_2 纳米颗粒，在纳米颗粒上引入 N-取代苯胺后，可利用 N-取代苯胺与苯胺的电化学共聚合[式(6.27)]，将纳米颗粒更牢固地引入聚合物中。

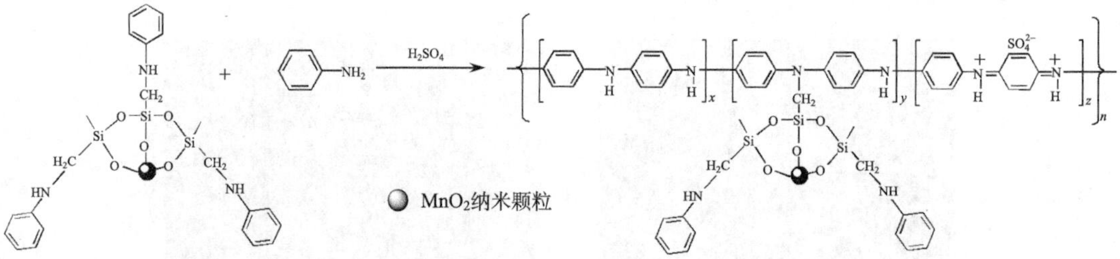

●MnO_2纳米颗粒

(6.27)

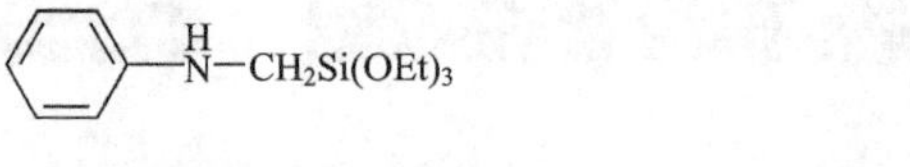

图 6.45　苯胺甲基三乙氧基硅烷(ND42)

这可加强对 PANI 一维生长的导向作用，形成直径更小的 PANI/ND42-MnO_2 纳米棒[图 6.44(c)][28]。聚合物一维生长有利于提高电极材料的表面积，促进与电解液接触，同时 MnO_2 也可贡献赝电容，与未加 MnO_2 制备的 PANI 相比，加入 MnO_2 纳米颗粒制备的复合赝电容材料的比电容提升了近 2 倍，加入修饰 MnO_2 纳米颗粒制备的复合电容材料，比电容又

提升了 10%。

导电聚合物与无机氧化物共生长时，也可导向聚合物一维生长。以硫酸氧钒(VOSO$_4$)为原料电化学沉积的五氧化二钒(V$_2$O$_5$)，以及利用苯胺电化学聚合制备的 PANI，一般以不规则形貌存在[图 6.46(a)、(b)]。在含 VOSO$_4$ 和苯胺的电解质溶液中进行 PANI 和 V$_2$O$_5$ 的共生长时，V$_2$O$_5$ 的加入可阻碍聚合初期形成的一维 PANI 相互缠绕。同时，V$_2$O$_5$ 的电化学沉积过程释放出 H$^+$，以及消耗部分阳极电荷：

$$2VO^{2+} + 3H_2O \longrightarrow V_2O_5 + 6H^+ + 2e^-$$

这可以提高电极表面酸度，调控 PANI 生长条件，有利于聚合物一维生长，最终形成一维形貌 V$_2$O$_5$/PANI 复合电极材料[图 6.46(c)][29]。PANI 主要在正电势区有电化学活性，V$_2$O$_5$ 可在负电势区表现出电化学活性，二者复合可扩展储能电势范围，达到 1.6 V[−0.9～0.7 V($vs.$ SCE)，电解液：5 mol·L^{-1} LiCl]。

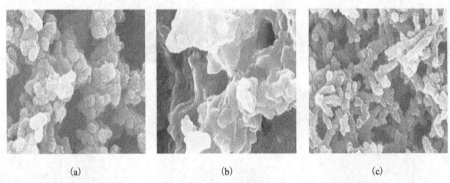

(a)　　　　　　　　　　(b)　　　　　　　　　　(c)

图 6.46　PANI(a)、V$_2$O$_5$(b)和 V$_2$O$_5$/PANI(c)的扫描电子显微镜图

4. 大载量赝电容电极

赝电容材料主要利用在电极表面或近表面发生的氧化还原反应储能，活性物质在电极上的载量 m 较小时，易表现出较高的比电容 C_{es}，目前多数文献报道的高比电容电极材料的载量≤1 mg·cm^{-2}。但是，电极材料只是超级电容器的一个组成部分，电容器中还有集流体、电解液、隔膜、连接元件、包装组件等其他组成部分，所有组成部分对电容器的总质量均有贡献，对电容器的比电容均有影响。电极材料载量越小，其他无电化学活性的组成部分在电容器中的质量占比越大。如果电极材料载量过小，尽管电极材料具有优异的比电容，但因其占比较小，组装的电容器比电容不大，实际储能应用意义不大。电极上活性物质的载量应提高到一定程度，例如，对于碳电极，活性物质载量应达到约 10 mg·cm^{-2}，才具有实际储能应用意义[30]。但是，一般情况下，仅电极表面和近表面的活性物质可以参加储能反应，因此活性物质载量增加到一定程度后，内部的活性物质难以参加储能反应，电容不再随载量的增加而增加，质量比电容迅速下降。合理设计电极组成、结构、形貌等，促进电子和离子在整个电极材料内快速传输，保证绝大部分活性物质参加储能反应，可使电极电容随着活性物质载量的提高而增加，质量比电容不出现明显下降。这时，随着载量增加，按电极几何面积计算的面积比电容增加。构建疏松多孔结构电极材料是促进电解液离子在电极内部快速传输、保证储能性能的有效途径。例如，在含适量 MnSO$_4$、(NH$_4$)$_2$SO$_4$ 和 NaAc 的电解液中，利用电化

学技术可实现疏松多孔 MnO_2 围绕编织于碳布上的碳纤维生长。随着电化学沉积时间的延长，碳纤维上的 MnO_2 膜不断增厚，但基本保持疏松多孔结构(图 6.47)。疏松多孔结构使电解液充分渗透大载量电极材料内部，保证材料的储能贡献。因此，随着 MnO_2 载量从 $0.54\ mg\cdot cm^{-2}$ 逐渐增加到 $7.02\ mg\cdot cm^{-2}$，电极的面积比电容不断提高(图 6.48)。载量为 $7.02\ mg\cdot cm^{-2}$ 的 MnO_2，$1\ mA\cdot cm^{-2}$ 电流密度下的比电容为 $1.65\ F\cdot cm^{-2}$，电流密度提高到 $20\ mA\cdot cm^{-2}$ 后，比电容仍可达 $1.13\ F\cdot cm^{-2}$，电容保持率和载量比其小十余倍的 $0.54\ mg\cdot cm^{-2}$ 载量电极相近(图 6.49)，说明这种疏松多孔结构有助于保持电极的高功率充放电特性[31]。

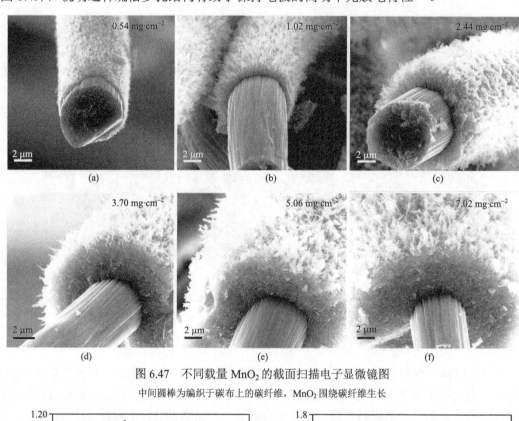

图 6.47　不同载量 MnO_2 的截面扫描电子显微镜图

中间圆棒为编织于碳布上的碳纤维，MnO_2 围绕碳纤维生长

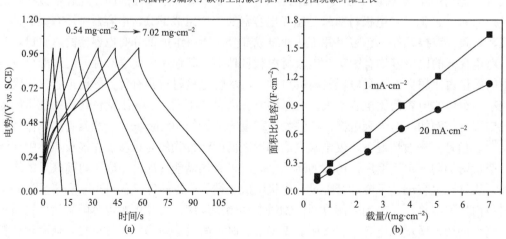

图 6.48　不同载量 MnO_2 在 $20\ mA\cdot cm^{-2}$ 电流密度下的恒电流充放电曲线(a)和 $1\ mA\cdot cm^{-2}$ 和 $20\ mA\cdot cm^{-2}$ 电流密度下测试的不同载量 MnO_2 的比电容(b)

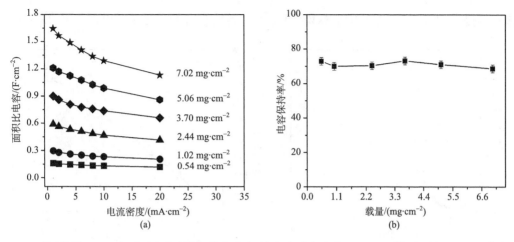

图 6.49　不同载量 MnO_2 在不同电流密度下的比电容(a)和电流密度由 1 mA·cm^{-2} 提高到 20 mA·cm^{-2} 时不同载量 MnO_2 的电容保持率(b)

　　在一般实验条件下，生长在碳纤维表面的大载量氧化锰易形成比较密实的结构 [图 6.50(a)]，材料内部的氧化物很难参加氧化还原反应贡献电容。利用后续水热处理可形成多孔结构 [图 6.50(b)]。这种多孔结构有利于电荷传递，在水热处理形成的多孔氧化锰的奈奎斯特图上，高频区的半圆半径及与横轴交点的电阻均减小 [图 6.51(a)]。这种多孔结构可加强内部氧化物参与储能反应，电极上的氧化锰载量由 9 mg·cm^{-2} 逐渐增加到 23.5 mg·cm^{-2} 时，面积比电容近乎线性增加 [图 6.51(b)]。其在 5 mol·L^{-1} LiCl 电解液中，利用 5 mV·s^{-1} 扫速下循环伏安扫描测试的 23.5 mg·cm^{-2} 载量电极的面积比电容达到了 4.2 F·cm^{-2}[32]。

图 6.50　氧化锰水热处理前（a）、后（b）的截面扫描电子显微镜图
中间圆棒为编织于碳布上的碳纤维，氧化锰围绕碳纤维生长

　　在含 $FeCl_3$ 和葡萄糖的溶液中进行水热合成，制备 $FeOOH$ 和碳材料复合物后，进行热处理，在 $FeOOH$ 转化为 Fe_2O_3 的同时，碳气化产生造孔作用，形成介孔 Fe_2O_3。介孔的存在有利于离子传导，载量达到 10 mg·cm^{-2} 的 Fe_2O_3 具有很好的电容性能。在 3 mol·L^{-1} LiCl 电解液中，$-0.8\sim0$ V（$vs.$ SCE）的电势范围内，Fe_2O_3 在 1 mA·cm^{-2} 电流密度下的面积比电容为 1.5 F·cm^{-2}。

电流密度提升 50 倍后，其可保持 58%的电容，是性能优异的大载量赝电容负极材料[33]。

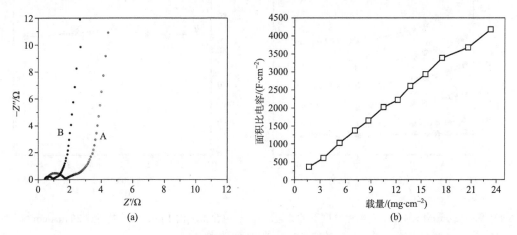

图 6.51　氧化锰水热处理前(A)、后(B)的奈奎斯特图(a)和载量对水热处理氧化锰面积比电容的影响(b)

参 考 文 献

[1] Shao Y, El-Kady M F, Sun J, et al. Design and mechanisms of asymmetric supercapacitors[J]. Chemical Reviews, 2018, 118(18): 9233-9280.

[2] Miller J R. Introduction to electrochemical capacitor technology[J]. IEEE Electrical Insulation Magazine, 2010, 26(4): 40-47.

[3] Miller J R, Simon P. Electrochemical capacitors for energy management[J]. Science, 2008, 321(5889): 651-652.

[4] Choi C, Ashby D, Butts D, et al. Achieving high energy density and high power density with pseudocapacitive materials[J]. Nature Reviews Materials, 2020, 5(1): 5-19.

[5] Song Y, Cai X, Xu X X, et al. Integration of nickel-cobalt double hydroxide nanosheets and polypyrrole films with functionalized partially exfoliated graphite for asymmetric supercapacitors with improved rate capability[J]. Journal of Materials Chemistry A, 2015, 3(28): 14712-14720.

[6] Raymundo-Piñero E, Kierzek K, Machnikowski J, et al. Relationship between the nanoporous texture of activated carbons and their capacitance properties in different electrolytes[J]. Carbon, 2006, 44(12): 2498-2507.

[7] Simon P, Gogotsi Y. Materials for electrochemical capacitors[J]. Nature Materials, 2008, 7(11): 845-854.

[8] Chmiola J, Yushin G, Gogotsi Y, et al. Anomalous increase in carbon capacitance at pore sizes less than 1 nanometer [J]. Science, 2006, 313(5794): 1760-1763.

[9] Zhai Y P, Dou Y Q, Zhao D Y, et al. Carbon materials for chemical capacitive energy storage[J]. Advanced Materials, 2011, 23(42): 4828-4850.

[10] Lv H, Pan Q, Song Y, et al. A review on nano/microstructured materials constructed by electrochemical technologies for supercapacitors[J]. Nano-Micro Letters, 2020, 12(1): 1-56.

[11] Wang J, Manga K K, Bao Q, et al. High-yield synthesis of few-layer graphene flakes through electrochemical expansion of graphite in propylene carbonate electrolyte[J]. Journal of the American Chemical Society, 2011, 133(23): 8888-8891.

[12] Song Y, Feng D Y, Liu T Y, et al. Controlled partial-exfoliation of graphite foil and integration with MnO$_2$ nanosheets for electrochemical capacitors[J]. Nanoscale, 2015, 7(8): 3581-3587.

[13] Song Y, Liu T Y, Xu G L, et al. Tri-layered graphite foil for electrochemical capacitors[J]. Journal of Materials Chemistry A , 2016, 4(20): 7683-7688.

[14] Lakshminarayanan P V, Toghiani H, Jr Pittman C U. Nitric acid oxidation of vapor grown carbon nanofibers[J]. Carbon, 2004, 42(12): 2433-2442.

[15] Yang D, Song Y, Ye Y J, et al. Boosting the pseudocapacitance of nitrogen-rich carbon nanorod arrays for electrochemical capacitors[J]. Journal of Materials Chemistry A, 2019, 7(19): 12086-12094.

[16] Song Y, Liu T Y, Yao B, et al. Amorphous mixed-valence vanadium oxide/exfoliated carbon cloth structure shows a record high cycling Stability[J]. Small, 2017, 13(16): 1700067.

[17] Zhai T, Lu X H, Ling Y C, et al. A new benchmark capacitance for supercapacitor anodes by mixed-valence sulfur-doped V$_6$O$_{13-x}$[J]. Advanced Materials, 2014, 26(33): 5869-5875.

[18] Huang Z Y, Song Y, Liu X X. Boosting operating voltage of vanadium oxide-based symmetric aqueous supercapacitor to 2 V[J]. Chemical Engineering Journal, 2019, 358: 1529-1538.

[19] Li D, Huang J, Kaner R B. Polyaniline nanofibers: a unique polymer nanostructure for versatile applications[J]. Accounts of Chemical Research, 2009, 42(1): 135-145.

[20] Ye Y J, Huang Z H, Song Y, et al. Electrochemical growth of polyaniline nanowire arrays on graphene sheets in partially exfoliated graphite foil for high-performance supercapacitive materials[J]. Electrochimica Acta, 2017, 240: 72-79.

[21] Song Y, Xu J L, Liu X X. Electrochemical anchoring of dual doping polypyrrole on graphene sheets partially exfoliated from graphite foil for high-performance supercapacitor electrode[J]. Journal of Power Sources, 2014, 249: 48-58.

[22] Huang Z H, Song Y, Xu X X, et al. Ordered polypyrrole nanowire arrays grown on a carbon cloth substrate for a high-performance pseudocapacitor electrode[J]. ACS Applied Materials Interfaces, 2015, 7(45): 25506-25513.

[23] Song Y, Cai X, Xu X X, et al. Integration of nickel-cobalt double hydroxide nanosheets and polypyrrole films with functionalized partially exfoliated graphite for asymmetric supercapacitors with improved rate capability[J]. Journal of Materials Chemistry A, 2015, 3(28): 14712-14720.

[24] Feng D Y, Song Y, Huang Z H, et al. Rate capability improvement of polypyrrole via integration with functionalized commercial carbon cloth for pseudocapacitor[J]. Journal of Power Sources, 2016, 324: 788-797.

[25] Wang S Q, Cai X, Song Y, et al. VO$_x$@MoO$_3$ nanorod composite for high performance supercapacitors[J]. Advanced Functional Materials, 2018, 28(37): 1803901.

[26] Sun Z, Cai X, Feng D Y, et al. Hybrid iron oxide on three-dimensional exfoliated graphite electrode with ultrahigh capacitance for energy storage applications[J]. ChemElectroChem, 2018, 5(11): 1501-1508.

[27] Huang Z H, Song Y, Feng D Y, et al. High mass loading MnO$_2$ with hierarchical nanostructures for supercapacitors[J]. ACS Nano, 2018, 12(4): 3557-3567.

[28] Chen L, Sun L J, Luan F, et al. Synthesis and pseudocapacitive studies of composite films of polyaniline and manganese oxide nanoparticles[J]. Journal of Power Sources, 2010, 195(11): 3742-3747.

[29] Bai M H, Liu T Y, Luan F, et al. Electrodeposition of vanadium oxide-polyaniline composite nanowire electrodes for high energy density supercapacitors[J]. Journal of Materials Chemistry A, 2014, 2(28): 10882-10888.

[30] Gogotsi Y, Simon P. True performance metrics in electrochemical energy storage[J]. Science, 2011, 334: 917-918.

[31] Feng D Y, Sun Z, Huang Z H, et al. Highly loaded manganese oxide with high rate capability for capacitive applications[J]. Journal of Power Sources, 2018, 396: 238-245.

[32] Song Y, Liu T, Yao B, et al. Ostwald ripening improves rate capability of high mass loading manganese oxide for supercapacitors[J]. ACS Energy Letters, 2017, 2(8): 1752-1759.

[33] Song Y, Liu T Y, Li M, et al. Engineering of mesoscale pores in balancing mass loading and rate capability of hematite films for electrochemical capacitors[J]. Advanced Energy Materials, 2018, 8(26): 1801784.

第 7 章 电化学传感器

7.1 概 述

传感器是一种检测装置，能灵敏且选择性地识别被测量的信息，再通过信号处理器采集、放大被测信息，并转换为电、光等可观测信号，从而满足工业、环境、生物学、医学、航空航天等领域对相关信息的需求。从 1821 年德国物理学家 Seebeck 发明第一支温度传感器至今，传感器的发展已有二百年的历史。随着社会的发展和科学技术的进步，传感器已经渗透到人们生产和生活的各个方面，并向着微型化、智能化、集成化方向发展。传感器的种类丰富，按照被识别信息所产生的过程属性，可以简单地分为物理传感器和化学传感器两大类。化学传感器所识别的信息是伴随化学反应过程中物质浓度或种类变化而产生的。

化学传感器所包含的传感器种类繁多。电化学传感器是其中的一个类别，是一种结合了电分析方法的高灵敏度和识别材料高特异性的检测装置，在食品安全、医学诊断、生理监测、工业过程管理、环境监测、污水处理、生命科学等诸多领域发挥着重要作用[1,2]。基于其工作原理，电化学传感器可看作是三个部分的集成，分别是用于识别特定目标物的识别组件、用于响应信号的转换组件及数据处理系统，如图 7.1 所示。

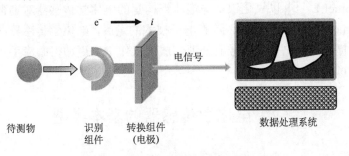

图 7.1 电化学传感器结构框架

电化学传感器也有不同的类型。最常见的分类方法是按照输出信号的不同，将电化学传感器分为电流型传感器、电位型传感器、伏安型传感器、阻抗型传感器等。电化学传感器检测的对象十分丰富。根据检测对象的不同，又可以分为离子传感器、气体传感器、生物传感器等。

不同类型的电化学传感器检测原理不同，其中大多数用于目标物传感检测的电化学技术都是基于电位或电流的变化。在实际应用中，通常采用三电极系统，如图 7.2 所示。其中工作电极是识别目标物的传感器核心组件，有时也称为传感电极。未发生电极反应时，工作电极的电极电势与目标物活度之间的关系符合能斯特方程。检测过程中，目标物在工作电极表面发生电化学还原或氧化时伴随着电子的得失，并通过工作电极传递给信号处理系统。辅助电极也称为对电极，与工作电极共同组成了电流测量回路。为了准确测试工作电极的电极电势，还需将电极电势比较稳定的参比电极加入电解池体系中，利用工作电极与参比电极组成的回路测试工作电极的电位。当使用标准氢电极作参比电极时，所测定的工作电极的电极电势为相对标准氢电极的电极电势。在实际应用中，为了方便，也常采用银–氯化银电极（Ag/AgCl）、饱和甘汞电极（Hg/Hg$_2$Cl$_2$）等代替标准氢电极作为参比电极使用，测试的电极电势为相对于所采用的参比电极的电极电势。由于不同参比电极具有不同的电势，报道电极电势数据时需详细标明采用的参比电极，或者将电极电势换算为相对标准氢电极的电极电势。

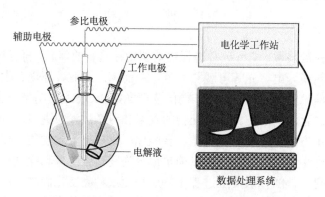

图 7.2　电化学传感器检测的三电极系统示意图

　　电化学传感器的研究属于化学、材料学、生物学、电子学等学科的交叉领域。近些年，许多新型材料被用作传感材料，它们呈现出高特异性、高灵敏度、低检测限等优良的传感特征[3,4]。例如，以纳米金与还原石墨烯复合物构建的电化学晶体管传感器对亚硝酸阴离子的检测限已达到 0.1 nmol·L^{-1} [5]；以氧化镍钴与泡沫镍构建的电化学传感器对葡萄糖检测灵敏度超过了 3000 μA·mmol·L·cm^{-2}[6]。此外，随着电子技术的发展，电化学传感器的自动化水平和使用方便程度显著提高，在电化学信号的处理、放大工作中也更加得心应手，使对微弱电信号的准确探测成为可能[7]。

7.2　电化学传感器的基本类型

1. 电流型

　　近年，电流型传感器的研究和应用日趋广泛。电流型传感器工作时，工作电极电势保持恒定，目标物分子会被工作电极上的传感材料捕获并识别，产生的电流与被分析物的浓度有关。这个识别过程本质上是一个化学反应过程，伴随着电荷得失，并产生电流信号输出。所以电流信号的强弱能够反映出目标物的含量高低。这个反应过程通常属于由目标分子的扩散速率控制的化学动力学过程，因此根据电流响应信号强度与目标物浓度之间的定量关系可以确定目标物的含量。这种定量关系通常采用最简单的线性关系来表达，即响应电流的强度与目标物浓度之间的正比例关系，简称电流–浓度关系。对于不同的识别材料，这种线性关系所适用的浓度范围往往差别较大。

2. 电位型

　　电位型传感器是一种零电流技术，用于测量跨界面（通常是一种膜）的电位，具有响应速度快、重现性好、使用方便等优点。基于离子选择电极的电位型传感器由离子选择电极、外参比电极和待测溶液等共同组成一个原电池，在零电流条件下测量原电池的电动势。电动势与被测离子活度之间的关系符合能斯特方程，因此可以计算出被测离子活度。数据处理器可以辅助完成简单的计算过程，并直接将被测离子活度数据呈现出来。

按照 1976 年 IUPAC 推荐的方法，可以将离子选择电极分为原电极、敏化电极两大类，如图 7.3 所示。检测不同的离子，需使用不同的离子选择电极。实际应用时，外参比电极多使用结构及性能稳定的标准电极，如 Ag/AgCl 电极、Hg/Hg_2Cl_2 电极。

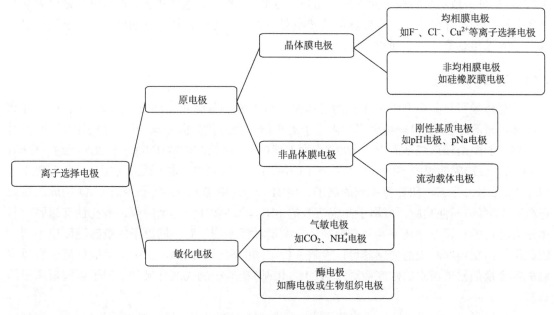

图 7.3　离子选择电极分类

近十余年，电位型测量传感领域的研究取得了长足进步，传统的离子选择电极逐步微型化，并组装为传感器阵列。在复杂样品（如生物探针、临床、食物样本等）的检测分析方面，传统分析方法通常需要烦琐的样品预处理过程以减少干扰和样品基体效应。而使用电位传感器阵列测量时，仅需简单的预处理过程，因而呈现广阔的应用前景[8]。

3. 电导型

溶液体系中，某些物质发生氧化或还原反应后常会引起电解质溶液的电导发生变化。电导型传感器就是根据惠斯通电桥平衡法，通过检测体系电导的变化从而实现被测物质的检测分析，并且已经广泛应用于化工、环保、食品、海洋、电力等行业。根据检测电导信号变化的方式不同，又可以分为电极型、电感型和超声波型等，其中最常见的是电极型电导传感器。在传统两电极型电导传感器中，采用一对平板电极组成电导池，电极的面积和两电极的间距决定了电导池常数。为方便使用，多将两个电极集成在一起制成电导电极，以固定电极间距和电导池常数。这种两电极型电导传感器具有测量精度高、结构简单、使用方便等特点。然而，电极的极化效应和电容效应难以消除，导致存在测试工作时长受限、选择性低等缺点，制约了其更广泛的应用。因此，人们开发出了多电极和微电极电导传感器，并且已经实现了商用。此外，与电子技术的融合也使电导传感器的适应性、测量精度、响应速度、自动化程度等显著提高[9]。

7.3　离子传感器

离子传感器也称为离子选择电极，是用于识别和检测特定离子的传感器，由离子敏感材料、信号传导系统和电极等部件构成。离子传感器的分类也通常是根据敏感材料(通常是薄膜型材料)的种类或信号转换器的类型来划分。例如，根据敏感膜的种类，可以将其划分为非晶体膜传感器和晶体膜传感器；根据信号转换器的类型，可以将其划分为电极型、场效应晶体管型、光导传感型、声表面波型等。

7.3.1　非晶体膜传感器

非晶体膜可以是多孔的或无孔的支撑体，分为刚性基质和流动载体两类。膜电位(即离子选择电极的电极电势)是由于膜相内离子的扩散和膜两侧界面处离子的交换引起的。刚性基质传感器的膜由玻璃烧结而成，因此统称为玻璃电极，烧结时通常在 SiO_2 中加入 Na_2O、CaO、Al_2O_3 等。玻璃膜的组成不同，对不同离子的敏感程度也大相径庭，因此可用于分析检测 H^+、Li^+、Na^+、K^+、Ag^+、NH_4^+ 等不同的离子。例如，SiO_2 中加入 Na_2O 和少量 CaO 制成的玻璃电极对 H^+ 有选择性响应，可用于测定溶液的 pH。流动载体传感器的膜是多孔性支撑膜，其中浸有特定的有机液体离子——交换剂。交换剂种类不同，对不同离子的敏感程度也不同，因此用不同交换剂制成的传感器可以检测分析不同的离子。例如，二癸基磷酸钙溶于癸醇中制成的交换剂常用于水的硬度检测；四(十二烷基)硝酸铵制成的交换剂常用于硝酸根离子的分析。

出现最早、迄今应用最广泛的离子传感器是 pH 玻璃电极，其结构如图 7.4 所示。这是一种电位型电化学传感器，通过测定 pH 玻璃电极与参比电极之间的电位即可准确获知溶液 pH。检测过程中，玻璃膜内外界面附近钠离子与溶液中 H^+ 交换，并在膜与溶液界面附近形成相间电位——膜内侧相间电位 φ_{in} 和膜外侧相间电位 φ_{out}。同时，这种离子交换导致膜内部离子分

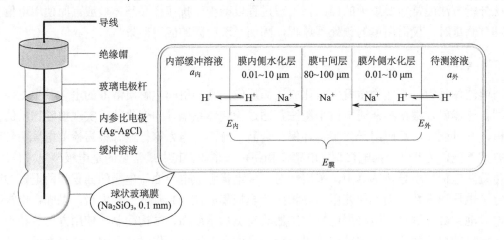

图 7.4　pH 玻璃电极的结构

布不均，并产生扩散电位 φ_D，这三种电位共同构成了离子传感器的电位 φ_{ISE}。φ_{ISE} 与待测液 pH 的关系如式(7.1)所示，其中 k' 是电极特性常数，不同电极的 k' 数值不同。φ_{ISE} 与外参比电极电位 φ_R 之间的电位差为 E，E 可通过式(7.2)计算。

$$\varphi_{ISE}=\varphi_{in}+\varphi_{out}+\varphi_D=k'-\frac{2.303RT}{F}pH_{待测液} \tag{7.1}$$

$$E=\varphi_R-\varphi_{ISE} \tag{7.2}$$

实际应用中，常采用已知 pH 的标准溶液对 pH 传感器(或称为 pH 计)进行两点或三点校正，并将 pH-E 之间的关系按直线关系处理，则待测溶液的 pH_x 可利用式(7.3)计算获得。

$$pH_x=pH_s+\frac{F}{2.303RT}\times E \tag{7.3}$$

式中，pH_s 为标准溶液的 pH；R 为摩尔气体常量；T 为待测液系统的温度(K)；F 为法拉第常量。需要注意的是，当溶液 pH 大于 9 时，玻璃电极对 Na^+ 响应增强，导致 pH 测量值偏低；而当溶液 pH 小于 1 时，pH 与 E 之间关系偏离线性，导致 pH 测量值偏高。因此实际测量时，应依据 pH 所处的范围选择适用于不同 pH 范围的电极。

7.3.2　晶体膜传感器

构成这类传感器的晶体膜为一些敏感材料的单晶、多晶或混晶，分为均相晶体膜和非均相晶体膜两类。这两类晶体膜的不同之处在于非均相晶体膜中不仅包含对特定被测离子敏感的晶体材料，还加入了一些用于改善传感性能的硅橡胶、石蜡、聚氯乙烯等惰性载体材料。而单晶膜制备过程中也常微量地添加某些特殊材料，在不影响其结晶性能前提下增加传感性能。例如，氟离子传感器的敏感膜是氟化镧(LaF_3)单晶片，其中就含有微量的氟化铕以增加膜的导电性，其结构如图 7.5 所示。检测过程中，LaF_3 单晶片内、外两侧界面分别与内参比溶液和被测溶液接触，参与传输电荷的离子是氟离子，内外两侧氟离子浓度差异产生了膜电位 φ_{F^-}，φ_{F^-} 可以通过式(7.4)计算。

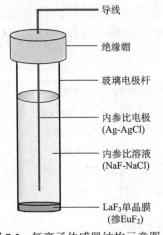

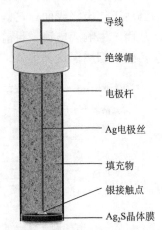

图 7.5　氟离子传感器结构示意图　　　图 7.6　全固态 Ag_2S 晶体膜离子
　　　　　　　　　　　　　　　　　　　　　传感器结构示意图

$$\varphi_{F^-} = k'_{LaF_3} - \frac{2.303RT}{F} \lg a_{F^-} \tag{7.4}$$

式中，k'_{LaF_3} 为氟离子传感器特性常数；a_{F^-} 为待测溶液中氟离子活度。

　　另一种离子传感器与上述氟离子传感器的结构类似，但无内参比溶液。例如，用于检测 Ag^+ 和 S^{2-} 的全固态硫化银（Ag_2S）晶体膜离子传感器，其结构如图 7.6 所示。在这种传感器中，Ag_2S 晶体膜的内表面常常压制一层银箔，内参比电极（通常为银丝）直接与银箔接合。参与传输电荷的离子是 Ag_2S 晶体膜相中的银离子。膜电位值 φ_{Ag^+} 和 $\varphi_{S^{2-}}$ 可以分别通过式(7.5)和式(7.6)计算。

$$\varphi_{Ag^+} = k'_{Ag_2S} + \frac{2.303RT}{F} \lg a_{Ag^+} \tag{7.5}$$

$$\varphi_{S^{2-}} = k'_{Ag_2S} - \frac{2.303RT}{2F} \lg a_{S^{2-}} \tag{7.6}$$

式中，k'_{Ag_2S} 为 Ag_2S 电极的特性常数；a_{Ag^+} 和 $a_{S^{2-}}$ 为待测溶液中银离子和硫离子的活度。

7.4　电化学气体传感器

　　最早的电化学传感器是 1953 年美国科学家 Clark 研制成功的，称为 Clark 电极，也称为溶解氧电极，是一种电化学气体传感器。目前，溶解氧电极已广泛用于环境、化工、生物医药等领域以监测水体中的含氧量。电化学气体传感器也包含电流型（也称为定电位电解型）、电位型等，具有灵敏度高、选择性好、携带和使用方便等特点。电流型电化学气体传感器是这类传感器中较常见的一种，其基本结构是一个三电极的电化学池，如图 7.7 所示。在恒电位条件下，其工作电极材料对某种或某类气体分子敏感，而且其响应电流与被测气体浓度间存在特定的关系。在测量过程中，与传感器接触的被测气体分子首先经过扩散作用通过一个防止冷凝的隔膜（同时也起到防尘作用），再进一步经过毛细管扩散作用依次通过过滤器、憎水性透气膜，最后到达工作电极表面。这些气体分子在电极表面被氧化或还原，并伴随着电子的产生或消耗，从而产生响应电流。目前市售的很多用于 CO、NH_3、NO_2、H_2S、SO_2 等气体检测的电化学传感器都属于这种类型。

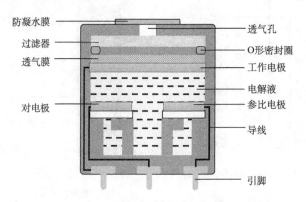

图 7.7　电流型电化学气体传感器结构示意图

显然，工作电极材料的性能对提高传感器的检测极限、选择性、灵敏度等性能至关重要。另外，到达工作电极表面气体分子的量也会受到前述多级扩散作用的限制。通过优化扩散路径可以有效提升气体分子通过量并获得所需强度的电信号，从而满足测定需求。由于这种传感器的响应电流信号强度与气体的浓度而不是其分压相对应，因此在一般气压条件下校准的设备可以在不同高度，甚至在地下使用。

7.5　电化学生物传感器

电化学生物传感器通常是将生物敏感材料固定在电极表面，通过其特异性识别作用将目标物分子捕捉到电极表面并发生化学反应，再将浓度信号转换成电信号(如电流、电位、电容、电导等信号)，从而实现对目标物的定性或定量分析。传统的生物敏感材料包括酶、抗体、抗原、核酸、细胞、组织、微生物等生物活性物质。基于这些生物敏感材料的性质，传统的电化学生物传感器可分为酶传感器、免疫传感器、细胞传感器、组织传感器、微生物传感器等。

7.5.1　发展进程

电化学传感器是一类最早问世的生物传感器。1962 年，Clark 和 Lyons 首次提出将生物活性物质和传感器联用的设想，并提出酶电极的概念。他们在氧电极上增加了一个封闭在渗析膜中的葡萄糖氧化酶膜，利用溶液中的溶解氧实现了酶与电极间的电荷传递，通过测定氧浓度的变化最终确定葡萄糖浓度[10]。1967 年，Updike 和 Hicks 将葡萄糖氧化酶固定在聚丙烯酰胺胶体膜中并包覆在一支氧电极的尖端，采用另一支氧电极作为对电极以扣除样本中背景氧的变化对葡萄糖检测的干扰，从而制出了第一支葡萄糖酶电化学生物传感器[11]。1972 年，Yellow Springs 仪器公司将用于血糖和尿糖检测的电化学传感器商业化。1975 年，Divis 用活细胞替代酶并成功制成了细胞传感器。1977 年，Karube 和 Janata 制作了微生物传感器和免疫传感器。1983 年，Liedberg 利用表面等离子激元共振方法实现了对生物亲和反应的实时检测。1991 年，Fodor 等运用半导体照相平板技术制成了世界第一块基因芯片。此后，1996 年由美国 Affymatrix 公司制造出第一个商用高通量基因芯片测试系统，可一次性获得全基因组的表达谱图。

纳米材料和微纳电子技术迅猛发展，生物学、化学、物理学、材料、信息、电子等学科领域大规模交叉融合，促进了电化学生物传感器的研究和应用，各种具有优异生物敏感特性的功能材料被发现，如一些有机或无机材料、有机–无机复合材料、碳基(如碳纳米管、碳纳米线、石墨烯、碳糊等)复合材料，也包括某些金属卟啉(也称模拟酶)，如锰(III)卟啉、镍(II)卟啉、叶绿酸铜(II)等。这些先进功能材料克服了传统生物敏感材料易失活、稳定性差的缺点，拓展了电化学生物传感器核心材料——生物敏感材料的选择范围，使电化学生物传感器的特性(包括高灵敏度、高选择性、高稳定性、微型化等)充分体现。与此同时，可检测的目标物种类也越来越多，包括：

(1)生物体内的无机小分子或离子，如 H^+(pH)、K^+、Na^+、Ca^{2+}、NO、亚硝酸盐 NO_2^-、硝酸盐 NO_3^-、超氧化物等；

(2)生物分子，如葡萄糖、尿素、硫醇、多巴胺、蛋白质、DNA、RNA、寡糖、多肽等；

(3)肉类中病原体，如猪体内药物、牛初乳和牛奶中免疫球蛋白 G 等；

(4)药物、食品中的维生素、抗生素等；

(5)生物医学领域中的病毒制剂、人类免疫缺陷病毒、病原菌、寄生虫、毒品、先天性疾病特异物等；

(6)农业生产领域的农药残留、杂交等。

电化学生物传感器结合了电分析方法的灵敏度与"生物识别"组分固有的选择性，因此在生物、医学、药品、食品、环境、农业、航天、深海探测等领域的应用十分广泛，在食品安全管理、医学诊断、生理监测、工业过程管理、环境检测、水源性病原体检测、化学暴露风险评估等诸多方面发挥着至关重要的作用。

目前，电化学生物传感器已向着无创、长效、便携、可穿戴式，以及活体测定、在线检测、现场监测等方向发展，但是具有超高分辨能力和单细胞生物学检测能力的电化学生物传感器的相关研究仍面临挑战。

7.5.2　结构和分类

电化学生物传感器由生物敏感材料、信号转换器、信号处理和数据分析系统三个基本结构单元构成，如图 7.8 所示。在生物敏感材料选择性地与被测物之间相互作用过程中可能会伴随着电、光、热、质量、介电等性质的变化。信号转换器就是将变化过程中产生的一种或几种信号进行采集、转换并传输给信号处理和数据分析系统的结构单元。例如，电化学传感器中的信号转换器是一类电极或半导体器件，可将化学反应过程中得失电子的信息直接输出为电流、电压、电阻等信号；热传感器中的信号转换器是热敏电阻；光学传感器中的信号转换器是光纤和光度计；质量传感器中的信号转换器可以是某种压电晶体。此外，还有用于监测免疫细胞受体–配体相互作用的声学生物传感器、监测生物分子介电性质变化的表面等离子激元共振生物传感器、进行基因组测序的基因芯片技术等。信号处理和数据分析系统可将转换器传输的信号进行收集、处理、分析，并显示和输出测试结果。

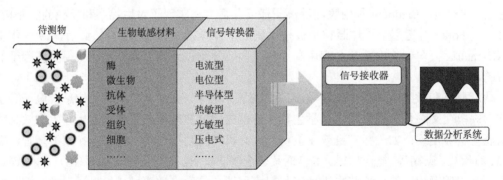

图 7.8　电化学生物传感器基本结构框架

7.5.3　电化学酶传感器

由于酶具有高的生物催化活性和特异性，因此迄今电化学酶传感器在临床医学、环境保护等领域的应用仍十分广泛。电化学酶传感器也分为电流型和电位型两类。无论何种类型，评价电化学酶传感器性能的指标都是灵敏度、稳定性、选择性、检测范围等。其性能的优化一方面依赖于材料、电子、流体学、分离等相关技术的协同发展，另一方面也依赖于酶的固定技术。作为关键识别物的酶通常是以某种方式被固定在传感电极表面并形成一薄层酶膜。这层酶膜不仅能够保护生物活性组分的稳定存在、允许待分析物通过，还是非检测物输运的壁垒，有助于提高传感器的选择性，并拓宽检测的浓度范围。

发现最早、应用最广泛的是酶葡萄糖生物传感器。第一代酶葡萄糖生物传感器使用天然电子传递体——氧，实现了在葡萄糖氧化酶活性中心与电极表面间的电子传输，通过测定氧气消耗量或过氧化氢增加量达到测定葡萄糖浓度的目的。这类传感器中最常用的是基于黄素腺嘌呤二核苷酸的葡萄糖氧化酶 $GO_x(FAD)$。在其生物催化反应过程中，葡萄糖($C_6H_{12}O_6$)首先脱氢转化为葡萄糖酸-δ-内脂($C_6H_{10}O_6$)，再继续水解为葡萄糖酸($C_6H_{12}O_7$)。在此连续过程中 $GO_x(FAD)$消耗氧气并释放出过氧化氢(H_2O_2)。此过程发生的反应包括：

$$C_6H_{12}O_6 + GO_x(FAD) \longrightarrow C_6H_{10}O_6 + GO_x(FADH_2)$$

$$GO_x(FADH_2) + O_2 \longrightarrow GO_x(FAD) + H_2O_2$$

$$C_6H_{10}O_6 + H_2O \longrightarrow C_6H_{12}O_7$$

$$H_2O_2 \longrightarrow O_2 + 2H^+ + 2e^-$$

$$C_6H_{12}O_6 + O_2 + H_2O \longrightarrow C_6H_{12}O_7 + H_2O_2$$

但是检测 O_2 的消耗易受环境中氧分压波动的影响，响应时间较长且难以进行活体分析，灵敏度也不高。研究人员也曾采用多种办法以期解决上述问题，如采用化学修饰电极代替传统氧电极、检测生成物之一的 H_2O_2 的浓度等。但是，无论采取什么方式检测，O_2 消耗量总受氧分压的影响。例如，在检测 H_2O_2 浓度时，其在金属电极或碳电极上的氧化电位较高，在较高电位下体系中的许多物质均可以被氧化，从而对检测结果产生干扰[12]。解决方法之一是采用化学修饰电极降低 H_2O_2 检测电位，但其灵敏度始终受到体系中溶解氧的限制。

为了克服第一代酶葡萄糖生物传感器的缺点，如易受氧分压影响、H_2O_2 氧化电位过高、易受氧溶解度限制和干扰多等，研究人员人工合成了小分子的电子传递媒介(Med)，并以 Med 作为在 FAD 中心和电极表面传输电子的手段，通过检测 Med 由氧化态(Ox)转变为还原态(Red)过程中的电流变化达到检测葡萄糖浓度的目的，从而构建了第二代酶葡萄糖生物传感器。检测过程中发生的反应如下：

$$C_6H_{12}O_6 + GO_x(FAD) + H_2O \longrightarrow C_6H_{12}O_7 + GO_x(FADH_2)$$

$$GO_x(FADH_2) + Med(Ox) \longrightarrow GO_x(FAD) + Med(Red)$$

$$Med(Red) \longrightarrow Med(Ox) + 2H^+ + 2e^-$$

为了有效地取代 O_2/H_2O_2 的作用，非生理性的 Med 的选择至关重要。理想的 Med 应该满足的条件包括：①与还原态酶的反应迅速；②具有良好的电化学氧化还原性能；③Med 的还原态和氧化态必须是无毒的，而且是化学稳定的。20 世纪 80 年代，研究人员尝试了许多种物质作为 Med 制备第二代酶葡萄糖生物传感器，由于可以在较低电位以至负电位下通过 Med 将电子从 $GO_x(FADH_2)$ 转移到电极表面产生电流信号，因此具有较高的选择性。但是第二代酶葡萄糖生物传感器仍然存在不足之处。一方面，Med 通常是金属有机化合物，其生理毒性极大地限制了此类传感器在体内葡萄糖检测方面的应用；另一方面，这些有机或金属有机复合材料在电极表面的固定存在困难，并且氧气与其产生的竞争关系也很难克服，因此限制其检测准确性，特别是在葡萄糖水平低时，氧气对检测结果的影响较大。

为了消除 Med 自身的电化学氧化还原对葡萄糖氧化过程的影响，研究人员开发出了具有低氧化电位的无外加 Med 的第三代酶葡萄糖生物传感器。在这种情况下，电子直接在酶的活性位点和电极之间转移，不需要 O_2 或人工合成的小分子 Med 作为电子传递媒介，由于具有非常低的工作电位，因此显著提高了其选择性。然而，据报道，只有少数氧化还原酶能在常规电极上进行有效的直接电子转移。因此，研究人员致力于探索新型电极材料以确保酶和电极表面之间的电子转移距离尽可能短，从而促进直接电子传递的进行。使用导电有机盐电极构建第三代酶葡萄糖生物传感器是解决上述问题的有效途径之一。Palmisano 等构建了一种基于在非导电聚吡咯抗干扰层膜上生长的四硫富瓦烯-醌二甲烷树状复合物晶体的第三代酶葡萄糖生物传感器，这种电极具有稳定的机械性能[13]；Yabuki 等通过电化学聚合法在葡萄糖氧化酶和吡咯存在下，在铂电极表面合成了导电酶膜 GO_x/聚吡咯，实现了酶分子与电极之间的可逆电子转移[14]；Koopal 等报道了一种在葡萄糖氧化酶和聚吡咯之间建立直接电子转移通道的电化学生物传感器[15]。

酶对底物识别的特异性使酶传感器在过去的几十年中得到了非常快速的发展。但这类传感器普遍存在的问题是酶在固定化过程中很容易变性，传感器的长时间稳定性差，以及在长期运行时酶易受操作环境(溶液 pH、环境温度及检测系统中使用的化学品)等的影响。因此，在发展电化学酶传感器的同时，研究人员也一直致力于发现新的材料、设计并制造电化学非酶传感器，以替代酶实现生物传感检测功能。

7.5.4　电化学非酶传感器

对电化学非酶传感器的研究已有百年的历史。1909 年，Chen 首次在硫酸介质中，在铅阳极表面将葡萄糖直接氧化成葡萄糖酸[16]。近年，大量新材料的问世使电化学非酶传感器的研究成果呈指数增长[17]。例如，Jia 等采用电沉积方法在泡沫镍表面合成了羟基磷灰石多晶膜，并用导电聚合物进行了保护性修饰[18]。利用羟基磷灰石表面丰富的吸附位点实现了对极低浓度待测液中葡萄糖分子的富集，基于此电极构建的非酶葡萄糖电化学传感器可在 $0.001 \sim 30$ mmol·L^{-1} 的宽浓度范围内实现对葡萄糖的定量分析检测，灵敏度高达 1632 μA·(mmol·L^{-1}·cm^2)$^{-1}$。

与电化学酶传感器相比，电化学非酶传感器不受酶易变性失活的影响，具有良好的稳定性，可进行长期连续测定。而且电化学非酶传感器制作简单，无须复杂的酶固定化程序。迄今，可用作电化学非酶传感器的材料不胜枚举。以非酶葡萄糖电化学传感器为例，已经发现的对葡萄糖电化学氧化有催化作用的电极材料主要包括金属、合金，以及单金属或多金属的氧化物、氢氧化物、硫化物等。

7.6　传感性能评价

电化学传感器的性能与敏感材料的本征特性、识别组件的制作工艺、信号转换器的性能等密切相关。选择性、适用的浓度范围、灵敏度、检测极限（limit of detection，LOD）、稳定性等是评价电化学传感器性能的重要指标。相同条件下，敏感材料的组成和结构决定了传感性能的优劣。下面以电流型非酶葡萄糖传感器为例介绍传感器性能评价方法。

如前所述，电流型非酶葡萄糖传感器多采用恒电位技术，其传感性能受工作电位的影响较大。即使在其他条件完全相同的情况下，采用不同生物敏感材料组装的传感器，其工作电位也可能有很大差别。因此，在进行性能评价前首先需要确定适宜的工作电位。常将三电极体系（以所设计的电极为工作电极，以饱和甘汞电极或银/氯化银电极为参比电极，以铂电极为对电极）与电化学工作站连接，在一定 pH 的电解质溶液中，采用计时电流法测定电流–时间曲线。选用的工作电位不同，电流–时间曲线上台阶电流增加的程度也不同。通常，台阶电流随工作电位的增大而增大，但同时噪声也在增强，因此在选择工作电位时需同时考虑响应电流和噪声对葡萄糖检测的影响。

7.6.1　选择性

传感器的选择性（也称为抗干扰性）体现了环境物质及体系中共存物质对被测物检出信号的干扰程度。理论上，任何一种传感器都不能完全消除这类干扰。但通过传感材料设计、传感器结构调整、工作电位选择等方面的优化，可以有效提升传感器的抗干扰能力。

在采用电流法进行人体血液样品中葡萄糖浓度检测时，常见的干扰物质包括抗坏血酸、多巴胺、蔗糖、乳糖、果糖、氯化钠等。在人体血清中，葡萄糖正常的生理水平为 $3.0\sim$ 6.0 mmol·L^{-1}，这个值约是其他干扰物质浓度水平的 10 倍。尽管葡萄糖的浓度远高于其他干扰物质，但通常情况下，敏感材料对这些干扰物质均具有程度不同的电催化氧化活性。也就是说，在一定外加电压作用下，这些物质能够在电极表面发生氧化还原反应，产生氧化电流，从而对非酶葡萄糖传感器的电流响应信号产生干扰，导致传感器的选择性降低。评价选择性也需要在上述三电极体系中，采用恒电位方法测定电流–时间曲线。通过比较干扰物响应电流与葡萄糖响应电流之间的差值分析传感器对葡萄糖检测的选择性。Duan 等采用聚吡咯（PPy）包覆了 $NiCo_2O_4$ 纳米粒子，在泡沫镍上组装了非酶葡萄糖电化学传感器。分批次平行组装的五个传感器的电流响应信号呈现一致性，如图 7.9 所示，且对干扰物质的响应电流均非常小[6]。浓度为 0.20 mmol·L^{-1} 的抗坏血酸、多巴胺、蔗糖、乳糖、果糖、氯化钠的响应电流仅为 2.0 mmol·L^{-1} 葡萄糖响应电流的 $0.5\%\sim1.4\%$；与同浓度（0.20 mmol·L^{-1}）的葡萄糖相比，干扰物质的响应电流仅占 $2.8\%\sim8.5\%$。

7.6.2　适用的浓度范围

如 7.2 节所述，根据响应电流信号的强度与目标物浓度的定量关系可以确定目标物的含量。这种定量关系通常采用最简单的线性关系表达，即电流–浓度关系。迄今，评价电化学传感器性能的重要指标之一是线性电流–浓度关系适用的浓度范围。纵观科学发展历程，很多实验数据处理问题也都是采用这种线性拟合方法解决。而且在相当长的时间里，这种简便易行的线性规则协助人们解决了许多实际问题，对科学技术的发展起到了重要作用。

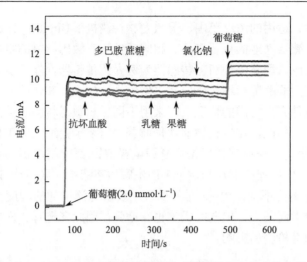

图 7.9　五批次 NF/NiCo$_2$O$_4$@PPy 非酶葡萄糖传感器对葡萄糖和六种干扰物质的电流–时间曲线
（未标出的浓度均为 0.20 mmol·L^{-1}）[6]

　　然而，电化学传感器的大量实验研究结果表明，在较宽的浓度范围内，传感器的电流–浓度关系是非线性的，采用线性关系处理实验结果实质是一种近似。这种近似处理方法在较窄的浓度区间内是有效的，但是由于受到溶液离子强度、溶质种类、浓度、温度等因素的复杂影响，溶液中目标物分子的扩散速率随浓度的变化是非线性的。在低浓度区，分子通常具有较高的扩散速率；在高浓度区，分子的扩散速率会显著降低。当被测物从低浓度区向较高浓度区变化的过程中，分子扩散系数常会在某个狭窄的浓度区间呈现出快速的、异于其他浓度区的变化速率，可以简单地称之为线性异变区，如图 7.10 所示。因此，对于电流型非酶葡萄糖传感器，在评价其适用的葡萄糖浓度范围时，常采用不同的拟合方法。

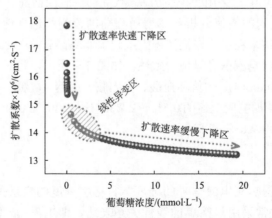

图 7.10　水溶液中葡萄糖扩散系数随浓度的变化[19]

1. 单浓度区间线性拟合

　　单浓度区间线性拟合是最简单的确定传感器适用浓度区间的方法。在这个方法中，利用直线方程拟合响应电流与葡萄糖浓度之间的关系，将满足此方程的最低和最高浓度之间的范围定义为适用于此传感器的葡萄糖浓度区间。若采用这种直线拟合方法，图 7.11 中的直线关系如 AB 线所示，那么这个传感器适用的葡萄糖浓度范围为 1.0 μmol·L^{-1}～0.3 mmol·L^{-1}，显然这个适用范围较窄。当然，根据实际需要检测的葡萄糖浓度高低，也可以选择 CD 或 EF 段作为适宜检测葡萄糖的浓度范围，但需要注意这三个直线方程不同，检测电流随葡萄糖浓度变化的规律也不相同。

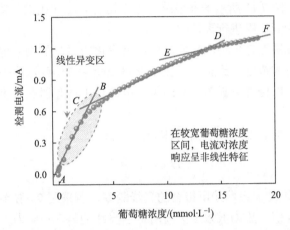

图 7.11 聚苯胺/泡沫镍非酶葡萄糖传感器响应电流随葡萄糖浓度的变化（0.10 mol·L^{-1} 的 LiOH）[19]

2. 多浓度区间线性拟合

如前所述，影响电流-浓度之间关系的因素十分复杂，分子扩散系数在某个狭窄浓度区间呈现出的线性异变会在电流-浓度关系曲线上反映出来，如图 7.11 所示，这常导致二者之间的关系偏离线性[19]。因此，人们常用 2 个甚至多个不同的电流-浓度线性方程进行分段线性拟合。若采用这种多段线性拟合方法，图 7.11 中的电流-浓度关系可以分解为 AB、CD 和 EF 三段，对应葡萄糖浓度分别为 1.0 μmol·L^{-1}～0.3 mmol·L^{-1}、0.3～13 mmol·L^{-1} 和 13～20 mmol·L^{-1}。这三段分别用三个不同的线性方程进行拟合，则这个传感器适用的葡萄糖浓度范围为 1.0 μmol·L^{-1}～20 mmol·L^{-1}。显然这种方法极大地拓宽了传感器的浓度适用范围。

3. 非线性拟合

在某些条件下，溶液中葡萄糖分子的扩散速率随浓度的变化是非线性的。研究溶液中分子扩散行为，有利于发现电化学传感器检测过程中蕴含的物理化学规律。Liu 等发现传感器响应电流的变化与葡萄糖分子扩散系数的变化密切相关[19]。对他们所组装的聚苯胺修饰泡沫镍（PANI/NF）非酶葡萄糖电化学传感器而言，在所研究的条件下，二者存在如式（7.7）所示关系。

$$I = a \times \frac{zFA}{\pi^{0.5}} \times \frac{D^{0.5}c^b}{t^{0.5}} \tag{7.7}$$

式中，I 为响应电流；z 为一个葡萄糖分子氧化失去的电荷数；A 为电极面积；D 为扩散系数；t 为恒电位条件下进行电流-时间曲线测试时相邻两次滴加葡萄糖溶液的间隔时长；a 和 b 为两个经验常数，对于不同的传感器，a 和 b 的数值不同。利用上述非线性拟合方法，可以获得电流–浓度之间的半经验关系曲线。与实际测定的葡萄糖浓度对比研究发现，该半经验公式计算结果的均方差几乎为 0。

7.6.3　灵敏度和检测极限

　　根据一定工作电位下测得的电流–时间阶跃曲线，可以进一步绘制出响应电流随葡萄糖浓度的变化关系曲线，图 7.11 所示的曲线就是根据这种方法作出的。依据此关系曲线，可以对传感器的灵敏度和检测极限进行评价。

　　电流型传感器的灵敏度是指被测物质单位浓度变化所引起的响应电流变化的程度，通常用响应电流与被测物质的浓度之比表示。在图 7.11 所示的电流–浓度关系曲线上，根据每个拟合的直线方程斜率除以传感电极的活性面积即可计算出传感器在每个浓度区间工作时的灵敏度。

　　传感器的检测极限可通过式(7.8)计算求得。

$$LOD = \frac{3S_b}{m} \tag{7.8}$$

式中，m 为根据电流–浓度关系曲线所拟合的直线斜率，若采用 7.6.2 小节中的"多浓度区间线性拟合"方法，则 m 值一般为低浓度区间所拟合直线的斜率；S_b 为所测量的多个空白溶液响应电流的标准偏差(信噪比为 3∶1)。表 7.1 列举了一些最近报道的部分电流型非酶葡萄糖电化学传感器的性能指标。

表 7.1　近年报道的部分电流型非酶葡萄糖电化学传感器的性能指标

传感材料	检测浓度范围/ ($\mu mol \cdot L^{-1}$)	灵敏度/ [$\mu A \cdot (mmol \cdot L^{-1} \cdot cm^2)^{-1}$]	LOD/ ($\mu mol \cdot L^{-1}$)	参考文献
PANI/HAP/NF	1～30000	1632.06	0.36	[18]
	1～300	193.77		
PANI/NF	300～13000	52.60	4.25	[19]
	13000～20000	23.13		
CuFe$_2$O$_4$/PPy	20～5600	176	0.47	[20]
GO$_x$/PANI/GCE	—	0.8	0.004～0.8	[21]
GO$_x$/PPy/Pt	7400	—	0.5～13	[22]
GO$_x$-PANI-Pec NPs/Pt	79.49	43.5	0.06～4	[23]
MoS$_2$-NiCo$_2$O$_4$	1～1600	1748.58	0.152	[24]
	1600～11100			
NF/NiCo$_2$O$_4$@PPy	1～100	3059.25	0.22	[6]
	100～2000	1919.93		
	2000～20000	659.30		
NiCo-LDHs	5～14800	—	1.6	[25]
Co$_3$O$_4$/NiCo$_2$O$_4$ DSNCs@G	10～3520	304	0.384	[26]
Ni(OH)$_2$/TiO$_2$	30～14000	192	8	[27]
Ni-ZnO/GCE	1～8100	824	0.28	[28]
GCE-P-Ni	2.5～1115	6640	0.690	[29]
GCE/PANI/GNPs	300～10000	—	100	[30]

续表

传感材料	检测浓度范围/ (μmol·L^{-1})	灵敏度/ [μA·(mmol·L^{-1}·cm^2)$^{-1}$]	LOD/ (μmol·L^{-1})	参考文献
NiNWs	0.5～7000	1043	0.1	[31]
Ni-ND/BDD	0.2～1055.4	—	0.05	[32]
3D-C/NiNPs	15.84～6480	—	4.8	[33]
HAC/NiO	5～4800	1722	0.055	[34]

7.6.4　稳定性

随着传感器储存时间的延长，包括在不同真空度的环境中、在惰性气体中或暴露在空气中的存储，其传感性能均会有不同程度的下降，因此电化学传感器均有保存时间要求。在对传感器稳定性进行评价时，通常需要将传感器放在模拟的环境中存储一定的时间，然后再对上述各种性能指标进行重新评估。

参 考 文 献

[1] McGrath M J, Scanaill C N. 智能传感器: 医疗、健康和环境的关键应用[M]. 胡宁, 王君, 王平, 译. 北京: 机械工业出版社, 2016.

[2] Ronkainen N J, Halsall H B, Heineman W R. Electrochemical biosensors[J]. Chemical Society Reviews, 2010, 39(5): 1747-1763.

[3] Lu L, Hu X Q, Zhu Z W, et al. Review—electrochemical sensors and biosensors modified with binary nanocomposite for food safety[J]. Journal of the Electrochemical Society, 2019, 167(3): 037512.

[4] Ye Y L, Ji J, Sun Z Y, et al. Recent advances in electrochemical biosensors for antioxidant analysis in foodstuff[J]. TrAC-Trends in Analytical Chemistry, 2020, 122: 115718.

[5] Zhou Y, Ma M Y, He H P, et al. Highly sensitive nitrite sensor based on AuNPs/rGO nanocomposites modified graphene electrochemical transistors[J]. Biosensors and Bioelectronics, 2019, 146: 111751.

[6] Duan X X, Liu K, Xu Y, et al. Nonenzymatic electrochemical glucose biosensor constructed by NiCo$_2$O$_4$@PPy nanowires on nickel foam substrate[J]. Sensors and Actuators B: Chemical, 2019, 292: 121-128.

[7] 雅各布·弗雷登. 现代传感器手册: 原理、设计及应用[M]. 5 版. 宋萍, 隋丽, 潘志强, 译. 北京: 机械工业出版社, 2019.

[8] Bratov A, Abramova N, Ipatov A. Recent trends in potentiometric sensor arrays: A review[J]. Analytica Chimica Acta, 2010, 678(2): 149-159.

[9] 周明军, 尤佳, 秦浩, 等. 电导率传感器发展概况[J]. 传感器与微系统, 2010, 29(4): 9-11.

[10] Jr Clark L C, Lyons C. Electrode systems for continuous monitoring in cardiovascular surgery[J]. Annals of the New York Academy of Sciences, 1962, 102(1): 29-45.

[11] Updike S J, Hicks G P. The enzyme electrode[J]. Nature, 1967, 214(5092): 986-988.

[12] Dai Y Q, Shiu K K. Highly sensitive amperometric glucose biosensor based on glassy carbon electrode with copper/palladium coating[J]. Electroanalysis, 2004, 16(21): 1806-1813.

[13] Palmisano F, Zambonin P G, Centonze D, et al. A disposable, reagentless, third-generation glucose biosensor based on overoxidized poly(pyyrole)/tetrathiafulvalene-tetracyanoquinodimethane composite[J]. Analytical

Chemistry, 2002, 74(23): 5913-5918.

[14] Yabuki S I, Shinohara H, Aizawa M. Electro-conductive enzyme membrane[J]. Journal of the Chemical Society, Chemical Communications, 1989, 1(14): 945-946.

[15] Koopal C G J, de Ruiter B D, Nolte R J M. Amperometric biosensor based on direct communication between glucose oxidase and a conducting polymer inside the pores of a filtration membrane[J]. Journal of the Chemical Society, Chemical Communications, 1991, 1(23): 1691-1692.

[16] Chen C, Xie Q J, Yang D W, et al. Recent advances in electrochemical glucose biosensors: a review[J]. RSC Advances, 2013, 3(14): 4473-4491.

[17] Tian K, Prestgard M, Tiwari A. A review of recent advances in nonenzymatic glucose sensors[J]. Materials Science and Engineering C: Materials for Biological Applications, 2014, 41: 100-118.

[18] Jia L N, Wei X B, Lv L, et al. Electrodeposition of hydroxyapatite on nickel foam and further modification with conductive polyaniline for non-enzymatic glucose sensing[J]. Electrochimica Acta, 2018, 280: 315-322.

[19] Liu K L, Duan X X, Yuan M T, et al. How to fit a response current-concentration curve A semi-empirical investigation of non-enzymatic glucose sensor based on PANI-modified nickel foam[J]. Journal of Electroanalytical Chemistry, 2019, 840: 384-390.

[20] Shahnavaz Z, Lorestani F, Meng W P, et al. Core-shell-$CuFe_2O_4$/PPy nanocomposite enzyme-free sensor for detection of glucose[J]. Journal of Solid State Electrochemistry, 2015, 19(4): 1223-1233.

[21] Zhang L, Zhou C S, Luo J J, et al. A polyaniline microtube platform for direct electron transfer of glucose oxidase and biosensing applications[J]. Journal of Materials Chemistry B, 2015, 3(6): 1116-1124.

[22] Ekanayake E M I M, Preethichandra D M G, Kaneto K. Polypyrrole nanotube array sensor for enhanced adsorption of glucose oxidase in glucose biosensors[J]. Biosensors and Bioelectronics, 2007, 23(1): 107-113.

[23] Thakur B, Amarnath C A, Sawant S N. Pectin coated polyaniline nanoparticles for an amperometric glucose biosensor[J]. RSC Advances, 2014, 4(77): 40917-40923.

[24] Wang S, Zhang S P, Liu M X, et al. MoS_2 as connector inspired high electrocatalytic performance of $NiCo_2O_4$ nanoplates towards glucose[J]. Sensors and Actuators B: Chemical, 2018, 254: 1101-1109.

[25] Chen J, Sheng Q L, Wang Y, et al. Dispersed nickel nanoparticles on flower-like layered nickel-cobalt double hydroxides for non-enzymic amperometric sensing of glucose[J]. Electroanalysis, 2016, 28(5): 979-984.

[26] Xue B, Li K Z, Feng L, et al. Graphene wrapped porous Co_3O_4/$NiCo_2O_4$ double-shelled nanocages with enhanced electrocatalytic performance for glucose sensor[J]. Electrochimica Acta, 2017, 239: 36-44.

[27] Gao A, Zhang X M, Peng X, et al. In situ synthesis of $Ni(OH)_2$/TiO_2 composite film on NiTi alloy for non-enzymatic glucose sensing[J]. Sensors and Actuators B: Chemical, 2016, 232: 150-157.

[28] Yang Y, Wang Y L, Bao X Y, et al. Electrochemical deposition of Ni nanoparticles decorated ZnO hexagonal prisms as an effective platform for non-enzymatic detection of glucose[J]. Journal of Electroanalytical Chemistry, 2016, 775: 163-170.

[29] Mazloum-Ardakani M, Amin-Sadrabadi E, Khoshroo A. Enhanced activity for non-enzymatic glucose oxidation on nickel nanostructure supported on PEDOT:PSS[J]. Journal of Electroanalytical Chemistry, 2016, 775: 116-120.

[30] Ahammad A J S, Mamun A, Akter T, et al. Enzyme-free impedimetric glucose sensor based on gold nanoparticles/polyaniline composite film[J]. Journal of Solid State Electrochemistry, 2016, 20(7): 1933-1939.

[31] Lu L M, Zhang L, Qu F L, et al. A nano-Ni based ultrasensitive nonenzymatic electrochemical sensor for glucose: Enhancing sensitivity through a nanowire array strategy[J]. Biosensors and Bioelectronics, 2009,

25(1): 218-223.

[32] Dai W, Li M J, Gao S M, et al. Fabrication of nickel/nanodiamond/boron-doped diamond electrode for non-enzymatic glucose biosensor[J]. Electrochimica Acta, 2016, 187: 413-421.

[33] Wang L, Zhang Y Y, Yu J, et al. A green and simple strategy to prepare graphene foam-like three-dimensional porous carbon/Ni nanoparticles for glucose sensing[J]. Sensors and Actuators B: Chemical, 2017, 239: 172-179.

[34] Veeramani V, Madhu R, Chen S M, et al. Heteroatom-enriched porous carbon/nickel oxide nanocomposites as enzyme-free highly sensitive sensors for detection of glucose[J]. Sensors and Actuators B: Chemical, 2015, 221(1): 1384-1390.

第8章　金属电化学腐蚀与防护

8.1　金属腐蚀

金属材料主要包括纯金属、合金、金属间化合物、特种金属材料等，广泛应用于日常生活用品、建筑材料、大型机械设备、能源、航空航天、汽车制造、医疗卫生等很多领域，在人类的生活中起到了重要作用。众所周知，在周围环境介质和所承受载荷的共同作用下，服役的金属材料性能会随着腐蚀的产生和发展逐步退化失效。全世界每年由于腐蚀而报废的金属设备和材料约为金属年产量的 1/3。金属腐蚀不仅造成金属材料损失，还可能因设备设施腐蚀引起危险物质泄漏、爆炸及结构建筑断裂垮塌等而造成水污染、大气污染、土壤污染等，以及造成难以挽回的重大损失和猝不及防的灾难性事故。据报道，全世界每年因金属腐蚀造成的直接经济损失约达 7 万亿美元，占各国生产总值的 2%～4%，是地震、水灾、台风等自然灾害造成损失总和的 6 倍。目前，虽然金属腐蚀防护技术不断发展，腐蚀问题得到了一定的缓解，但总的来说，金属的腐蚀仍十分严重。了解腐蚀问题、加强腐蚀与防护研究、开发新型防腐蚀技术是保障社会各界生命财产安全的必然要求。

金属腐蚀是金属与环境发生化学或电化学反应而产生的材料破坏现象，依据腐蚀机理的不同可分为化学腐蚀和电化学腐蚀。金属材料与外界介质发生化学反应而损坏的现象称为化学腐蚀。在化学腐蚀中，腐蚀过程只是一种单纯的化学作用，电子传递在金属与氧化剂之间直接进行，没有电流产生，被氧化与被还原物质之间的电子交换是直接进行的，氧化与还原反应不可分割，如金属表面在常温干燥的大气中所产生的氧化就属于化学腐蚀。

电化学腐蚀是金属与周围电解质溶液接触时，由于电流作用而产生的腐蚀。在电化学腐蚀中，电子传递是在金属和溶液之间进行，对外显示电流。通常情况下，电化学腐蚀过程的氧化反应和还原反应过程是在不同部位相对独立进行的，这是电化学腐蚀的标志性特征，也是区分纯化学腐蚀与电化学腐蚀的一个重要标志。但在某些情况下，阴极和阳极过程也可以在同一表面上随时间相互交替进行。表 8.1 列出了化学腐蚀与电化学腐蚀的比较。

表 8.1　化学腐蚀与电化学腐蚀的比较

比较项目	腐蚀类型	
	化学腐蚀	电化学腐蚀
介质	干燥气体或非电解质溶液	电解质溶液
反应式	$\sum r_i \cdot M_i = 0$ r_i 为系数，M_i 为反应物质	$\sum r_i \cdot M_i + ne^- = 0$ r_i 为系数，M_i 为反应物质， n 为反应交换电子数(一般情况下为离子价数)，e^- 为电子
腐蚀过程驱动力	化学势不同	电位差
腐蚀过程规律	化学反应动力学	电极过程动力学
能量转化	化学能与机械能和热能	化学能和电能

比较项目	腐蚀类型	
	化学腐蚀	电化学腐蚀
电子传递	反应物直接传递，测不出电流	电子在阴、阳极上流动，可测出电流
反应区	碰撞点上，瞬时完成	在相互独立的阴、阳极区域，独立完成
产物	在碰撞点上直接生成产物	在电极表面形成一次产物
温度	高温条件下为主	低温条件下为主

8.2　金属电化学腐蚀

8.2.1　金属电化学腐蚀原理

如果一个电极上只进行一个反应，如 $Fe - 2e^- \Longleftrightarrow Fe^{2+}$，则当这个电极反应处于平衡时，电极电势就是这个电极反应的平衡电势，此时电极反应按阳极反应方向（正方向）和按阴极反应方向（逆方向）进行的速率相等，因此既没有电流从外电路流入，也没有电流从电极流向外电路。这种没有外电流流通的电极称为孤立的电极。理论上，一个孤立的金属电极处于平衡状态时，金属是不发生腐蚀的。

单一的金属电极也会发生腐蚀，如铁在酸性水膜中会被溶解，同时伴随氢气析出。电极反应如下：

$$Fe - 2e^- \Longleftrightarrow Fe^{2+}$$

$$2H^+ + 2e^- \Longleftrightarrow H_2 \uparrow$$

此时，铁电极上同时进行上述两个电极反应，两者以相等的速率进行。由于 Fe^{2+}/Fe 电极在酸性溶液中的电极电势低于 H^+/H_2 电极的电极电势，它们构成了热力学不稳定的腐蚀原电池体系，使铁不断溶解，H^+ 不断还原生成 H_2。

由此可见，一种金属发生电化学腐蚀时，金属表面上至少同时发生两个或两个以上不同的电极反应：一个是金属电极发生的阳极氧化反应，导致金属本身的溶解；另一个是溶液中的去极化剂（如 H^+）在金属表面的阴极还原反应。这时可以把金属表面看作构成了腐蚀微电池，纯金属作阳极，金属中的杂质、缺陷或不均一部位作阴极。因此，电化学腐蚀的实质是浸在电解质溶液中的金属表面上形成了金属发生阳极溶解、去极化剂发生阴极还原的腐蚀电池。在讨论电化学腐蚀时，通常规定凡是进行氧化反应的电极为阳极，进行还原反应的电极为阴极。腐蚀电池的原理与一般原电池的原理一样，其电化学过程是由阳极的氧化过程、阴极的还原过程以及电子和离子的传输过程组成。缺少这四个过程中的任何一个部分，电化学腐蚀都不能进行。众所周知，钢铁在潮湿的空气中很快就会腐蚀，但在干燥的空气中长时间不易腐蚀。这是因为在潮湿的空气中，钢铁的表面吸附了一层薄薄的水膜，这层水膜中含有少量的氢离子与氢氧根离子，还溶解了氧气等气体，结果在钢铁表面形成了一层电解质溶液，它与钢铁中的铁和少量的碳恰好形成无数微小的原电池。在这些原电池中，铁是阳极，碳是阴极。铁失去电子被氧化，发生电化学腐蚀。如果水膜呈酸性，在碳阴极上发生析氢反应；如果水膜呈中性或碱性，则发生吸氧腐蚀。

析氢腐蚀时，

阳极(Fe)：$$Fe - 2e^- \!=\!=\!= Fe^{2+}$$

阴极(C)：$$2H^+ + 2e^- \!=\!=\!= H_2 \uparrow$$

总反应：$$Fe + 2H^+ \!=\!=\!= Fe^{2+} + H_2 \uparrow$$

吸氧腐蚀时，

阳极(Fe)：$$Fe - 2e^- \!=\!=\!= Fe^{2+}$$

阴极(C)：$$O_2 + 2H_2O + 4e^- \!=\!=\!= 4OH^-$$

总反应：$$2Fe + O_2 + 2H_2O \!=\!=\!= 2Fe(OH)_2$$

在干燥的空气中，钢铁表面没有电解质溶液，无法完成离子传输过程，因此此时钢铁表面无法形成腐蚀电池。

腐蚀电池是一种将外电路短路的原电池，工作时也产生电流，只是其电能不能对外界做有用功，而是以热的形式散失，其工作的直接结果只是加速了金属的腐蚀。

8.2.2　腐蚀电池类型

根据阳极区和阴极区的分布及相对大小，可以将腐蚀电池分为宏观腐蚀电池和微观腐蚀电池两大类。

1. 宏观腐蚀电池

宏观腐蚀电池的阳极区和阴极区尺寸较大，区分明显，腐蚀形态是局部腐蚀，腐蚀破坏主要集中在阳极区。根据引起腐蚀的原因不同，宏观腐蚀电池又可分为异种电极电池、浓差电池、温差电池。

(1)异种电极电池。异种电极电池又分为两种情况：①两种不同的金属浸于不同的电解质溶液中，当电解液连通且两金属互相接触短路时，就会构成一个宏观腐蚀电池；②不同的金属在同一种电解质溶液中相接触，此时构成的宏观腐蚀电池称为电偶电池，如图 8.1(a)所示。船舶中的钢壳与其铜合金推进器相互接触，其连接处构成电偶电池。

(2)浓差电池。同一金属的不同部位接触浓度不同的介质时，也会形成一个大的腐蚀电池，称为浓差电池。例如，土壤是由固、液、气三相组成的复杂体系，在固体颗粒构成的骨架内充填着各种矿物质，如氯化物盐、钠、钾、镁的硫酸盐等。由于土壤种类繁多，各种土壤中 Cl 浓度差异较大，因此钢管、铝、铅护套电缆等埋地金属构件的不同部位盐浓度不同，从而构成盐浓差电池。盐浓度高的部位电极电势低，成为负极而加速腐蚀。另外，船舶和其他金属构筑物的水线附近易发生腐蚀，在海洋环境中尤其显著，如图 8.1(b)所示。这是由于在水的表面附近，氧的扩散路径短，浓度大；而在水的内部，氧的扩散路径长，浓度低，因而可构成氧浓差电池，造成金属的腐蚀。

(3)温差电池。同一金属在同一种电解质溶液中，由于各部位所处的环境温度不同会构成一个大的腐蚀电池，称为温差电池，如图 8.1(c)所示。这类电池常发生在换热器、蒸煮器、浸入式加热器及其他类似的设备中。例如，用于输送热介质(蒸汽、热水)的铁管道，在凝结水管起端温度一般为 95℃，而凝结水管末端的温度一般为 45℃，换热站起端与末端的温差达 50℃。如果管道的防护层破坏，管道接触土壤，就会形成温差原电池。其中管道的高温段为阳极区，低温段为阴极区，金属管道为二极的连接电路，强腐蚀性的土壤为电解质。

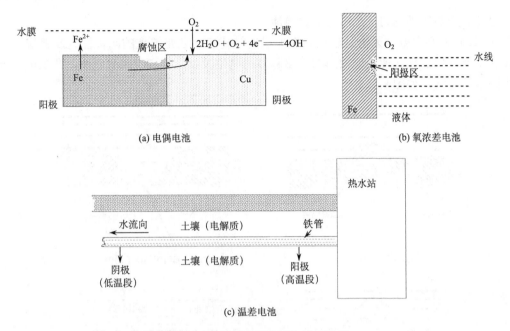

(a) 电偶电池　　　　　　　　(b) 氧浓差电池

(c) 温差电池

图 8.1　常见的宏观腐蚀电池示意图

温差电池中，通常温度较高部位易被腐蚀。例如，铁在盐溶液中热端为阳极，冷端为阴极，热端被腐蚀。又如，检修不锈钢换热器时，可发现其高温端比低温端腐蚀更严重。但是 Cu 在硫酸盐的水溶液中，高温端为阴极，低温端为阳极，组成温差电池后，使低温端的阳极溶解，高温端得到保护。

2. 微观腐蚀电池

微观腐蚀电池是指在金属表面上由于存在许多微小的电极，构成各种各样的微观电池，简称微电池。其特点是阳极区和阴极区的尺寸很小，肉眼难以辨出电极的极性，且阴、阳极位置不断变化，腐蚀形态是全面腐蚀。微电池的形成是因为金属表面存在电化学不均匀性，在金属表面上微小区域或局部区域存在电位差。金属表面的电化学不均匀性主要包括以下几种：

(1) 金属化学成分不均一。生产中使用的金属材料绝大多数不是纯金属，往往都含有各种杂质，如碳钢中的碳化物、工业纯 Zn 中的含 Fe 杂质 $FeZn_7$ 等、碳钢中的渗碳体 Fe_3C、铸铁中的石墨等。在腐蚀介质中，杂质与基体金属构成短路的微电池系统，在金属表面就形成了许多微阴极和微阳极。由于杂质的电位高于基体金属，基体金属作为阳极发生腐蚀，如图 8.2(a) 所示。

(2) 金属组织结构不均匀。金属及合金的晶粒与晶界间存在电位差，一般晶粒是阴极，而晶界能量高、不稳定，为阳极，如图 8.2(b) 所示。合金中如果存在第二相，也能形成微电池。通常第二相是阴极相，基体为阳极相，但有些铝合金的第二相为阳极，如 Mg 质量分数大于 3% 的 Al-Mg 合金。此外，合金凝固时引起成分偏析，也能形成微电池。

(3) 金属表面物理状态不均匀。例如，金属的各部分变形、加工不均匀、晶粒畸变都会导致形成微电池。一般形变大、内应力大的部分为阳极区，易被腐蚀，如图 8.2(c) 所示。此外，温差、光照等不均匀，也可形成微电池。

(4) 表面膜不完整。无论是金属表面形成的钝化膜，还是镀覆的阴极性金属镀层，由于存在孔隙或发生破损，使该处裸露的金属基体的电位较负，构成腐蚀微电池，孔隙或破损处作为阳极被腐蚀，如图 8.2(d) 所示。

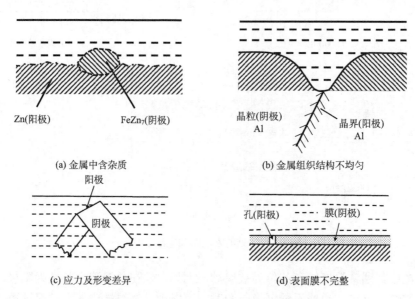

(a) 金属中含杂质

(b) 金属组织结构不均匀

(c) 应力及形变差异

(d) 表面膜不完整

图 8.2　常见的微观腐蚀电池示意图

8.3　金属的腐蚀形态

8.3.1　全面腐蚀

金属腐蚀的形态可分为全面腐蚀和局部腐蚀两大类。全面腐蚀是最常见的一种腐蚀形态，其特征是在金属与介质接触的整个表面上都发生腐蚀。按腐蚀的均匀程度可将全面腐蚀分为均匀和不均匀的全面腐蚀。在金属的材质和腐蚀环境都较均匀时，腐蚀在整体表面上大致相同，表现出均匀腐蚀。在均匀腐蚀中电化学反应发生于全部暴露的表面或绝大部分的表面上，各处的腐蚀速率基本相同。均匀腐蚀中，均匀的含义是相对于不均匀腐蚀或局部腐蚀而言的。在这里对全面腐蚀的讨论仅限于均匀腐蚀。

构成均匀腐蚀过程的腐蚀原电池是微观腐蚀电池。它的微阳极与微阴极的位置是变换不定的，阳极和阴极没有空间和时间差别，整个金属表面在溶液中都处于活性状态，金属表面各处只有能量随时间起伏变化，能量高处为阳极，低处为阴极。因此，在均匀腐蚀下整个金属表面处于同一个电极电势，即自然腐蚀电位。在此电位下，在整个电极表面上均匀地进行金属的溶解。发生全面腐蚀的条件是腐蚀介质能够均匀地抵达金属表面的各部位，而且金属的成分和组织结构比较均匀。全面腐蚀的腐蚀产物对基体金属可能产生一定的保护作用，导致表面的钝化或腐蚀速率降低。

8.3.2　局部腐蚀

局部腐蚀是指在金属表面局部的区域上发生严重的腐蚀，而表面的其他部分未遭受腐蚀破坏或者腐蚀破坏程度相对较小。局部腐蚀一般比全面腐蚀的危害严重得多，有一些局部腐蚀往往是突发性和灾难性的。例如，设备或管道穿孔破裂造成可燃可爆或有毒流体泄漏，从而引起火灾、爆炸、污染环境等事故。

局部腐蚀是由金属表面存在电化学不均匀性，或腐蚀介质存在浓度差别产生局部不均一引起的。一般情况下，构成局部腐蚀的腐蚀电池阳极区面积很小，阴极区面积相对很大，因此阳极电流密度远高于阴极电流密度，导致金属表面上局部腐蚀程度大大加剧，产生严重的局部腐蚀形态。局部腐蚀的腐蚀产物一般起不到保护作用，往往起到加剧金属局部腐蚀的作用。

常见的局部腐蚀有孔蚀、缝隙腐蚀、晶间腐蚀、应力腐蚀等。

1. 孔蚀

孔蚀是一种高度局部的腐蚀形态。孔有大有小，多数情况下孔比较小，一般情况下孔直径等于或小于深度，也有些情况为碟形浅孔。小而深的孔可能使金属板穿透，引起物料流失、火灾、爆炸等事故。它是破坏性和隐患最大的腐蚀形态之一。

孔蚀通常发生在表面有钝化膜或有保护膜的金属上，如不锈钢、钛、铝合金等。由于金属表面存在缺陷(露头的螺位错、非金属夹杂物等)和液体内存在能破坏钝化膜的活性离子(如 Cl^-、Br^-)，钝化膜在局部被破坏，微小的膜破口处的金属成为阳极，其电流高度集中，破口周围大面积的膜成为阴极，因此腐蚀迅速向内发展，形成孔蚀。

当孔蚀形成不久，孔内的氧很快耗尽，因此只有阳极反应在孔内进行，很快就积累了带正电荷的金属离子。为了保持电中性，带负电的 Cl^- 从外部溶液扩散到孔内，形成的金属(Fe、Cr)氯化物水解，产生盐酸，导致孔内 pH 下降，变为酸性，盐酸使更多的金属溶解，又有更多的 Cl^- 迁入孔内，加速腐蚀。

2. 缝隙腐蚀

缝隙腐蚀发生在缝隙内(如焊缝、铆缝、垫片或沉积物下面的缝隙)，起源于侵蚀溶液中的金属离子和溶解气体在缝隙内外浓度不均匀而形成电位差，在阳极区出现氧化过程，在阴极区出现某些还原过程(如 O_2 的还原等)，进而建立起电化学电池。其破坏形态为沟缝状，严重的可穿透基体。

缝隙腐蚀是比孔蚀更为普遍的局部腐蚀。遭受腐蚀的金属在缝内呈现深浅不一的蚀坑或深孔。与孔蚀一样，缝口常有腐蚀产物覆盖，形成闭塞电池。缝隙内是缺氧区，当缝隙内溶液中的溶解氧完全消耗掉而得不到补充时，缝隙内的钝化膜就开始还原性溶解。由此导致腐蚀产物金属盐逐渐浓缩，浓缩的金属盐水解又使缝隙内的 pH 下降，进一步加速了缝隙腐蚀。

缝隙腐蚀发生在金属表面既存的缝隙中。因此，在设备、容器设计中应尽量注意结构的合理性，尽可能避免形成缝隙和积液的死角。对于不可避免的缝隙，要采取相应的保护措施。另外，尽量控制介质中溶解氧的浓度，使其低于 5×10^{-6} mol·L^{-1}，这样在缝隙处就很难形成氧浓差电池，使缝隙腐蚀难以启动。

3. 晶间腐蚀

腐蚀沿着金属或合金的晶粒边界或它的邻近区域发展，晶粒本身腐蚀很轻微，外表没有腐蚀迹象，这种腐蚀称为晶间腐蚀。这种腐蚀使晶粒间的结合力大大削弱，由金相显微镜可看到晶界呈现网状腐蚀。严重的晶间腐蚀可使金属失去强度和延展性，机械强度完全丧失。例如，遭受这种腐蚀的不锈钢，表面看起来还很光亮，但轻轻敲击便破碎成细粒。不锈钢、镍基合金、铝合金、镁合金等都是晶间腐蚀敏感性高的材料。

晶间腐蚀是在一定条件下，如热处理或冷加工，导致晶界处产生了化学和组成上的变化，晶粒与晶界之间存在一定的电位差引起的局部腐蚀。以奥氏体不锈钢为例，当焊接时，焊缝两侧 2~3 mm 处可被加热到 400~910℃，在这个温度（敏化温度）下晶界的铬和碳易化合形成 Cr_3C_6，Cr 从固溶体中沉淀出来，晶粒内部的 Cr 扩散到晶界很慢，晶界就成了贫铬区，铬量可降到远低于 11% 的下限，在适合的腐蚀溶液中就形成"碳化铬晶粒（阴极）-喷铬区（阳极）"电池，使晶界贫铬区腐蚀。

4. 应力腐蚀

合金在腐蚀和一定方向的拉应力同时作用下产生破裂，称为应力腐蚀破裂。应力腐蚀的裂纹扩展速率一般在 10^{-9}~10^{-6} $m·s^{-1}$。裂缝形态有两种：沿晶界发展，称晶间破裂；缝穿过晶粒，称穿晶破裂，也有混合型，如主缝为晶间型，支缝或尖端为穿晶型。应力腐蚀过程是渐进缓慢的，当达到某一临界尺寸，剩余的断面不能承受外载时，就会突然发生断裂，发生突发性事故，是最危险的腐蚀形态之一。

满足以下条件时产生应力腐蚀：

(1) 存在拉应力（如焊接、冷加工产生的残余应力），如果存在压应力则可抑制这种腐蚀。

(2) 只发生在特定的体系，不同的合金只有在其特定的介质中才能发生应力腐蚀，如奥氏体不锈钢/Cl^- 体系、碳钢/NO_3^- 体系、铜合金/NH_4^+ 体系等。表 8.2 给出了一些常见合金能发生应力腐蚀的特定介质。

表 8.2　发生应力腐蚀的材料-介质组合

材料	化学介质
铝合金	含 Cl^-、Br^-、I^- 的水溶液，潮湿的工业大气，海洋大气，含 SO_2 的大气等
镁合金	湿空气、高纯水、$KCl+K_2CrO_4$ 水溶液等
铜合金	铵离子、氨、含 SO_2 的大气、三氯化铁、硝酸溶液等
镍合金	热浓氢氧化物、氢氟酸蒸气
钛合金	氯化物水溶液、熔盐、甲醇、发烟硝酸、有机酸等
锆合金	热盐溶液，含 Cl^-、Br^-、I^- 的甲酸，CCl_4、$CHCl_3$、卤素蒸气等
碳钢，低合金钢	NaOH 水溶液、硝酸盐水溶液、碳酸盐水溶液、液体氨、H_2S 水溶液等
高强度钢	水、海水、H_2S 水溶液、HCN 溶液等
奥氏体不锈钢	氯化物水溶液、高温水、H_2S 水溶液、NaOH 水溶液等
马氏体不锈钢	氯化物水溶液等

应力腐蚀破裂的发生和发展可分为三个阶段：①金属表面生成钝化膜或保护膜；②膜局部破裂，产生蚀孔或裂缝源；③裂缝内发生加速腐蚀，在拉应力作用下，以垂直方向深入金属内部。

按照电化学观点，应力腐蚀破裂基本可以分为两大类。一类是裂缝尖端处于阳极区，阳极快速溶解占主导地位，称为应力-阳极开裂，又称为应力腐蚀破裂。例如，奥氏体不锈钢在含氧环境内发生钝化，表面产生钝化膜。在应力和活性离子 Cl⁻共同作用下，应力处的钝化膜很容易被破坏形成裂缝。膜破口处的金属成为阳极，破口周围大面积的膜成为阴极，发生腐蚀，继而又在裂缝内形成闭塞区，加速腐蚀。另一类是裂缝尖端处于阴极区，发生阴极析氢反应，导致大量氢原子进入金属内部，引起局部脆化，发生脆性破裂，然后裂尖又进入酸性溶液，裂缝在腐蚀和脆裂的反复作用下迅速发展，这种形式的破裂称为应力-阴极开裂，又称为环境氢脆。

8.4　金属腐蚀速率的标定

金属材料遭受腐蚀后，其外观形态、质量、外形尺寸、机械强度、组织结构等都会发生变化。对于金属腐蚀，人们最关心的是腐蚀速率。只有知道准确的腐蚀速率，才能选择合理的防蚀措施，以及为结构设计提供依据。由于腐蚀破坏的形式多种多样，因此评定腐蚀程度的方法也很多，常用质量、厚度(深度)、腐蚀析气的容量或电流指标标定腐蚀速率。

8.4.1　质量法

质量标定指标是指单位时间内、单位表面积上损失的质量，以 $g \cdot m^{-2} \cdot h^{-1}$ 计，就是把金属因腐蚀而发生的质量变化换算成相当于单位金属面积与单位时间内的质量变化的数值。它又分为失重法和增重法两种。失重法是根据腐蚀后试样质量的减小，利用式(8.1)表征腐蚀速率：

$$v_{失} = \frac{m_0 - m_1}{S \cdot t} \tag{8.1}$$

式中，$v_{失}$ 为腐蚀速率$(g \cdot m^{-2} \cdot h^{-1})$；$m_0$ 为金属的初始质量(g)；m_1 为消除了腐蚀产物后金属的质量(g)；S 为金属的表面积(m^2)；t 为腐蚀时间(h)。

腐蚀后腐蚀产物完全牢固地附着在试样表面时，金属质量增加，可用式(8.2)计算腐蚀速率。

$$v_{增} = \frac{m_2 - m_0}{S \cdot t} \tag{8.2}$$

式中，$v_{增}$ 为腐蚀速率$(g \cdot m^{-2} \cdot h^{-1})$；$m_0$ 为金属的初始质量(g)；m_2 为带有腐蚀产物的金属的质量(g)；S 为金属的表面积(m^2)；t 为腐蚀时间(h)。

8.4.2　厚度法

金属腐蚀后，外形尺寸会发生变化，一般都是减薄。可以根据单位时间内金属因腐蚀而减薄的平均厚度评定其腐蚀程度，以 $mm \cdot a^{-1}$ 计。厚度法能更直观地反映出全面腐蚀的严重程度，具有更大的实用意义。由它可以直接估算出设备的使用寿命，同时可以对不同密度的金属腐蚀程度进行直接比较。

厚度法和质量法之间可以进行换算，换算关系如下：

$$K_{深度} = \frac{v_{失}}{\rho} \times \frac{24 \times 365}{1000} = 8.76 \times \frac{v_{失}}{\rho} \tag{8.3}$$

式中，$K_{深度}$ 为腐蚀深度（mm·a^{-1}）；$v_{失}$ 为腐蚀速率（g·m^{-2}·h^{-1}）；ρ 为金属的密度（g·cm^{-3}）。

为了比较各种金属材料的耐腐蚀性能和选材的方便，根据金属材料腐蚀速率（$K_{深度}$）的大小，可将金属材料的耐腐蚀性分为四个等级，如表 8.3 所示。

表 8.3　金属耐腐蚀性的四级标准[1]

级别	腐蚀速率/(mm·a^{-1})	评价
一	<0.05	优良
二	0.05~0.5	良好
三	0.5~1.5	可用，但腐蚀较重
四	>1.5	不适用，腐蚀严重

8.4.3　容量法

许多金属在酸性溶液中，某些电负性强的金属在中性甚至是碱性溶液中，都会发生氢去极化作用而遭到腐蚀，同时析出氢气。其中，

阳极过程　　　　　　　　　　　$A \longrightarrow A^{n+} + ne^-$

阴极过程　　　　　　　$nH^+ + ne^- \longrightarrow (n/2)H_2$

测出一定时间（t）内的析氢体积 V_{H_2}，可以推算出溶解的金属 A 的质量，从而得到金属 A 的腐蚀速率。

根据理想气体状态方程：

$$pV_{H_2} = n_{H_2}RT \tag{8.4}$$

式中，$p = p_0 - p_{H_2O}$，故

$$n_{H_2} = (p_0 - p_{H_2O})V_{H_2}/RT \tag{8.5}$$

因此金属 A 的腐蚀速率为

$$v_{失} = \frac{2M(p_0 - p_{H_2O})V_{H_2}}{RTSt} \tag{8.6}$$

式中，$v_{失}$ 为金属的腐蚀速率（g·m^{-2}·h^{-1}）；p_0 为大气压（Pa）；p_{H_2O} 为测量温度下水蒸气分压（Pa）；T 为测量温度（K）；V_{H_2} 为氢气体积（m^3）；R 为摩尔气体常量；M 为金属的原子量；S 为金属在介质中的暴露面积（m^2）；t 为金属腐蚀的时间（h）。

容量法也可用于吸氧腐蚀过程，此时阴极反应为

$$O_2 + 2H_2O + 4e^- \longrightarrow 4OH^-$$

测定一定容积中氧气的减少量即可计算出相应的金属腐蚀速率，计算方法与析氢过程类似。

8.4.4　电流法

在腐蚀电池中，若阳极反应的电流以 I_a 表示，阴极反应的电流以 I_c 表示，当金属处于自腐蚀状态时，$I_a = I_c = I_{corr}$（I_{corr} 为腐蚀电流），体系不会有净的电流积累，体系将处于稳定状态。处于自腐蚀状态下的腐蚀金属电极虽然没有外电流通过，但是由于腐蚀金属电极阳极溶解过程和去极化剂的阴极还原过程的发生而互相极化，低电位的金属作为阳极向正方向极化，电极电势不断升高；高电位的阴极向负方向极化，电极电势不断下降，直至阴、阳极达到相同的电位——自腐蚀电位，用 E_{corr} 表示。

电化学中，稳定状态所对应的电位称为稳定电位，又称为混合电位或开路电位。因此，在金属腐蚀科学中，混合电位就是金属的自腐蚀电位。应当注意的是，稳定状态和平衡状态是完全不同的概念。平衡状态是单一电极反应的物质交换和电荷交换都达到平衡因而没有物质积累和电荷积累的状态；而稳定状态则是两个（或两个以上）电极反应构成的共轭体系没有电荷积累却有产物生成和积累的非平衡状态。

在自腐蚀电位下，腐蚀反应的阳极电流值等于阴极电流值，但这些电极反应除了极少数之外，都处于不可逆地向某一方向进行的状态，所以自腐蚀电位不是平衡电势，也就不是热力学参数。另外，腐蚀金属电极表面状态不是绝对均匀的，只能近似地把腐蚀金属电极表面看作是均匀的，认为阴、阳极电流密度相等。

如果阳极反应仅仅是金属的氧化反应，而造成金属的腐蚀破坏，那么阳极反应产生的电流 I_a 就是金属的自腐蚀电流 I_{corr}。根据法拉第定律，阳极上金属腐蚀的量与体系通过的电流强度和通电时间成正比，金属腐蚀溶解的量与腐蚀电池的自腐蚀电流存在严格的一一对应关系，如式（8.7）所示。

$$\Delta m = \frac{3600 M I_{corr} t}{nF} \tag{8.7}$$

因此，

$$v_{失} = \frac{\Delta m}{St} = \frac{3600 M I_{corr}}{SnF} = \frac{3600 M i_{corr}}{nF} = 3.73 \times 10^{-4} \times \frac{M i_{corr}}{n} \tag{8.8}$$

式（8.7）和式（8.8）中，Δm 为阳极上金属被氧化腐蚀的质量（g）；n 为 1 mol 金属发生氧化腐蚀时的电子转移摩尔数；M 为腐蚀金属的原子量；F 为法拉第常量（96500 C·mol^{-1}）；I_{corr} 为自腐蚀电流（A）；t 为时间（h）；S 为阳极面积（m^2）；i_{corr} 为自腐蚀电流密度（A·cm^{-2}）；$v_{失}$ 为金属腐蚀速率（g·m^{-2}·h^{-1}）。

8.5　测定金属自腐蚀速率的电化学方法

8.5.1　金属腐蚀动力学基本方程

由于金属的阳极溶解反应一般都是由活化极化控制，浓差极化的影响并不显著，因此可以认为金属的阳极溶解过程总是由活化极化控制，而去极化剂的阴极还原过程既可以由活化极化控制（如氢离子的还原过程），也可以由浓差极化控制（如氧气的还原过程）。

当腐蚀金属上只存在两个电极反应，即金属阳极溶解反应和去极化剂阴极还原反应，并且这两个电极反应都是由活化极化控制，浓差极化可以忽略时，根据单电极反应的Butler-Volmer 公式，可得到阳极反应（金属溶解）的电流密度和阴极反应（去极化剂的还原反应) 的电流密度和电极电势间的关系：

$$i_a = i_a^0 \left\{ \exp\left[\frac{\beta_a n_a F (\varphi - \varphi_{e,a})}{RT} \right] - \exp\left[-\frac{\alpha_a n_a F (\varphi - \varphi_{e,a})}{RT} \right] \right\} \tag{8.9}$$

$$i_c = i_c^0 \left\{ \exp\left[\frac{\alpha_c n_c F (\varphi - \varphi_{e,c})}{RT} \right] - \exp\left[-\frac{\beta_c n_c F (\varphi - \varphi_{e,c})}{RT} \right] \right\} \tag{8.10}$$

式 (8.9) 和式 (8.10) 中，下角标 a 和 c 分别代表阳极反应和阴极反应；i^0 为交换电流密度；φ_e 为电极反应的平衡电势。

在腐蚀电池中，自腐蚀电位距离阴、阳极反应的平衡电势都比较远，即这两个反应都处于强极化的条件下，因此 Butler-Volmer 公式中金属腐蚀动力学基本方程式中的第二项远小于第一项，故第二项可以忽略不计，于是得到

$$i_a = i_a^0 \exp\left[\frac{\beta_a n_a F (\varphi - \varphi_{e,a})}{RT} \right] \tag{8.11}$$

$$i_c = i_c^0 \exp\left[\frac{\alpha_c n_c F (\varphi - \varphi_{e,c})}{RT} \right] \tag{8.12}$$

当腐蚀金属上通过外电流时，腐蚀金属的电极电势偏离自腐蚀电位的现象称为腐蚀体系的极化，相应的外电流称为腐蚀体系的外加极化电流。如向腐蚀金属电极施加外加的阳极极化电流，则腐蚀金属电极发生阳极极化，这时将加快腐蚀金属的溶解速率 i_a，而使去极化剂的还原反应速率 i_c 减小，两者之差即为外加的阳极极化电流密度 i_A。

$$i_A = i_a - i_c = i_a^0 \exp\left[\frac{\beta_a n_a F (\varphi - \varphi_{e,a})}{RT} \right] - i_c^0 \exp\left[\frac{\alpha_c n_c F (\varphi - \varphi_{e,c})}{RT} \right] \tag{8.13}$$

如向腐蚀金属电极施加外部的阴极极化电流，则腐蚀金属电极发生阴极极化，这时将加快去极化剂的还原反应速率 i_c，而腐蚀金属的溶解速率 i_a 降低，两者之差即为外加的阴极极化电流密度 i_C。

$$i_C = i_c - i_a = i_c^0 \exp\left[\frac{\alpha_c n_c F (\varphi - \varphi_{e,c})}{RT} \right] - i_a^0 \exp\left[\frac{\beta_a n_a F (\varphi - \varphi_{e,a})}{RT} \right] \tag{8.14}$$

当金属处于自腐蚀电位时，外测电流为零，腐蚀反应的阳极电流值等于阴极电流值，腐蚀金属电极的电位就是自腐蚀电位，即

$$i_a = i_c = i_{corr} \tag{8.15}$$

$$i_a = i_a^0 \exp\left[\frac{\beta_a n_a F (\varphi_{corr} - \varphi_{e,a})}{RT} \right] \tag{8.16}$$

$$i_c = i_c^0 \exp\left[\frac{\alpha_c n_c F (\varphi_{corr} - \varphi_{e,c})}{RT} \right] \tag{8.17}$$

因此，

$$i_a^0 = \frac{i_{corr}}{\exp\left[\dfrac{\beta_a n_a F(\varphi_{corr} - \varphi_{e,a})}{RT}\right]} \tag{8.18}$$

$$i_c^0 = \frac{i_{corr}}{\exp\left[\dfrac{\alpha_c n_c F(\varphi_{corr} - \varphi_{e,c})}{RT}\right]} \tag{8.19}$$

将式(8.18)、式(8.19)分别代入式(8.13)和式(8.14)中可得

$$i_A = i_{corr}\left\{\exp\left[\frac{\beta_a n_a F(\varphi - \varphi_{corr})}{RT}\right] - \exp\left[\frac{\alpha_c n_c F(\varphi - \varphi_{corr})}{RT}\right]\right\} \tag{8.20}$$

$$i_C = i_{corr}\left\{\exp\left[\frac{\alpha_c n_c F(\varphi - \varphi_{corr})}{RT}\right] - \exp\left[\frac{\beta_a n_a F(\varphi - \varphi_{corr})}{RT}\right]\right\} \tag{8.21}$$

令 $b_A = \dfrac{2.3RT}{\beta_a n_a F}$, $b_C = \dfrac{2.3RT}{\alpha_c n_c F}$, 这样电化学极化下的极化曲线方程式便可以写为如下的一般形式:

$$i_A = i_{corr}\left\{\exp\left[\frac{2.3(\varphi - \varphi_{corr})}{b_A}\right] - \exp\left[\frac{2.3(\varphi - \varphi_{corr})}{b_C}\right]\right\} \tag{8.22}$$

$$i_C = i_{corr}\left\{\exp\left[\frac{2.3(\varphi - \varphi_{corr})}{b_C}\right] - \exp\left[\frac{2.3(\varphi - \varphi_{corr})}{b_A}\right]\right\} \tag{8.23}$$

若考虑电流正、负号, 式(8.23)也可以写成下面的形式:

$$-i_C = i_{corr}\left\{\exp\left[\frac{2.3(\varphi - \varphi_{corr})}{b_A}\right] - \exp\left[\frac{2.3(\varphi - \varphi_{corr})}{b_C}\right]\right\} \tag{8.24}$$

这样, 电化学极化下的极化曲线方程可以写成如下的一般形式:

$$i = i_{corr}\left[\exp\left(\frac{2.3\Delta\varphi}{b_A}\right) - \exp\left(-\frac{2.3\Delta\varphi}{b_C}\right)\right] \tag{8.25}$$

式中,　$\Delta\varphi = |\varphi - \varphi_{corr}|$。

式(8.25)称为活化极化控制下金属腐蚀动力学基本方程式, 它与单电极的 Butler-Volmer 公式形式相似。其中 i 为外测电流密度, b_A 和 b_C 分别为金属阳极溶解的以 10 为底对数 Tafel 斜率和去极化剂还原的以 10 为底对数 Tafel 斜率。此处的腐蚀电位 φ_{corr} 相当于 Butler-Volmer 公式中的平衡电势 φ_e, 腐蚀电流密度 i_{corr} 相当于交换电流密度 i^0。当 $\varphi = \varphi_{corr}$ 时, 腐蚀体系处于开路状态; 当 $\varphi > \varphi_{corr}$ 时, 腐蚀体系处于阳极极化状态; 当 $\varphi < \varphi_{corr}$ 时, 腐蚀体系处于阴极极化状态。

图 8.3(a)是 $\Delta\varphi$ 对 i 所作出的活化极化控制的腐蚀金属电极的极化曲线, 图中的两条虚线分别表示金属阳极溶解反应和去极化剂阴极还原反应的 φ-i 曲线。图 8.3(b)是将 $\Delta\varphi$ 对 $\lg i$ 所作出的活化极化控制的腐蚀金属电极的极化曲线, 实线表示实测的极化曲线, 两条虚线分别

表示金属阳极溶解反应和去极化剂阴极还原反应的 φ-$\lg i$ 曲线。

如果腐蚀过程的阴极反应速率不仅取决于去极化剂在金属电极表面的电化学还原步骤，还受溶液中去极化剂的扩散过程影响，情况会复杂些。在阴极还原过程有浓差极化时，阴极电流密度的绝对值与电极电势的关系为

$$|i_C| = \left(1 - \frac{|i_c|}{i_L}\right) i_c^0 \exp\left[\frac{\alpha_c n_c F (\varphi - \varphi_{e,c})}{RT}\right] \tag{8.26}$$

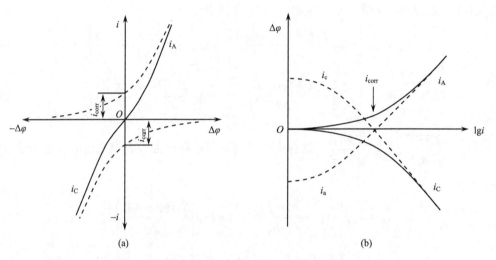

(a)　　　　　　　　　　　　　　　(b)

图 8.3　活化极化控制的腐蚀金属电极的极化曲线

式中，i_L 为阴极极限扩散电流密度。

将 $\varphi = \varphi_{corr}$ 时的 $|i_c| = i_{corr}$ 代入式(8.26)，得

$$|i_C| = \frac{i_{corr} \exp\left(-\dfrac{\alpha_c n_c F \Delta\varphi}{RT}\right)}{1 - \dfrac{i_{corr}}{i_L}\left[1 - \exp\left(-\dfrac{\alpha_c n_c F \Delta\varphi}{RT}\right)\right]} \tag{8.27}$$

从而得到腐蚀金属电极的极化曲线方程式：

$$i = i_{corr}\left\{\exp\frac{2.3\Delta\varphi}{b_A} - \frac{\exp\left(-\dfrac{2.3\Delta\varphi}{b_C}\right)}{1 - \dfrac{i_{corr}}{i_L}\left[1 - \exp\left(-\dfrac{2.3\Delta\varphi)}{b_C}\right)\right]}\right\} \tag{8.28}$$

在一定条件下，若腐蚀过程的速率受阴极扩散过程控制，如图 8.4 所示，则腐蚀电流密度等于阴极反应的扩散电流密度的绝对值，即 $i_{corr} \approx i_L$，此时从式(8.28)得到：

$$i = i_{corr}\left(\exp\frac{2.3\Delta\varphi}{b_A} - 1\right) \tag{8.29}$$

需要注意的是，上述这些公式的推导是在假定溶液电阻可忽略不计，而且是均匀腐蚀的前提下得到的。如果是局部腐蚀，则电流密度应改为电流强度。

金属腐蚀动力学基本方程式是电化学方法测定金属腐蚀速率的理论基础，根据金属腐蚀动力学基本方程式可以测量金属腐蚀速率 i_{corr} 和 Tafel 常数 b_A 和 b_C。金属自腐蚀电流可以从腐蚀体系的阴、阳极极化曲线获得，分为 Tafel 直线外推法、线性极化法及三点法。

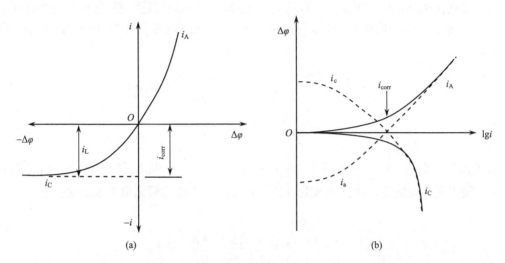

图 8.4　腐蚀速率受阴极反应扩散控制时腐蚀金属电极的极化曲线

8.5.2　强极化区的 Tafel 直线外推法求自腐蚀速率

根据极化曲线的 Tafel 直线可以测定金属的腐蚀速率。因为当用直流电对腐蚀金属电极进行大幅度（一般 $\eta \geqslant 118/n$ mV）极化（强极化）时，可以认为腐蚀金属电极的表面上只有一个电极反应进行，真实极化曲线呈直线并与理想极化曲线重合。当对电极进行阳极极化，在强极化区，阴极分支电流 $i_C = 0$，

$$i_A = i_{corr} \exp\left(\frac{2.3\Delta\varphi}{b_A}\right) \qquad (8.30)$$

或　　　　　$\Delta\varphi = b_A \lg i_A - b_A \lg i_{corr}$ 　　　(8.31)

同理，当对腐蚀金属电极进行阴极极化，在强极化区，阳极分支电流 $i_A = 0$，

$$i_C = i_{corr} \exp\left(-\frac{2.3\Delta\varphi}{b_C}\right) \qquad (8.32)$$

或　　　　　$\Delta\varphi = -b_C \lg|i_C| + b_C \lg i_{corr}$ 　　　(8.33)

式(8.31)和式(8.33)为极化值 $\Delta\varphi$ 与极化电流密度之间的半对数关系。可以看出在强极化区，$\Delta\varphi$ 与 $\lg i$ 呈直线关系，$\Delta\varphi$ 对 $\lg i$ 作图可得直线，此直线称

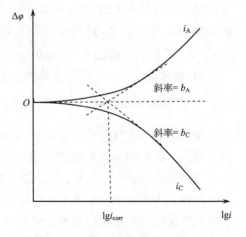

图 8.5　强极化区 Tafel 直线外推法
　　　　求金属自腐蚀电流

为 Tafel 直线，由相应的直线的斜率可以分别求得阳极 Tafel 斜率 b_A 和阴极 Tafel 斜率 b_C。将这两条直线延长到 $\Delta\varphi = 0$（即 $\varphi = \varphi_{corr}$）处，两条 Tafel 直线的交点所对应的电流就是腐蚀电流，如图 8.5 所示。

8.5.3　微极化区线性极化法求自腐蚀速率

线性极化法也称极化电阻法。一般认为，$\Delta\varphi$ 在 $\pm 10\ \text{mV}$ 范围内的极化称为微极化。在微极化下，腐蚀金属电极的极化曲线方程式(8.25)按泰勒级数展开可得（由于 $\Delta\varphi$ 很小，级数中的高次项忽略）：

$$i = i_{corr}\left(\frac{2.3\Delta\varphi}{b_A} + \frac{2.3\Delta\varphi}{b_C}\right) = \frac{2.3(b_A + b_C)}{b_A b_C} i_{corr}\Delta\varphi \tag{8.34}$$

或

$$\Delta\varphi = \frac{b_A b_C}{2.3(b_A + b_C)\ i_{corr}} i \tag{8.35}$$

由式(8.35)可见，在 $\Delta\varphi = 0$ 附近（$\Delta\varphi < 10\ \text{mV}$）存在一个极化区间，此区间内过电位与极化电流密度呈正比关系，极化曲线为直线，直线的斜率称为极化电阻 R_p，即

$$R_p = \left(\frac{\mathrm{d}\Delta\varphi}{\mathrm{d}i}\right)_{\Delta\varphi\to 0} = \frac{b_A b_C}{2.3(b_A + b_C)\ i_{corr}} \tag{8.36}$$

因此，

$$i_{corr} = \frac{b_A b_C}{2.3(b_A + b_C)} \times \frac{1}{R_p} \tag{8.37}$$

令

$$B = \frac{b_A b_C}{2.3(b_A + b_C)}$$

则

$$i_{corr} = \frac{B}{R_p} \tag{8.38}$$

式(8.36)和式(8.38)是活化极化控制下的腐蚀体系的极化电阻与腐蚀电流之间存在的线性极化关系的基本公式(斯特恩公式)。从式(8.38)看出，极化电阻 R_p 与腐蚀电流 i_{corr} 成反比。如果已知 R_p 和 b_A、b_C 后就可以求得腐蚀电流 i_{corr}。对于大多数体系可以认为腐蚀过程中 b_A 和 b_C 是一个常数。确定 b_A 和 b_C 的方法有以下几种：

(1) 极化曲线法：在极化曲线的 Tafel 直线段求直线斜率 b_A、b_C。

(2) 根据电极过程动力学基本原理，由 $b_A = \dfrac{2.3RT}{\beta_a n_a F}$ 和 $b_C = \dfrac{2.3RT}{\alpha_c n_c F}$ 等公式求 b_A、b_C。该法的关键是要正确选择传递系数 α 值（α 值为 0～1），这要求对体系的电化学特征了解得比较清楚。例如，在各种金属上 20℃下析氢反应 $\alpha \approx 0.5$，所以 b_C 值为 0.1～0.12 V。

(3) 查表或估计 b_A 和 b_C。对于活化极化控制的体系，b 值范围很宽，一般为 0.03～0.18 V，大多数体系落在 0.06～0.12 V，如果不要求精确测定体系的腐蚀速率，只是筛选大量材料和缓蚀剂以及现场监控求相对腐蚀速率时，这也是一种可用的方法。已有许多文献资料介绍了一些常见腐蚀体系的 b 值，可以查表获取，关键是要注意针对相同的腐蚀体系在相同的实验条件和采用相同的测量方法时，才能尽量避免误差带来的影响。

8.5.4　弱极化区三点法求自腐蚀速率

弱极化区是指位于线性微极化区和 Tafel 强极化区之间的极化区间，过电位为 10～70 mV。由于强极化对腐蚀体系扰动太大，而线性极化法的近似处理会带来一定误差，因此巴纳特(Barnartt)等提出处理弱极化区的三点法和四点法，即利用弱极化区的数据测定腐蚀速率。这是一种精确测定金属腐蚀速率的电化学测量方法。

三点法是在弱极化区选定三个适当的过电位值，根据所取三点的实验数据，结合金属腐蚀速率基本方程式推算出腐蚀速率 i_{corr} 和 Tafel 斜率 b_A、b_C。例如，如图 8.6 所示，在弱极化区选择三点，第一点 A_1 处的阳极过电位等于$\Delta\varphi$，电流密度为 i_{A_1}；第二点 A_2 处的阳极过电位等于 $2\Delta\varphi$，电流密度为 i_{A_2}；第三点 C 处的阴极过电位等于$-2\Delta\varphi$，电流密度为 i_C。根据金属腐蚀速率基本方程式(8.25)可得

$$i_{A_1} = i_{corr}\left[\exp\left(\frac{2.3\Delta\varphi}{b_A}\right) - \exp\left(-\frac{2.3\Delta\varphi}{b_C}\right)\right] \tag{8.39}$$

$$i_{A_2} = i_{corr}\left[\exp\left(\frac{4.6\Delta\varphi}{b_A}\right) - \exp\left(-\frac{4.6\Delta\varphi}{b_C}\right)\right] \tag{8.40}$$

$$i_C = i_{corr}\left[\exp\left(\frac{-4.6\Delta\varphi}{b_A}\right) - \exp\left(\frac{4.6\Delta\varphi}{b_C}\right)\right] \tag{8.41}$$

令 $u = \exp\left(\dfrac{2.3\Delta\varphi}{b_a}\right)$、$v = \exp\left(-\dfrac{2.3\Delta\varphi}{b_C}\right)$，则

$$i_{A_1} = i_{corr}\left(u - v\right) \tag{8.42}$$

$$i_{A_2} = i_{corr}\left(u^2 - v^2\right) \tag{8.43}$$

$$i_C = i_{corr}\left(u^{-2} - v^{-2}\right) \tag{8.44}$$

因此，根据所取三点的实验数据$(\Delta\varphi, i_{A_1})$、$(2\Delta\varphi, i_{A_2})$、$(-2\Delta\varphi, i_C)$，推算出腐蚀速率 i_{corr} 和 Tafel 斜率 b_A、b_C。

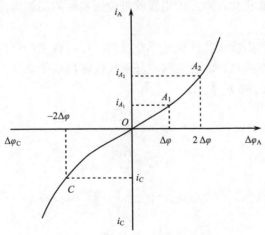

图 8.6　三点法测金属自腐蚀速率

8.6　伊文斯腐蚀极化图及其应用

8.6.1　腐蚀极化图

　　腐蚀极化图最早由英国科学家伊文斯(Evans)提出，因此也称伊文斯腐蚀极化图，是把腐蚀电池中阴、阳极过程的理想极化曲线绘制在同一张图上，忽略电位随电流变化的细节，将极化曲线画成直线的形式。图 8.7 是图 8.3(b)中的虚线(理想极化曲线)所对应的腐蚀极化图。因为腐蚀电池的阴、阳极的面积通常是不相等的，但阴极和阳极上的电流总是相等的，因此在腐蚀极化图中，一般横坐标是电流强度，而不是电流密度。

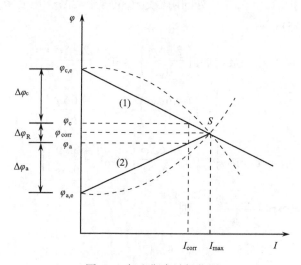

图 8.7　伊文斯腐蚀极化图

　　图 8.7 中阴、阳极的起始电位就是阴极反应和阳极反应的平衡电势，分别用 $\varphi_{c,e}$ 和 $\varphi_{a,e}$ 表示。若忽略溶液的欧姆电阻，腐蚀极化图有一个交点 S，S 点对应的电位即为这一对共轭反应的腐蚀电位 φ_{corr}，与此电位对应的电流即为腐蚀电流 I_{corr}。如果不能忽略金属表面膜电阻或溶液电阻，则极化曲线不能相交，对应的电流就是金属实际的腐蚀电流，它要小于没有欧姆电阻时的电流 I_{max}。

　　腐蚀过程中的阴极和阳极极化性能是不一样的，可用腐蚀极化图中极化曲线的斜率表示其极化程度。图 8.7 中直线(1)和(2)的斜率分别代表腐蚀电化学体系的阴极过程和阳极过程的平均极化率，分别用 P_c 和 P_a 表示。

$$P_c = \frac{\Delta\varphi_c}{I_{corr}} \tag{8.45}$$

$$P_a = \frac{\Delta\varphi_a}{I_{corr}} \tag{8.46}$$

　　因为金属电化学腐蚀的推动力为 $\varphi_{c,e} - \varphi_{a,e}$，腐蚀的阻力为 P_c、P_a 和腐蚀电池体系的 R，因此

$$I_{\text{corr}} = \frac{\varphi_{\text{c,e}} - \varphi_{\text{a,e}}}{P_{\text{c}} + P_{\text{a}} + R} \tag{8.47}$$

$$\varphi_{\text{c,e}} - \varphi_{\text{a,e}} = I_{\text{corr}}(P_{\text{c}} + P_{\text{a}} + R) = |\Delta\varphi_{\text{a}}| + |\Delta\varphi_{\text{c}}| + \Delta\varphi_{R} \tag{8.48}$$

即金属电极阳极反应和阴极反应的起始电位的差值等于阴极和阳极的极化值加上腐蚀电池体系的欧姆极化值，这个电位差就用来克服体系中的这三个阻力。

8.6.2　腐蚀极化图的应用

从式(8.47)可以看出，腐蚀电池的腐蚀电流的大小在很大程度上被 P_{c}、P_{a} 和 R 控制，所有这些参数都可能成为腐蚀的控制因素。利用腐蚀极化图，可以定性地说明腐蚀电流受哪一个因素控制。当 R 很小时，如果 $P_{\text{c}} \gg P_{\text{a}}$，则腐蚀电流基本上由 P_{c} 的大小决定，即取决于阴极极化性能，称为阴极控制。在阴极控制下，任何增大阴极极化率的因素都将使腐蚀明显减小，而任何影响阳极反应的因素都不会使腐蚀速率发生显著的变化。如果 $P_{\text{a}} \gg P_{\text{c}}$，则腐蚀电流基本上由 P_{a} 的大小决定，即取决于阳极极化性能，称为阳极控制。此时，任何增大阳极极化率的因素都将使腐蚀速率减小，而任何影响阴极反应的因素都不会使腐蚀速率发生显著的变化。如果 P_{c} 和 P_{a} 相差不大，则称为混合控制。在混合控制下，任何促进阴、阳极反应的因素都将使腐蚀电流较显著增加，而且增大 P_{a} 和 P_{c} 的因素都将使腐蚀电流显著减小。如果腐蚀系统的欧姆电阻 R 很大，$R \gg (P_{\text{a}} + P_{\text{c}})$，则腐蚀电流主要由欧姆电阻决定，称为欧姆电阻控制。欧姆电阻越大，腐蚀电流越小。图 8.8 为不同腐蚀控制过程的腐蚀极化图。

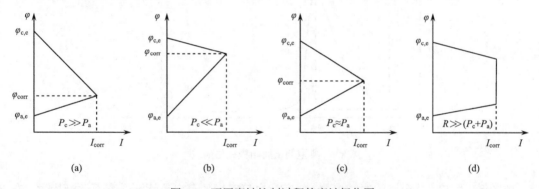

图 8.8　不同腐蚀控制过程的腐蚀极化图

腐蚀极化图分析是腐蚀研究中的重要手段。根据腐蚀极化图可以定出该体系的腐蚀电位和最大的腐蚀电流。从阴、阳极的起始电位差值可说明腐蚀倾向。从曲线斜率大小可说明腐蚀反应的难易程度，分析腐蚀速率的主要影响因素，从而采取措施控制腐蚀。例如，Fe 在中性或碱性溶液中的腐蚀就是氧的阴极还原过程控制。除去溶液中的氧，可使腐蚀速率明显降低，而采用缓蚀剂，腐蚀速率的变化就不明显。但是，如果腐蚀过程是由阳极控制，向溶液中加入少量能促使阳极钝化的缓蚀剂，则可大大降低腐蚀速率。

8.7　金属的电化学保护

研究金属腐蚀的目的是提出高效、价廉而易行的措施以避免或减缓金属的腐蚀。由于金属电化学腐蚀的机理复杂，影响因素千差万别，在防腐实践中，人们研究了多种应对金属腐蚀的措施和方法，包括改善金属的本质、形成保护层、添加缓蚀剂和电化学保护法。其中电化学保护法是金属腐蚀防护的重要方法，广泛应用于船舶、海洋工程、石油、化工等领域。

金属的电化学保护是指运用电化学原理，通过改变金属的电极电势，使其极化到金属电位-pH 图中的免蚀区或钝化区，从而降低金属腐蚀速率的一种方法。电化学保护分阳极保护法和阴极保护法两大类。

8.7.1　阳极保护法

阳极保护法是把需要保护的金属作阳极，在一定外加电压范围内进行阳极极化，使表面形成耐腐蚀的钝化膜并维持其钝化状态，显著降低金属腐蚀速率的电化学保护措施。

当阳极的电极材料为金属(Pt 或 Au 除外)时，通电后金属阳极将失去电子变成金属离子，溶解到电解质溶液中。电极电势越正，金属的溶解速率越大。但是，当电位增至一定值后，继续增大电位，有些金属的溶解速率反而减小，这种现象称为阳极钝化或电化学钝化。金属表面钝化后所处的非活化状态称为钝态。图 8.9 为典型的可钝化金属电极的阳极极化曲线，Fe、Cr、Ni 等金属及其合金在一定的介质条件下，都有类似的阳极极化曲线。

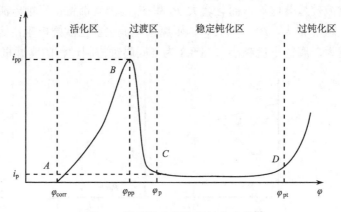

图 8.9　典型的金属阳极钝化曲线[2]

由图 8.9 可知，从金属的腐蚀电位 φ_{corr} 起，电流密度随着电位逐渐升高而逐渐增大，在 B 点达到最大值。当电位从 B 点继续增大时，电流密度却开始大幅度下降，到达 C 点后，电流密度保持一个很小的数值，而且在 CD 电位范围内，电流密度几乎不随电位的增加而改变。当电极电势超过 D 点后，电流密度又随电位升高而增大。因此，将阳极极化曲线划分成几个不同的区段：

(1)AB 段，称为活化区。在此区间，金属电极处于活化溶解状态，溶解速率受活化极化控制，其中直线部分为 Tafel 直线。腐蚀电位 φ_{corr} 对应的电流密度就是腐蚀电流密度 i_{corr}(A 点)。

(2)BC 段，活化-钝化过渡区。在此区间，电流密度随电极电势的增加迅速下降，金属表面开始发生钝化。B 点对应的电势 φ_{pp} 称为初始钝化电势，也称致钝电势，对应的临界电流密度称为致钝电流密度，用 i_{pp} 表示。在此电势区间，金属表面处于不稳定状态，有时电流密度会出现剧烈振荡。i_{pp} 的大小反映了致钝的难易程度，i_{pp} 越大，致钝越困难，因此一般希望 i_{pp} 越小越好。

(3) CD 段，称为稳定钝化区。在此区间，电流密度通常很小，在 $\mu A \cdot cm^{-2}$ 数量级，而且几乎不随电势变化，因此金属几乎不溶解，处于完全钝化的稳定状态。此区间的微小电流密度称为维钝电流密度 i_p。i_p 是使金属在给定介质条件下维持钝态所需的电流密度。

(4) DE 段，过钝化区。在此区间，电流密度又开始随电极电势的增加而增大，金属电极上发生了新的电极反应，钝化膜遭到破坏，使金属又发生了腐蚀。金属钝化膜破坏时的电极电势称为过钝化电势，用 φ_{pt} 表示。过钝化将破坏金属的钝性。

应当注意的是，当金属电极电势达到氧的析出电势后，除了金属溶解外，在电极表面上同时有氧气析出。如果 D 点以后电流密度的增加纯粹是由氧气析出引起的，则 DE 段不称为过钝化区，而是称为析氧区。只有存在金属的高价溶解(或和氧气析出同时发生)时，才称过钝化。

有些体系虽然能发生钝化状态，但当电位继续升高到 φ_b 却未达到 φ_{pt} 以前，金属表面一些点上的钝化膜就发生了局部破坏。在破坏处金属以很大的速度溶解，因此此时阳极电流显著增大，金属表面出现腐蚀小孔。电位 φ_b 称为击穿电位或点蚀电位。稳定钝化的电位区间过窄，或有发生小孔腐蚀或缝隙腐蚀危险的体系，不宜采用阳极保护法。

金属的阳极钝化现象是一种界面现象，它是由一定条件下金属与介质相互接触的界面上发生变化引起的。一般认为阳极钝化是由于电流密度超过某一临界值，电流会消耗在进行某些新的电极过程，导致阳极表面生成一层致密的氧化物或某些金属盐的固相薄膜，这层薄膜覆盖着金属，隔离了阳极与溶液，阻碍了金属的继续氧化溶解，甚至停止溶解，出现钝化。如果使金属电极电势处在稳定钝化区，就能极大地降低金属腐蚀速率。

关于金属表面的钝化膜结构，目前主要有两种学说，即成相膜理论和吸附理论。成相膜理论认为，当金属阳极溶解时，可在金属表面生成紧密的、覆盖性良好的固体产物薄膜，这种产物膜形成独立的相，称为钝化膜或成相膜，将金属表面和溶液隔离开，导致金属溶解速率大大降低，使金属转入钝态。

吸附理论则认为金属钝化是由于表面生成氧或含氧粒子(如 O_2^- 或 OH^-)的吸附层，改变了金属/溶液界面的结构，使阳极反应的活化能升高，金属表面反应能力降低而钝化。该理论认为只要在金属表面形成单分子层的二维膜就能产生钝化，固态产物膜是金属发生钝化后的结果。

实验研究表明，有的金属钝化膜具有成相膜结构，但有的钝化膜却只是单分子层的吸附性膜。成相膜理论和吸附理论都能较好地解释部分实验事实，但又都不能较全面、完整地解释各种钝化机理，钝化理论还有待深入的研究。

金属的阳极保护法通常适用于具有强腐蚀性和氧化性的介质，以及金属能够发生阳极钝化的体系。可以利用金属在特定介质中的阳极极化曲线，获得各钝化特征参数及稳定钝化电位范围等，通过控制金属钝化的电极电势和提供致钝或维钝电流，实现对金属的阳极保护。使用阳极保护法必须小心谨慎，金属的电极电势和阳极电流密度控制不当时，反而会使被保护金属迅速发生腐蚀。

8.7.2　阴极保护法

阴极保护法是对需要保护的金属施加阴极电流，使其成为阴极而免除腐蚀。如果阴极电流由外加电源向金属输送，则称为外加电流阴极保护法；如果阴极电流由另一种电极电势更负的金属或合金提供，则称为牺牲阳极阴极保护法。

1. 外加电流阴极保护法

外加电流阴极保护法是用一个不溶性电极作辅助阳极，与阴极一起放到电解质溶液中。当接通外加直流电源后，大量电子强制流向被保护的金属阴极(如钢铁设备)，并在阴极积累起来。这样就避免或抑制了钢铁发生失去电子的氧化作用，从而被保护。

金属达到完全保护时所需的最低电位称为最小保护电位，达到最小保护电位时外加的电流密度称为最小保护电流密度。当金属的电极电势低于电解质溶液发生阴极还原反应所需电位时，电解质溶液在电极表面发生还原反应，不仅浪费电能，甚至还原产物可能与金属发生反应，导致金属发生化学腐蚀，而且可能导致金属的性能发生改变。例如，在水溶液介质中，当金属的电极电势低于氢气的析出电位时，金属表面氢气的析出会导致金属发生氢脆，因此金属的电极电势也不能太负。为达到保护阴极的目的，金属电位控制在负于最小保护电位的一个电位区间内，此电位区间也称为阴极保护的最佳保护电位区间。

最小保护电位或最小保护电流密度不是一成不变的，它的数值与金属的种类、介质成分和浓度、温度等有关。如果金属的最小保护电位预先未知，可通过实验确定。

2. 牺牲阳极阴极保护法

牺牲阳极阴极保护法是指用电极电势比被保护金属更低的活泼金属或合金作阳极，固定在被保护金属上，与被保护的金属形成宏观腐蚀电池，这种外加的活泼金属就作为宏观腐蚀电池的阳极而加速腐蚀，而需保护的金属作为宏观腐蚀电池的阴极得到了保护。例如，在轮船尾部和船壳吃水线下部装上一定数量的锌块来保护铁船壳。图 8.10 绘出了常见金属材料和合金在海水中的腐蚀电位。比较不同金属的腐蚀电位，可以估计在海水环境中，组合材料哪些是阳极或阴极。

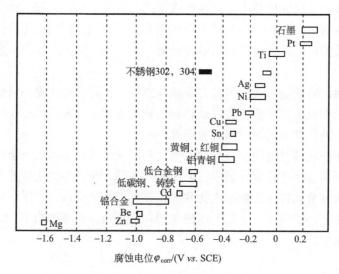

图 8.10　常见金属和合金在海水中的腐蚀电位[3]

黑色电位范围是活化-钝化过渡材料的活化电位

　　牺牲阳极阴极保护法不需要外加电源，操作简单、安全，广泛应用于海上设备、水下设备、地下电缆等的保护。牺牲阳极材料的选择原则如下[4]：

　　(1)具有足够负且稳定的电位，使用过程中，阳极极化小；

　　(2)阳极溶解均匀，不产生局部腐蚀，腐蚀产物无毒、易脱落；

　　(3)阳极自身腐蚀小，即实际电容量与理论电容量比值大，使用寿命长；

　　(4)材料来源充足，易于制备，价格低廉。

　　工程上，常见的牺牲阳极材料有镁基合金、锌基合金和铝基合金三大类。其中镁基合金的优点是密度小、电位负、极化率低、溶解较均匀；缺点是电流效率低，一般只有 50% 左右，且其材料来源紧张，熔炼困难。锌基合金优点是电位稳定、腐蚀均匀、电流效率高、使用寿命长，而且材料来源广泛，价格便宜，在海水中钢结构和铝结构的保护方面，锌基合金已基本取代了镁基合金。铝基合金的优点是密度小、来源广泛、价格低廉，不足之处是驱动电压低，阳极的腐蚀产物在土壤中无法疏散，使阳极钝化而失效，因此铝基合金阳极主要适用于海洋环境中金属构筑物的阴极保护。

　　牺牲阳极有多种形状和规格，应按照被保护结构的形状和具体需要选择。带状牺牲阳极主要用于高电阻率土壤、套管内等空间狭窄局部场合。在港口设施和海洋工程上使用的主要是长条形的阳极，在海洋船舶上使用较多的是板状阳极，而对海底管线的保护，一般采用由许多块状阳极围在管子周围组成的镯形阳极。

　　所需牺牲阳极的数量和有效使用寿命的计算方法如下：

　　首先根据保护面积($A_\text{保}$)和所需的保护电流密度($i_\text{保}$)计算出总的保护电流($I_\text{保}$)。

$$I_\text{保} = i_\text{保} A_\text{保} \tag{8.49}$$

　　其中，保护电流密度 $i_\text{保}$ 受多种因素的影响，具体采用多大的保护电流密度要根据具体情况通过实验确定。

　　另外，还要计算每块阳极的发生电流。计算阳极发生电流的经验公式很多，常用的有麦科伊公式、日本福谷英工的经验公式。麦科伊公式为

$$I = \frac{\Delta\varphi\sqrt{A}}{0.315\rho} \tag{8.50}$$

式中，I 为单块阳极的发生电流(A)；$\Delta\varphi$ 为阳极驱动电位(V)；A 为单块阳极的暴露面积，通常取表面积的 85%(cm^2)；ρ 为介质电阻率($\Omega\cdot\text{cm}$)。

　　所需阳极的数量 n 为

$$n = I_\text{保}/I \tag{8.51}$$

　　牺牲阳极的有效使用寿命 t(年，a)为

$$t = \frac{W_i Q \eta \mu}{8760I} \tag{8.52}$$

式中，W_i 为单块牺牲阳极的净重(kg)；Q 为牺牲阳极理论电容量($\text{A}\cdot\text{h}\cdot\text{kg}^{-1}$)；$\eta$ 为牺牲阳极的电流效率(%)；I 为单块阳极的发生电流；μ 为牺牲阳极的利用系数。

参 考 文 献

[1]　王凤平, 敬和民, 辛春梅. 腐蚀电化学[M]. 北京: 化学工业出版社, 2017.

[2]　张宝宏, 丛文博, 杨萍. 金属电化学腐蚀与防护[M]. 北京: 化学工业出版社, 2011.

[3]　水流徹. 腐蚀电化学及其测量方法[M]. 侯保荣, 等译. 北京: 科学出版社, 2018.

[4]　王闯, 庞云楼, 李博. 牺牲阳极材料选择与安装技术[J]. 管道技术与设备, 2009, (1): 59-60.